普通高等教育高职高专土建类“十二五”规划教材

建筑装饰制图与识图

（第 2 版）

主编　向欣　殷文清

中国水利水电出版社
www.waterpub.com.cn
·北京·

内 容 提 要

本套教材结合高职高专课程改革精神，吸取传统教材优点，充分考虑高职就业实际，以模块教学、任务导向的思路编写。本书主要内容包括：制图的基本知识、投影的基本知识、立体的投影、形体的剖切投影、轴测投影、房屋建筑初步设计图的识读、家装类建筑装饰施工图的识读与绘制、公共建筑装饰施工图的识读与绘制、室内设备施工图的识读、制图与识图综合实训等十个模块。本书从制图基础入手，着重于指导工程图纸的识图与制图的能力培养。

本书可作为高职高专类建筑工程技术、建筑装饰等专业的专业基础教材，也可供有兴趣的读者参考学习。

图书在版编目（CIP）数据

建筑装饰制图与识图 / 向欣，殷文清主编. -- 2版. -- 北京 : 中国水利水电出版社，2012.11(2024.3重印)
普通高等教育高职高专土建类“十二五”规划教材
ISBN 978-7-5170-0310-6

Ⅰ. ①建… Ⅱ. ①向… ②殷… Ⅲ. ①建筑装饰—建筑制图—高等职业教育—教材②建筑装饰—建筑制图—识别—高等职业教育—教材 Ⅳ. ①TU238

中国版本图书馆CIP数据核字(2012)第253432号

书　　名	普通高等教育高职高专土建类“十二五”规划教材 **建筑装饰制图与识图（第2版）**
作　　者	主编　向　欣　殷文清
出版发行	中国水利水电出版社 （北京市海淀区玉渊潭南路1号D座　100038） 网址：www.waterpub.com.cn E-mail：sales@mwr.gov.cn 电话：(010) 68545888（营销中心）
经　　售	北京科水图书销售有限公司 电话：(010) 68545874、63202643 全国各地新华书店和相关出版物销售网点
排　　版	中国水利水电出版社微机排版中心
印　　刷	北京印匠彩色印刷有限公司
规　　格	210mm×285mm　16开本　9.25印张　280千字
版　　次	2010年2月第1版　2011年7月第2次印刷 2012年11月第2版　2024年3月第6次印刷
印　　数	14001—16000册
定　　价	**35.00元**

普通高等教育高职高专土建类“十二五”规划教材

编　委　会

本册主编　向　欣　殷文清

本册副主编　孙　刚　董　霖　杨思佳

本册参编　朱　桦

序

在中国，走新型工业化发展的道路，不仅需要一大批高素质的专家学者，同时也需要大量熟练掌握新技术、新工艺、新设备的技术型、技能型劳动者。技术技能型人才是推动科技创新和实现科技成果转化的生力军。而在培养技术技能新人才方面，职业教育具有不可替代的重要作用。高等职业教育在近几年的发展历程中，走了一些创新之路，如“双师型”、“双元制”、校企合作等的出现，无疑给职业教育的发展和完善增添了新鲜的元素。职业教育的模式在经历了这些探索、变化过程以后，如今的方向应该是“工作过程导向”模式，因为在当今时代，任何技术问题的解决在很大程度上都是一种技术过程和社会过程（职业活动）的结合，人类的认识只能以整体化的形式进行。因此在工作过程中所需要的知识，也必须与整体化的实际工作过程相联系。

建筑装饰工程技术专业的学习领域涉及工学和艺术专业学科的交叉，可以说是一门综合艺术设计与表达和建筑技术与管理的新兴学科。在推广这种行动导向的教学的过程中，教材建设也要跟上时代步伐。但同时应该看到，由于院校众多，师资力量、学生生源不尽相同，甚至相差较大，当前一些示范性院校教材遭遇到不能通用的尴尬，鉴于此，中国水利水电出版社于2009年组织了全国30余所院校，以示范性院校教材为方向，同时充分结合建筑装饰工程技术专业的发展现状，出版了“普通高等教育高职高专土建类‘十二五’规划教材”建筑装饰工程技术专业系列分册。

本系列分册针对高职高专土建大类的建筑装饰技术专业编写，以工学结合的人才培养模式为基础，采用模块单元、任务导向的编写思路，结合就业情况编写，简化理论，突出结论，列举实例；同时充分吸收传统教材优势，将“教学计划”和“教材”予以区分，协调基础知识和实践运用的关系。在分册编写上有所区分，大部分分册以“模块—课题—学习目标、学习内容、学习情境”的模式编写，一小部分以知识讲解为主的分册则仍采用传统章节的形式，但提高了课后实践作业的要求。

本系列分册可供高职高专建筑装饰、环境艺术设计、室内设计及其他相关相近专业作为教材使用，也可供专业设计人员及有兴趣的读者参考阅读。

本系列分册的编写得到了高职高专教育土建类专业教学指导委

员会建筑类专业指导分会秘书长孙亚峰老师、北京师范大学教育技术学院技术与职业教育研究所所长赵志群老师的指导和帮助，在此表示衷心感谢！

“普通高等教育高职高专土建类‘十二五’规划教材”建筑装饰工程技术专业分册的出版对于该专业教材的系统性和完善性进行了补充，采用新的编写模式，对于增强学生对于知识的综合实践能力和教师对于学习过程的综合组织能力都是有帮助的。限于编者的水平和经验，书中难免有不妥之处，恳请广大读者和同行专家批评指正。

编委会

2012年1月

前言

本书是根据国家教学改革精神，针对高职高专土建类的建筑装饰工程技术专业编写的。全书分为制图基础知识及投影基本原理和工程图纸的识读两部分，充分体现基础知识与工程实践相结合，内容深入浅出，图文并茂，易学易懂。

本书编写时积极响应教育部以培养工学结合的人才模式为基础，以学生的职业能力的需求为出发点，注重实践教学环节设计，采用模块单元、任务驱动的教材编写思路，适当打破传统课程教材系统知识链的章节设计，以工作过程为导向，采用模块—课题—任务的模式，进行以实践为主线、理论为辅线的课程教材设计，形成了简化理论，突出结论，列举实例，引导学生学会解决实际问题的特色。适合于建筑装饰工程技术专业的学生及工程技术人员学习参考。

本书由广东水利电力职业技术学院向欣、广州城建学院殷文清任主编，河北工程技术高等专科学校孙刚、邢台职业技术学院董霖、石家庄铁路职业技术学院杨思佳任副主编，河南财经学院成功学院朱桦参加编写。具体分工为：向欣编写模块1、模块9，殷文清编写模块4，孙刚编写模块5、模块6，杨思佳编写模块2、模块3；董霖编写模块7、模块8，朱桦编写模块10。

目前，由于高职教材编写思路要求逐步贴近基于工作过程的任务驱动的教学模式，而这样的课程改革正加大力度渗入教学实践中。编者限于经验和时间，书中难免存在缺点和错误，真诚欢迎广大读者给予批评和指正。

编者

2012年10月

目录

模块1　制图的基本知识

课题一　制图工具的认知

1　学习目标

了解工程制图标准和学习制图方法。

土木建筑类图纸，是设计内容的主要载体，也是施工的依据。为了便于交流，提高设计和施工效率，保证图面质量，达到图面清晰、简明，符合设计、施工、存档等要求，以适应工程建设的需要，国家制定了全国统一的建筑制图标准。目前我们学习制图沿用的是《房屋建筑制图统一标准》（GB/T 50001—2001）、《总图制图标准》（GB/T 50103—2001）、《建筑制图标准》（GB/T 50104—2001）等技术标准。

2　学习内容

2.1　学习使用工具作图的步骤和方法

绘制图纸之前，我们要做哪些准备工作？

完成一个专业的绘图程序，首先应是准备图板、图纸、绘图器具（包括丁字尺、三角板、绘图笔、圆规、制图模板、比例尺、曲线板等）。绘图之前，我们必须了解这些工具的功能和正确使用方法。

2.1.1　图板

图板是用来安放图纸进行绘图的工具。板面一般用平整的胶合板制作，四边镶有木制边框。板面要求光滑平整，软硬合适，四边必须平直，这样才能保证划线平直。

图板有各种不同的规格，一般有 0 号（900mm×1200mm）、1 号（600mm×900mm）和 2 号（400mm×600mm）三种规格。制图作业通常选用 1 号和 2 号图板。

2.1.2　图纸

1. 图幅与图框

凡绘图用的图纸有白色的绘图纸和半透明的硫酸纸，它们一般按绘图要求确定了规格。如 A0 号图纸图幅的面积为 $1m^2$，A1 号图幅是 A0 号的对开，依此类推。图纸规格所规定的图幅见表 1-1。

表 1-1　　图纸幅面尺寸　　单位：mm

尺寸代号 \ 幅面代号	A0	A1	A2	A3	A4
$b\times l$	841×1189	594×841	420×594	297×420	210×297
c	10			5	
a	25				

绘图时，图纸的短边一般不变，长边可以加长。有特殊需要的图纸，可采用 $b\times l$ 为 891mm×841mm 与 1261mm×1189mm 的幅面。

图纸的常规使用方法是长边沿水平方向布置（横式），如图 1-1 所示，适用于 A0～A3 图幅。必要时，也可将长边沿竖直方向布置（立式），如图 1-2 和图 1-3 所示。

2. 图纸标题栏和会签栏

图纸标题栏简称图标，它是各专业技术人员绘图、审图的签名区及工程名称、设计单位名称、图

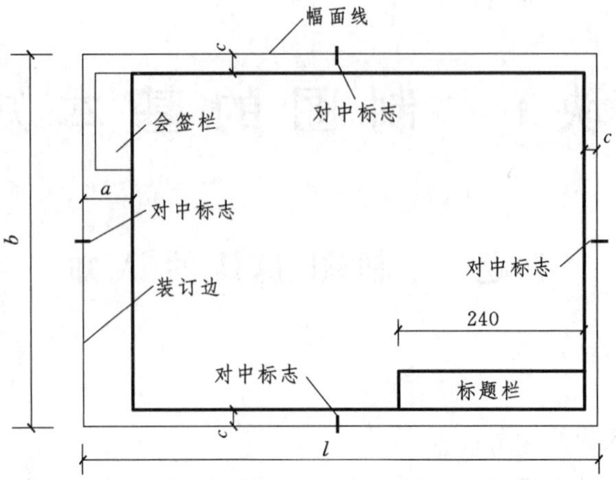

图 1-1　A0～A3 横式幅面（单位：mm）

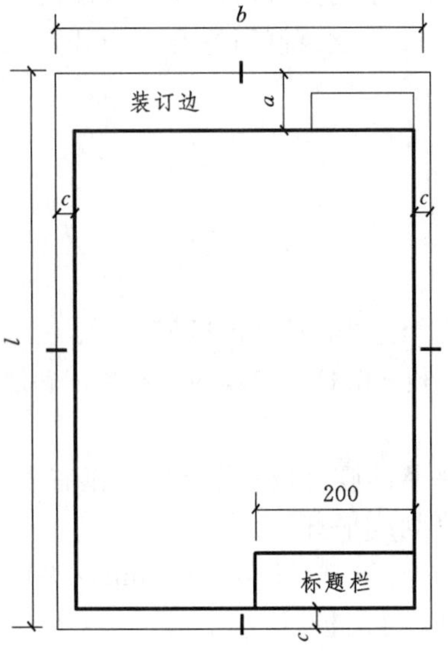

1-2　A0～A3 立式幅面（单位：mm）

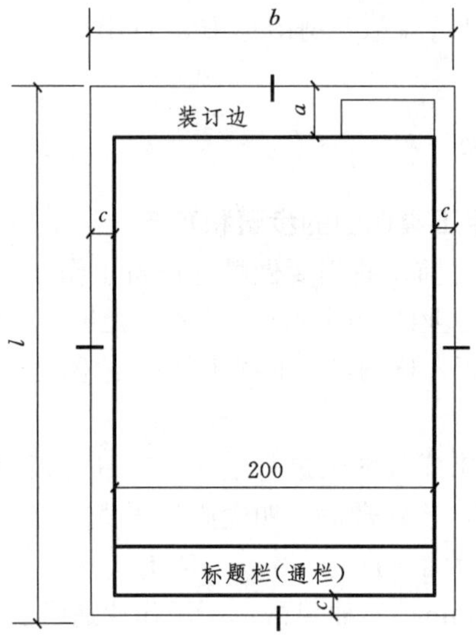

图 1-3　A4 立式幅面（单位：mm）

名、图号的标注区，如图 1-4 所示。图纸横式或立式使用时，标题栏总在图纸的右下角。

会签栏是各专业负责人的签字区，放在图纸的装订边一侧上端或右端，如图 1-1 所示。

初学制图的学生一般要求使用白色绘图纸，硫酸纸的使用主要在施工图绘制时，绘制成套图纸后便于晒图。

2.1.3　绘图器具

随着时代发展，绘图器具更新很快，这里只举出几种常用的工具作介绍。

2.1.3.1　丁字尺

丁字尺，顾名思义该尺形状如“丁”字，由尺头和尺身组成。使用时用左手按住尺身，使其紧靠图板左边，尺身作为工作边，上下移动，便于用来画水平线。

2.1.3.2　三角板

一副三角板由两块组成，其中一块是两锐角都等于 45°的直角三角板，另一块是两锐角各为 30°和 60°的直角三角板。两块三角板互相配合，可以画出竖直线及 15°、30°、45°、60°、75°等倾斜直线及它们的平行线，三角板与丁字尺配合使用可画出任意直线的平行线和垂直线。

2.1.3.3　圆规

圆规是画圆和圆弧的专用仪器。为了扩大圆规的功能，圆规一般配有三种插腿：铅笔插腿（画铅

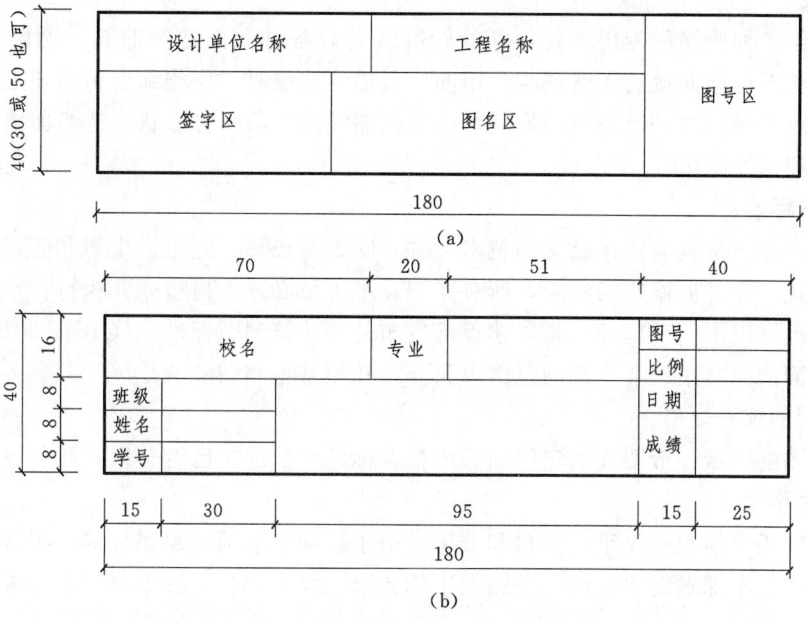

图 1-4　标题栏画法（单位：mm）

(a) 常规图纸标题栏；(b) 学生作业用标题栏

笔线圆用)、针管笔插腿（画墨线圆用)，钢针插腿（代替分规用，分规是用来量取线段的长度和分割线段、圆弧的工具)，使用圆规时需要注意，圆规的两条腿应该垂直纸面。

2.1.3.4　绘图用笔

绘图所用铅笔以铅芯的软硬程度分类，"B"表示软，"H"表示硬，"B"或"H"各有六种型号，其前面的数字越大则表示该铅笔的铅芯越软或越硬。"HB"铅笔介于软硬之间属于中等。画铅笔图时，为防止铅笔的一边磨损，可一边画线一边转动铅笔，使线条粗细均匀。

针管笔是专业墨线绘图用笔。它的头部装有带通针的不锈钢针管，针管的内孔直径为 0.1～1.2mm，分成多种型号，选用不同型号的针管笔即可画出不同线宽的墨线。把绘图笔装在专用的圆规夹上就可画出墨线圆及圆弧。

2.1.3.5　制图模板

为了提高制图的质量和速度，把制图时所常用的一些图形、符号、比例等刻在一块有机玻璃板上，作为模板使用。常用的模板有建筑模板、结构模板、虚线板、剖面线板、轴测模板等。

2.1.3.6　比例尺

比例尺是绘图时用于放大或缩小实际尺寸的一种常用尺子，在尺身上刻有不同的比例刻度，常用的百分比例尺有 1∶100、1∶200、1∶500，常用的千分比例尺有 1∶1000、1∶2000、1∶5000。

例如，使用 1∶100 的比例尺，尺上刻度 1cm，表示实际尺寸是 1m。因此，用 1∶100 的比例尺画出来的图，它的大小只有物体实际大小的 1%。即缩小了 100 倍。

建筑专业制图常选用的比例见表 1-2。

表 1-2　　建筑施工图比例

图　　名	比　　例
总平面图、管线图、土方图	1∶500、1∶1000、1∶2000
建筑物或构筑物的平面图、立面图、剖面图	1∶50、1∶100、1∶150、1∶200、1∶300
建筑物或构筑物的局部放大图	1∶10、1∶20、1∶25、1∶30、1∶50
配件及构造详图	1∶1、1∶2、1∶5、1∶10、1∶15、1∶20、1∶30、1∶50

2.1.3.7 曲线板

曲线板是描绘各种曲线的专用工具，它的轮廓线是以各种平面数学曲线（椭圆、抛物线、双曲线、螺旋线等）相互连接而成的光滑曲线。用曲线板描绘曲线时，应先确定出曲线上的若干个点，然后徒手沿着这些点轻轻地勾勒出曲线的形状，再根据曲线的几段走势形状，选择曲线板上形状相同的轮廓线，分几段把曲线画出。

2.2 制图的基本标准

在工程领域，图纸是具有法律意义的技术文件，图纸是设计、施工、生产和管理的依据。国家制图标准是国家为统一管理而制定的法令，所有工程技术人员必须严格遵守并执行。

国家制图标准（以下简称国标）是以建设部发布的《建筑制图标准》（GB/T 50104—2001）规定的内容为准。里面的内容很多，本课题范围内只介绍几项基本制图标准。

2.2.1 工程图纸的统一规格

正式用来绘图的图纸一般要先确定幅面、图框及标题栏。前文已有介绍，此处不再赘述。

2.2.2 制图字体要求

工程图纸中所用字体包括汉字、字母和数字。由于目前电脑辅助绘图技术已很普及，完全手写的情况已很少见，因此本课题简单介绍一下制图字体要求。汉字部分，要求写成长仿宋体，数字与字母按需要写成直体和斜体，斜体字头向右倾斜与水平基准线成75°，在图纸当中，所用文字部分全部要写工程字体。必须做到：字体工整、笔画清楚、间隔均匀、排列整齐。

图1－5为仿宋字字例，可以作为练习的参考。

字体工整　笔画清楚　间隔均匀　排列整齐（10号）

粗细均匀　横平竖直　起落分明　布局紧凑　整齐美观（7号）

建筑施工制图设计说明总平立剖详结构给排水采暖通风电气室内外装修做法（5号）

房组成基础是承重构件墙体和柱子围护分隔地与楼面水平屋顶楼梯垂直交通门窗附属包括阳台阶雨篷散水勒脚明沟等（3.5号）

图1－5　仿宋字字例

拉丁字母和数字部分都可以写成竖笔铅垂的正体字或竖笔与水平线成75°角的斜体字。拉丁字母、少数希腊字母和数字以及书写笔画次序如图1－6所示。字高 h 不宜小于2.5mm。小写的拉丁字母的高度应为大写字高 h 的7/10，字母间隔为字高 h 的2/10，上、下行的净间距最小为字高 h 的4/10h。

2.2.3 制图图线规定

图样中的不同内容，必须使用不同线型和粗细的图线才能分清主次和虚实。国标对图线的线宽、线型、画法均做了明确规定。参照电脑绘图要求，在确定线宽时把粗线、中粗线和细线的宽度比定为4∶2∶1，粗线线宽定为0.6mm，依此类推，中粗线的宽度为0.4mm，细线的宽度为0.2mm。

确定了线型，更要了解该线型一般表示的内容，这才是制图的实质。例如，实线一般表示可见轮廓线，虚线一般表示不可见轮廓线，点划线常用来表示中心线、对称线、图形轴线等，折断线表示断开界面。建筑上常用图线线型见表1－3。

图 1-6 拉丁字母、少数希腊字母、数字及书写笔画次序

表 1-3 **建筑施工图图线**

名称	线　　型	线宽	用　　途
粗实线		b	（1）平、剖面图中被剖切的主要建筑构造（包括构配件）的轮廓线； （2）建筑立面图或室内立面图的外轮廓线； （3）建筑构造详图中被剖切的主要部分的轮廓线； （4）建筑构配件详图中的外轮廓线； （5）平、立、剖面图的剖切符号
中实线		$0.5b$	（1）平、剖面图中被剖切的次要建筑构造（包括构配件）的轮廓线； （2）建筑平、立、剖面图中建筑构配件的轮廓线； （3）建筑构造详图及建筑构配件详图中的一般轮廓线
细实线		$0.25b$	小于 $0.5b$ 的图形线、尺寸线、尺寸界线、图例线、索引符号、标高符号、详图材料做法引出线等
中虚线		$0.5b$	（1）建筑构造详图及建筑构配件不可见的轮廓线； （2）平面图中的起重机（吊车）轮廓线； （3）拟扩建的建筑物轮廓线
细虚线		$0.25b$	图例线、小于 $0.5b$ 的不可见轮廓线
粗单点长划线		b	起重机（吊车）轨道线
细单点长划线		$0.25b$	中心线、对称线、定位轴线
折断线		$0.25b$	不需画全的断开界线
波浪线		$0.25b$	不需画全的断开界线构造层次的断开界线

注 b 为基本线宽。

绘图时，每个图样，先选定基本线宽 b 值，再根据其复杂程度及比例大小，按确定相应的线宽组。

2.2.4 制图统一图例

当绘制被剖切的建筑物的构配件时，应当画出建筑材料的图例。而这些图例在国标中都有统一画法。在本课题学习中，要求熟练掌握常用建筑材料图例的表示方法和表示内容。便于在以后的制图过程中灵活地运用。表 1－4 为常见建筑材料图例。

表 1－4　　建筑材料图例

名称	图例	说明	名称	图例	说明
自然土壤		包括各种自然土壤	耐火砖	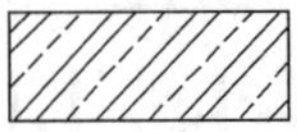	包括耐酸砖等砌体
夯实土壤	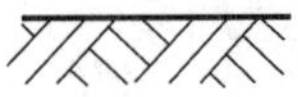		空心砖	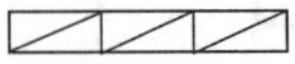	指非承重砖砌体
砂、灰土	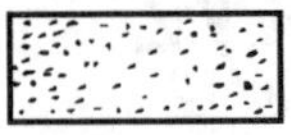	靠近轮廓线绘较密的点	饰面砖	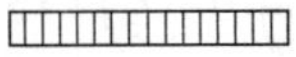	包括铺地砖、马赛克、陶瓷锦砖、人造大理石等
石膏板	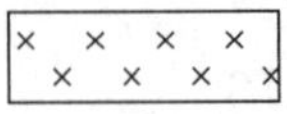	包括圆孔、方孔石膏板、防水石膏板等	焦渣、矿渣	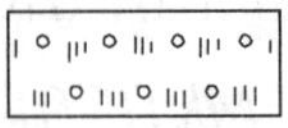	包括与水泥、石灰等混合而成的材料
金属	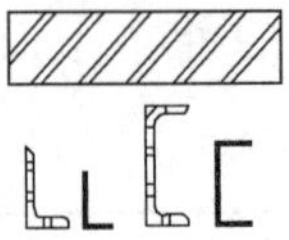	1. 包括各种金属； 2. 图形小时，可涂墨	混凝土	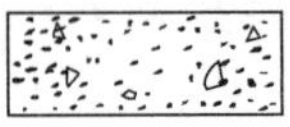	1. 本图例指能承重的混凝土及钢筋混凝土； 2. 包括各种强度等级、骨料、添加剂的混凝土； 3. 在剖面图上画出钢筋时，不画图例线； 4. 断面图形小，不易画出图例线时、可涂黑
网状材料		1. 包括金属、塑料网状材料； 2. 应注明具体材料名称	钢筋混凝土	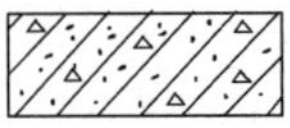	
液体	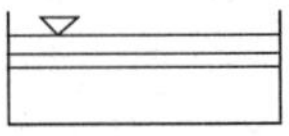	应注明具体液体名称	多孔材料	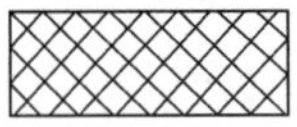	包括水泥珍珠岩、沥青珍珠岩、泡沫混凝土、非承重加气混凝土、软木、蛭石制品等
玻璃	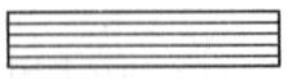	包括平板玻璃、磨砂玻璃、夹丝玻璃、钢化玻璃、中空玻璃、加层玻璃、镀膜玻璃等	纤维材料	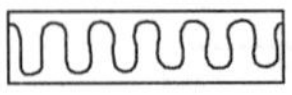	包括矿棉、岩棉、玻璃棉、麻丝、木丝板、纤维板等
橡胶			泡沫塑料材料	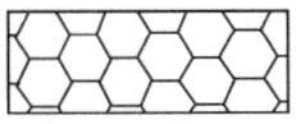	包括聚苯乙烯、聚乙烯、聚氨酯等多孔聚合物类材料
塑料	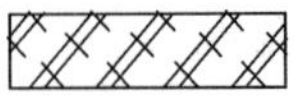	包括各种软、硬塑料及有机玻璃等	木材	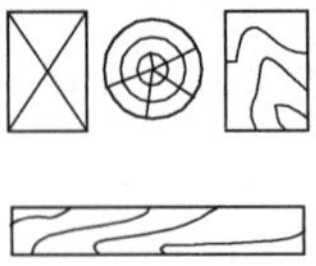	1. 上图为横断面、上左图为垫木、木砖或木龙骨； 2. 下图为纵断面
防水材料		构造层次多或比例大时，采用上面图例	胶合板	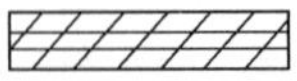	应注明为 x 层胶合板
粉刷	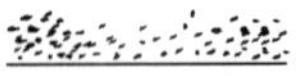	本图采用较稀的点	毛石		
砂砾石、碎砖三合土	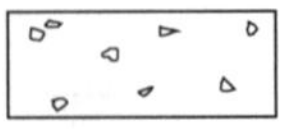		普通砖	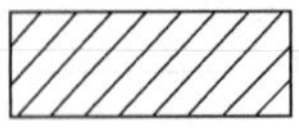	包括实心砖、多孔砖、砌块等砌体。断面较窄不易绘出图例线时，可涂红
石材	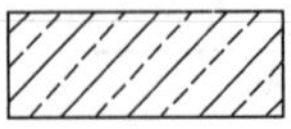				

3　学习情景

准备齐全绘图工具，并了解工具的正确使用方法以后，就应该尝试绘制符合制图标准的正规图纸，为将来的工作做准备。

（1）以学生作业为标题栏绘制 A3 图纸，图纸内容包括几种常用线型练习和常用工程字体的写法，如图 1－7 所示。

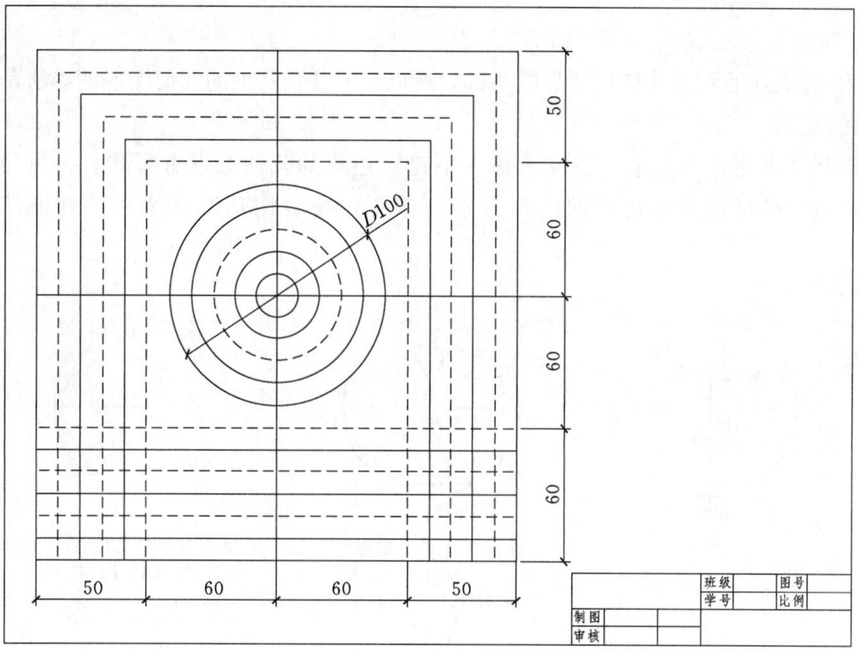

图 1－7　图线练习（单位：mm）

（2）以学生作业为标题栏绘制 A3 图纸，图纸内容包括：以 80mm×20mm 的方框为填充对象，按照方框旁边标明的名称，在方框内填充相应的图例。

课题二　几　何　作　图

1　学习目标

1.1　几何作图的意义

几何作图是指根据已知条件，按几何定理用仪器和工具作图。几何作图在建筑制图中应用很广，因此掌握几何作图的方法可以提高制图的准确性和速度，从而保证绘图质量。

1.2　几何作图的要求

通过对制图工具的认知，掌握基本的工具作图方法。

制图工具在前面课题一中已有介绍，基本使用方法应该有所了解。几何作图的特点是不单要会使用工具作图，还要了解几何图形的构成原理。

2　学习内容

学习常用绘图工具作图的特点及正确使用方式。

2.1　等分线段

例如等分线段的几何作图法，已知线段 AB，把它进行 5 等分。做图时，过 A 点做已知长度的线段AC，等分AC，其上的等分点为1、2、3、4、5，先连接5B两点，然后用两个三角板配合，分别以过1、2、3、4点推线段5B的平行线，它们在AB的交点1′、2′、3′、4′点，就是AB上的等分点。这个作图步骤应用的几何定理就是平行线永不相交定律。

2.2 几何作图的要求

对于工程当中许多复杂图形设计，同样要先分析该图形的几何构成原理，再动手作图，并且保留适当的作图痕迹，作为别人识图时学习或应用的依据。

3 学习情境

常见的几何图形是工程设计中应用图形的基础，所以学习几种常见的几何图形的画法是相当必要的。

3.1 正六边形的画法

在一个已知圆内求作正六边形。首先考虑一下正六边形的几何原理有哪些，一种思路是把圆周等分六份的方法，另一种思路是六边形的内角分别是120°，可以用角度法来求。作图步骤如图1-8、图1-9所示。

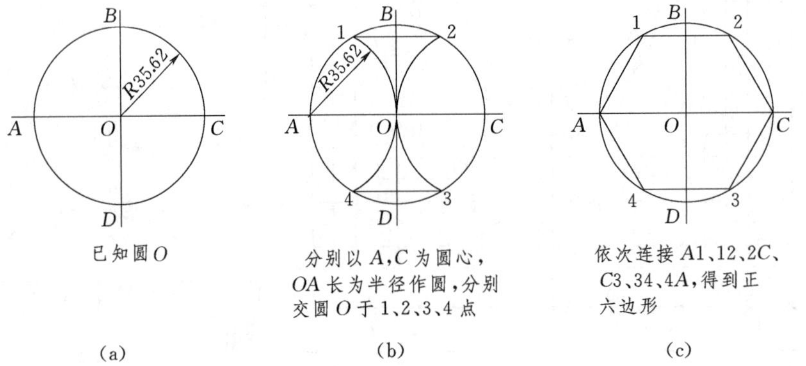

图1-8　正六边形的画法（1）

（a）步骤1；（b）步骤2；（c）步骤3

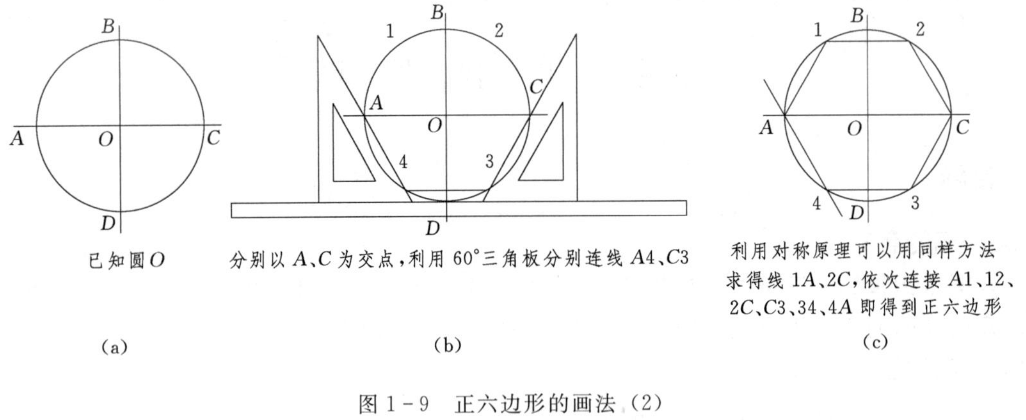

图1-9　正六边形的画法（2）

（a）步骤1；（b）步骤2；（c）步骤3

3.2 作已知圆的内切圆和外切圆

使用制图工具绘制两个已知圆的内切圆和内外切圆，要求保留辅助线和必要的作图过程，如图1-10和图1-11所示。

3.3 椭圆的画法

椭圆是工程设计中运用得较多的一种图形，它的几何作图法很多，有四圆心法和同心圆法，学习这两种椭圆的画法，一来是培养解决问题的思路；二来是训练使用工具作图的方法。四圆心法作近似椭圆，如图 1－12 所示，同心圆法作椭圆，如图 1－13 所示。

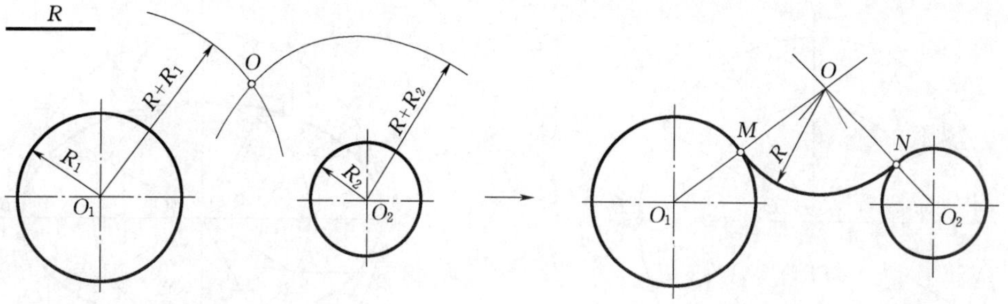

已知圆 O_1、O_2，半径分别为 R_1、R_2，连接圆弧半径为 R，分别以 O_1、O_2 为圆心，$R+R_1$、$R+R_2$ 为半径作弧交于 O，O 即为连接弧的圆心

连接 OO_1、OO_2 与圆 O_1、O_2 分别交于 M、N，M、N 即为连接弧的连接点。以 O 为圆心，R 为半径，过 M、N 作弧即得所求弧线

图 1－10　作已知圆的外切圆

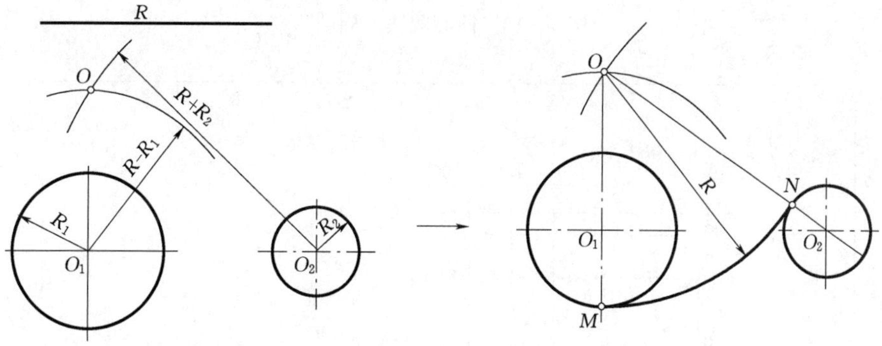

已知圆 O_1、O_2，半径分别为 R_1、R_2，连接圆弧半径为 R，分别以 O_1、O_2 为圆心，$R-R_1$、$R+R_2$ 为半径作弧交于 O，O 即为连接弧的圆心

连接 OO_1、OO_2 并延长 OO_1、OO_2 与圆 O_1、O_2 分别交于 M、N，M、N 即为连接弧的连接点。以 O 为圆心，R 为半径，过 M、N 作弧即得所求弧线

图 1－11　作已知圆的内切和外切圆

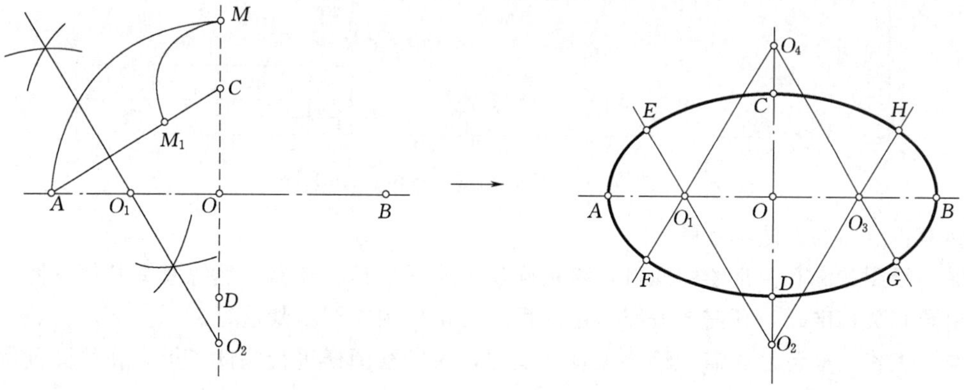

已知椭圆的长、短轴 AB、CD。连接 AC，并作 $OM=OA$，又作 $CM_1=CM$ 及 AM_1 的垂直平分线交 AB 于 O_1，交 CD 于 O_2，作 $OO_3=OO_1$，$OO_4=OO_2$

连接 O_1O_2、O_1O_4、O_3O_2、O_3O_4 并延长，分别以 O_1、O_3、O_2、O_4 为圆心，O_1A、O_3B、O_2C、O_4D 为半径作弧，使各弧相接于 E、F、G、H，即得所求椭圆

图 1－12　四圆心法作近似椭圆

3.4　组合图形的画法

组合图形是工程设计中常规使用的图形，每一种实例都是几种几何体组合到一起的结果。以图

1-14为例，利用工具在A3图纸上绘制该图形，比例为1：10，要求保留辅助线和必要的作图过程。

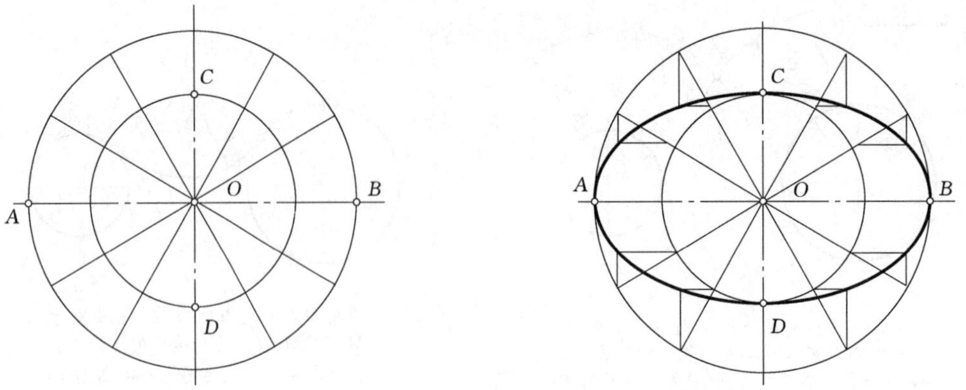

已知椭圆的长、短轴AB、CD，分别以长轴、短轴为直径作两个同心圆，并作适当数量的直径与两圆相交

过直径于大圆交点作的垂直线与过小圆交点作的水平线相交，这些点即为椭圆上的点。用曲线板连接各点即得所求椭圆

图1-13　同心圆法作椭圆

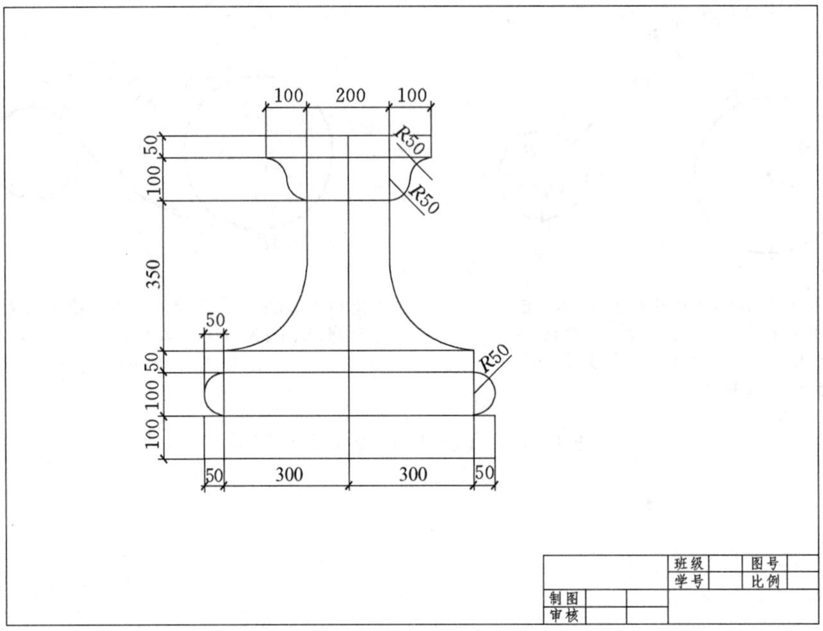

图1-14　组合图形（单位：mm）

学习参考：绘图的方法与步骤

为了提高绘图效率和保证绘图质量，除正确使用绘图工具、仪器，熟练掌握几何作图方法和熟悉国家建筑制图有关标准外，还需要按照一定的程序、正确的绘图步骤进行。

（1）准备工作。准备好必需的绘图工具、仪器，对所绘图样进行阅读了解，在绘图前尽量做到心中有数。

（2）画底稿。根据制图标准的要求，首先把图框线以及标题栏的位置画好。依据所画图形的大小、多少及复杂程度选择好比例，然后安排各个图形的位置，首先画图形的主要轮廓线，再画出尺寸线以及尺寸界线等。检查修正底稿，改正错误，补全遗漏，擦去多余线条。

（3）加深定稿。画完所有内容，依据图形性质加深图线，同类图线要保持粗细、深线一致，最后注写尺寸数字、说明，填写标题栏，加深图框线。

模块2　投影的基本知识

课题一　投影的概念

1　学习目标

了解投影原理，建立投影概念。

投影的形成：物体在阳光照射下，会在附近的墙面、地面等处留下它的影子，这种光线、物体和影子之间的关系能够大致反映出物体的形状和大小。通过这种规律，人们归纳出了一套工程领域中用投影能够真实反映工程形体大小的投影原理，即假设所有的光线都是一组平行光线，且垂直于某一投影面照射物体，该物体在对应的投影面上得到的投影便是它的正投影。这种投影可以反映出物体的真实形状和大小，如图2-1所示。

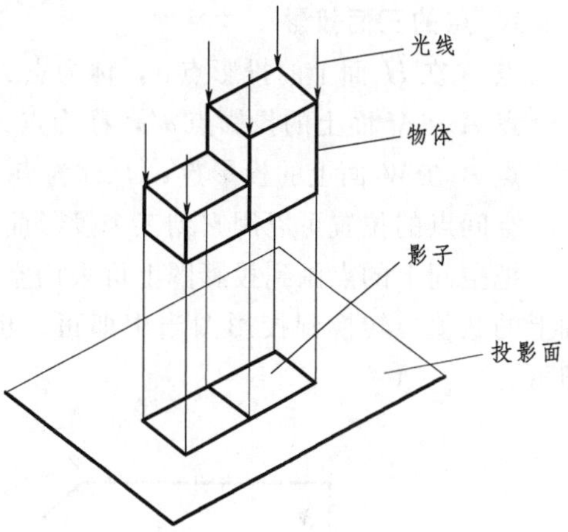

图2-1　投影的形成

2　学习内容

2.1　认识投影的特性

2.1.1　积聚性

当空间的直线和平面垂直于投影面时，直线的投影变为一个点，平面的投影变为一条直线（图2-2），这种具有收缩、积聚性质的正投影特性称为积聚性。

2.1.2　显实性

当直线和平面平行于投影面时，它们的投影分别反映实长和实形（图2-3），在正投影中具有反应实长或实形的投影特性称为显实性。

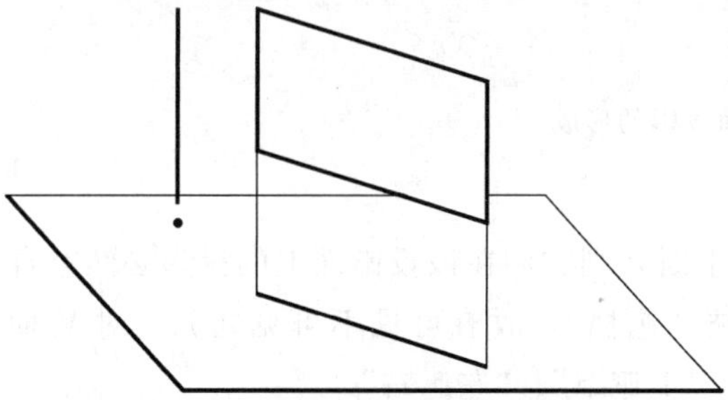

图2-2　投影特性——积聚性

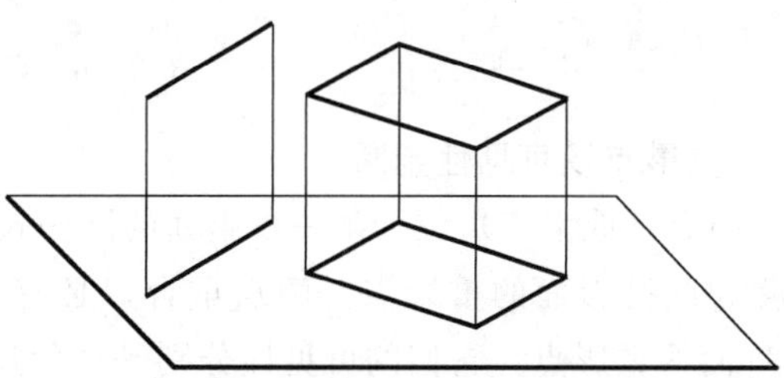

图2-3　投影特性——显实性

2.1.3　类似性

当直线与平面均倾斜于投影面时（图2-4），直线的投影都比实长缩短，平面的投影比原来的实际图形面积缩小，但仍反映其原来图形的类似形状，在正投影中这种特性称为类似性。

2.2　点、线、面的投影

点、线、面是任何空间形体的构成要素，所以分析点、线、面在空间中的确切位置是研究它们投影规律的前提。

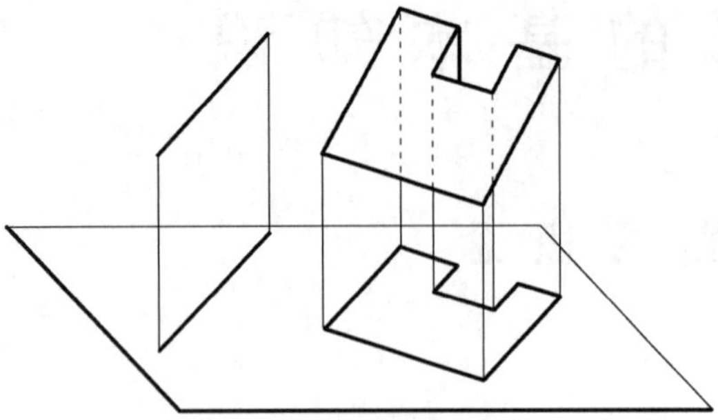

图 2-4　投影特性——类似性

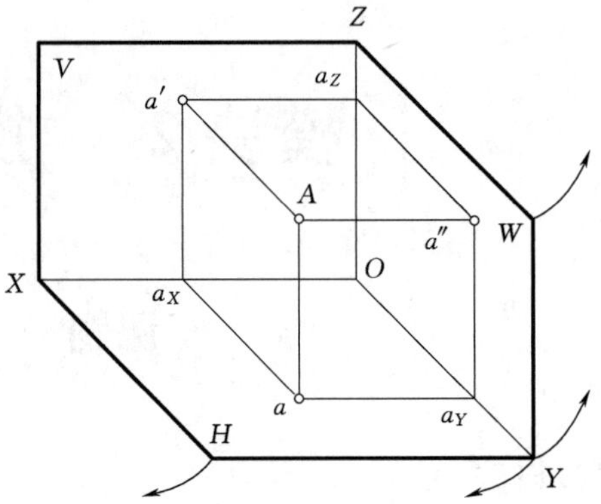

图 2-5　空间上的点

2.2.1　点的三面投影

点 A 在 H 面上的投影点 a，称为点 A 的 H 面投影；

点 A 在 V 面上的投影点 a'，称为点 A 的 V 面投影；

点 A 在 W 面上的投影点 a''，称为点 A 的 W 面投影，如图 2-5 空间上的点所示。

空间点的位置可以用它到三个投影面的距离来确定，也可以用它的坐标来确定。

把空间上的点画到投影图上可采用空间点的坐标的方法，如图 2-6 当中量取 A 点在 X、Y、Z 轴上的数值，转换到投影图当中即可。也可以分别量取 A 点到各投影面的距离，在投影图中画出即可。

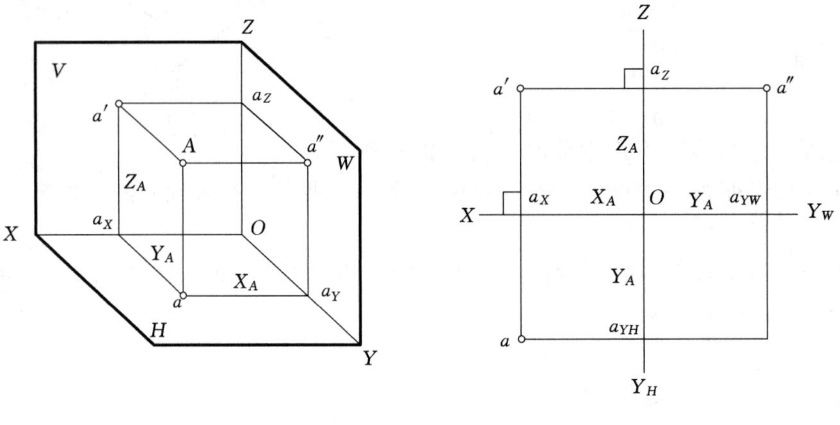

图 2-6　点的三面投影的形成

2.2.2　重影点及可见性判断

若两点（或多点）位于某一投影面的同一投射线上时，则它们在该投影面上的投影必然重合，这些点称为该投影面的重影点。两点重合，必有一点被“遮挡”，故有可见不可见之分。对 V 面、H 面、W 面的重影点，它们的可见性分别是“前遮后”、“上遮下”、“左遮右”。

不可见的点的投影加括弧表示，以示区别。如图 2-7 所示，空间中的点 C 和 D 在三个投影面上的投影如图所示，在 V 面投影中 c' 和 d' 重合，c' 在前面，所以 d' 不可见，为该处的重影点，用 $c'(d')$ 表示。

2.3　直线投影的形成

由几何学可知，直线的空间位置可以由直线上任意两点来确定，因此直线的投影可通过直线上任意两点的投影决定。求作直线的投影，只要作出直线上两点的投影，两点的同面投影连线，就是直线在该投影面上的投影。图 2-8 是一般位置的直线投影。

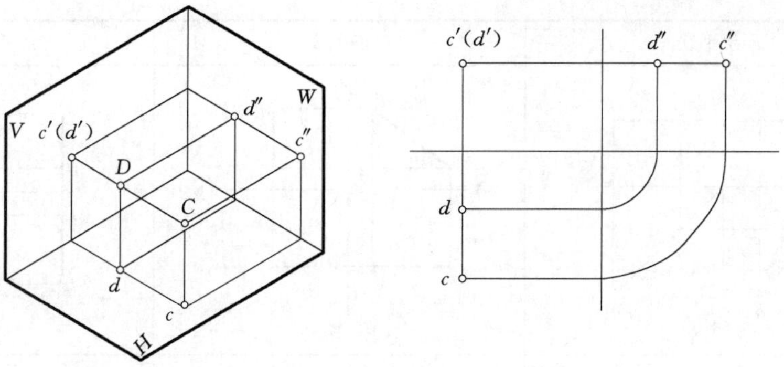

图 2-7　重影点

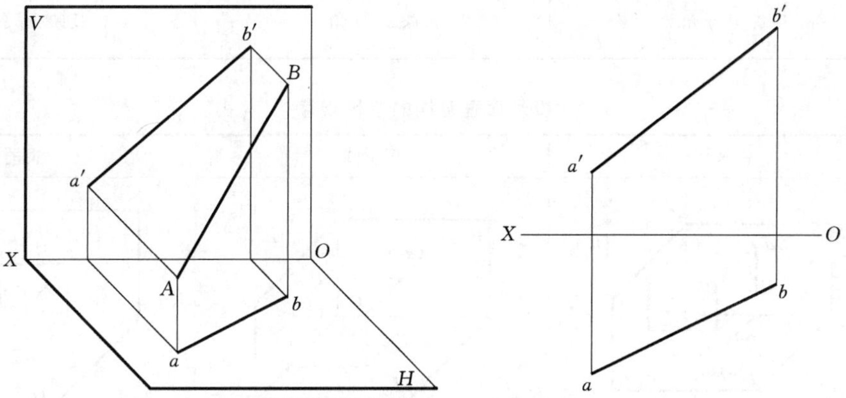

图 2-8　一般位置的直线投影

2.3.1　特殊位置直线投影

若直线平行或垂直于某一个投影面，就可以称它为特殊位置直线，这种情况会使它的投影图具有某一特性，通过表 2-1 和表 2-2 可看到。

直线与投影面平行有三种形式：

水平线——平行于水平投影面 H 的直线；

正平线——平行于正立投影面 V 的直线；

侧平线——平行于侧立投影面 W 的直线。

直线与投影面垂直有三种形式：

铅垂线——垂直于水平投影面 H 的直线；

正垂线——垂直于正立投影面 V 的直线；

侧垂线——垂直于侧立投影面 W 的直线。

表 2-1　　**投影面平行线的投影规律**

名称	水平线	正平线	侧平线
直观图	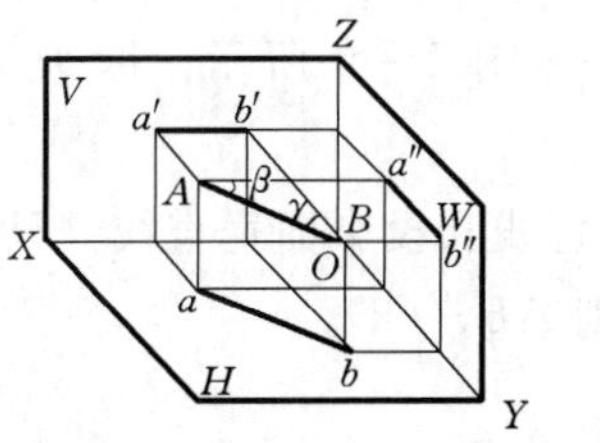	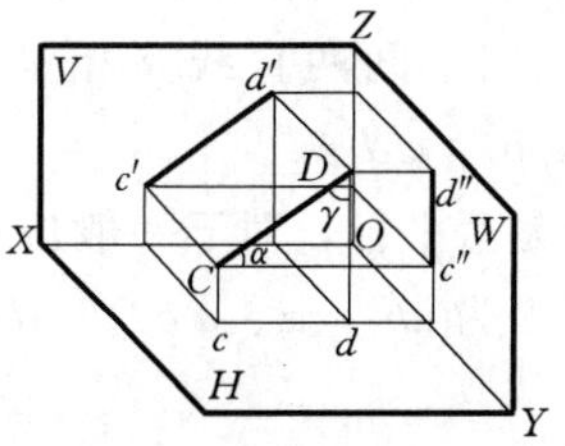	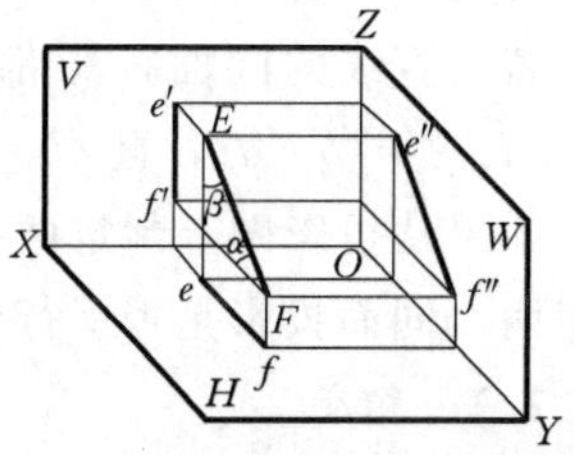

续表

名称	水平线	正平线	侧平线
投影图	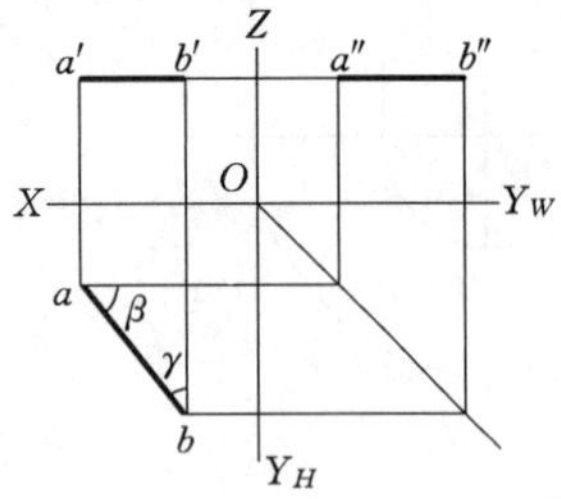	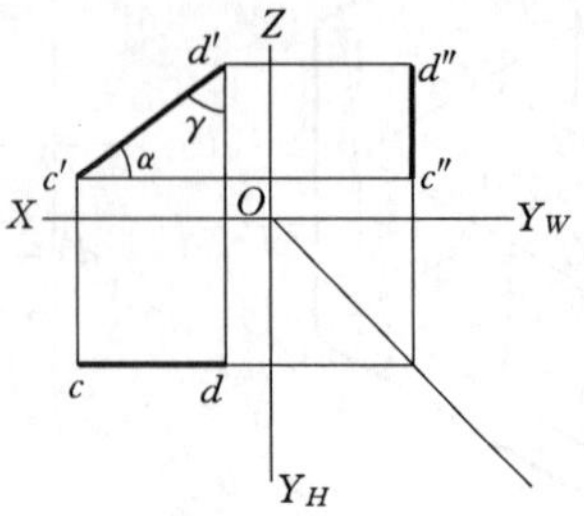	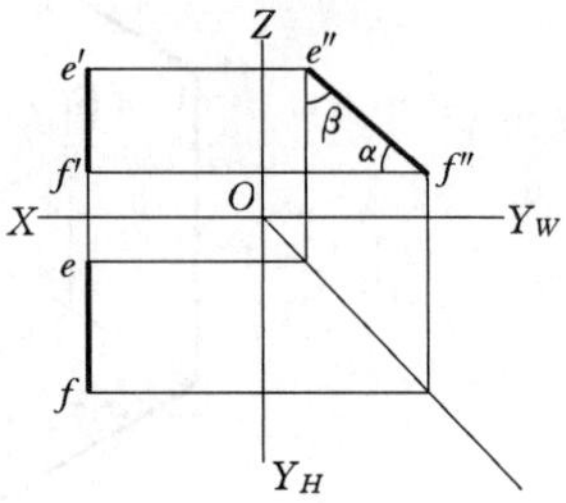
投影特性	1. $ab=AB$ 2. $a'b' /\!/ OX$ $a''b'' /\!/ OY_W$ 3. 反映 β、γ 角	1. $cd=CD$ 2. $c'd' /\!/ OX$ $c''d'' /\!/ OZ$ 3. 反映 α、γ 角	1. $ef=EF$ 2. $e'f' /\!/ OZ$ $e''f'' /\!/ OY_H$ 3. 反映 α、β 角

表 2－2　　投影面垂直线的投影规律

名称	铅垂线	正垂线	侧垂线
直观图	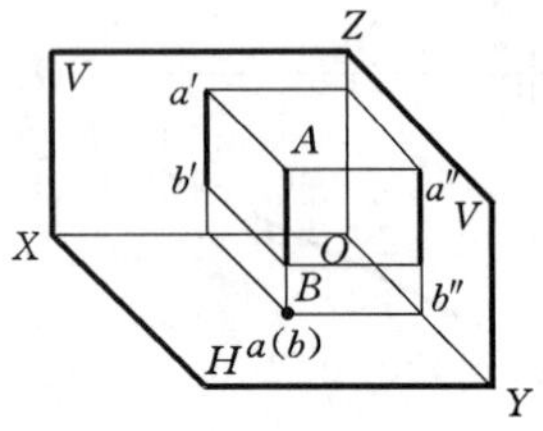	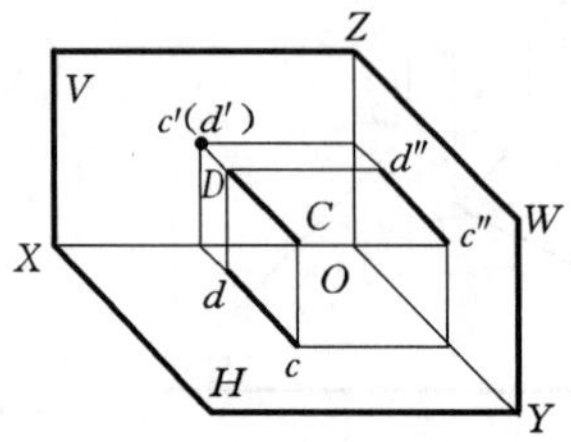	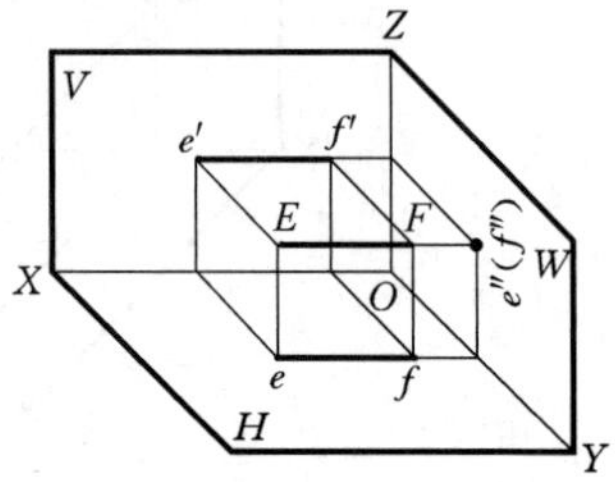
投影图	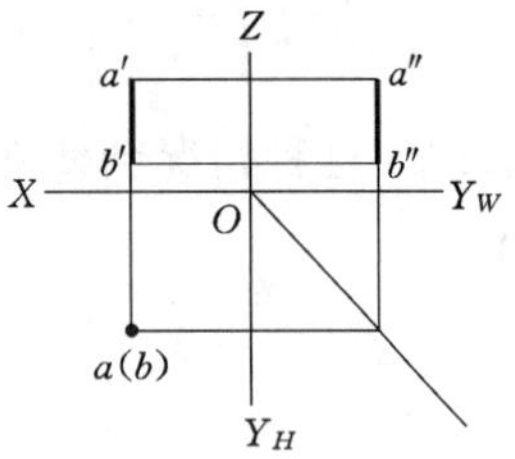	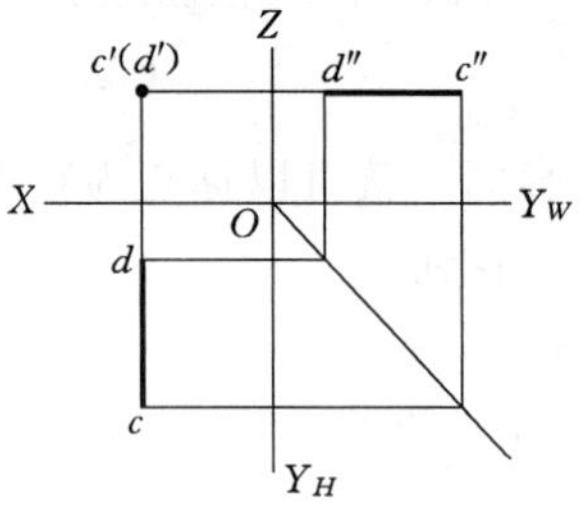	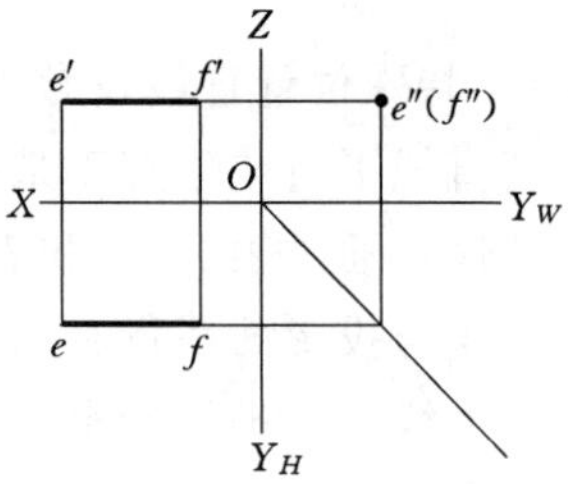
投影特性	1. ab 积聚为一点 2. $a'b' \perp OX$ $a''b'' \perp OY_W$ 3. $ab=a'b'=a''b''$	1. cd 积聚为一点 2. $c'd' \perp OX$ $c''d'' \perp OZ$ 3. $cd=c'd'=c''d''$	1. ef 积聚为一点 2. $e'f' \perp OZ$ $e''f'' \perp OY_H$ 3. $ef=e'f'=e''f''$

2.3.2 直线与直线的相对位置

空间两直线的相对位置有三种情况：平行、相交和交叉。

2.3.2.1 平行

若空间两直线互相平行，则其同面投影都平行，且投影长度之比相等，端点字母顺序相同；反之，若两直线的同面投影都平行，则空间两直线互相平行。如图 2－9 所示，因为 $AB /\!/ CD$，则 $ab /\!/ cd$、$a'b' /\!/ c'd'$，且 $ab : cd = a'b' : c'd'$。

如果从投影图上判定两条直线是否平行，对于一般位置的直线和投影面垂直线，只需要看它们的任意两个同面投影是否平行即可。因为 $ab /\!/ cd$、$a'b' /\!/ c'd'$，则 $AB /\!/ CD$。

2.3.2.2 相交

若空间两直线相交，则它们的各个同面投影亦分别相交，且交点的投影符合点的投影规律；反

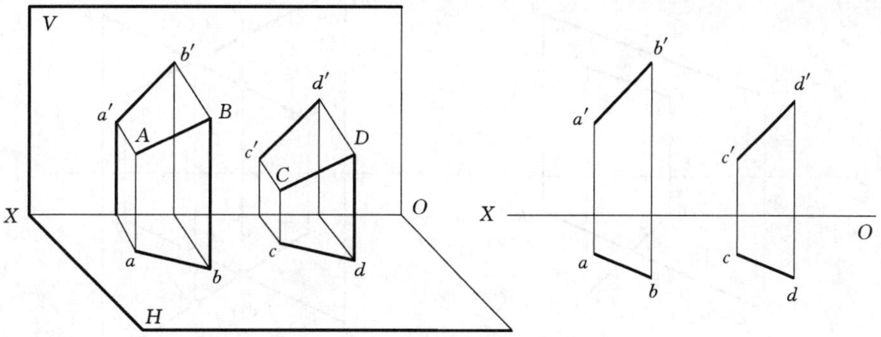

图 2-9　空间两直线平行

之，如果两直线的各个同面投影分别相交，且交点的投影符合点的投影规律，则两直线在空间必相交。如图 2-10（a）所示，两直线 AB、CD 交于 K 点；则其水平投影 ab 与 cd 交于 k；正面投影 $a'b'$ 与 $c'd'$ 交于 k'；kk' 垂直于 OX 轴。

如果从投影图上判定两条直线是否相交，对于一般位置的直线和投影面垂直线，只要看它们的任意两个同面投影是否相交且交点的投影是否符合点的投影规律即可。如图 2-10（b）中，因为 ab 与 cd 交于 k，$a'b'$ 与 $c'd'$ 交于 k'，且 $kk' \perp OX$，则空间 AB 与 CD 相交。

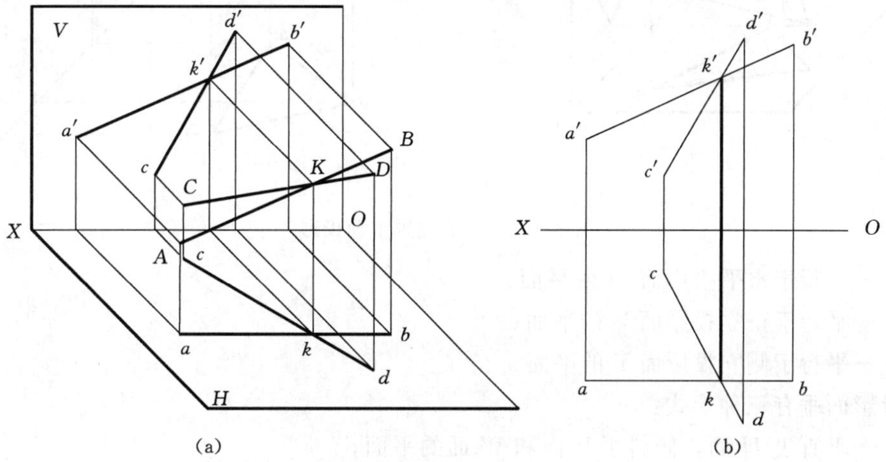

图 2-10　空间两直线相交

2.3.2.3　交叉

在空间既不平行又不相交的两直线称为交叉直线或异面直线。因此，在投影图上，既不符合两直线平行的投影特性，又不符合两直线相交的投影特性的两直线即为交叉直线。如图 2-11（a）所示，$a'b' /\!/ c'd'$，但是，ab 不平行于 cd，因此，直线 AB、CD 是交叉直线。图 2-11（b）中，虽然 ab 与 cd 相交，$a'b'$ 与 $c'd'$ 相交，但它们的交点不符合点的投影规律，因此，直线 AB、CD 是交叉直线。

2.4　平面的投影

2.4.1　一般位置平面的投影

一般位置平面在各投影面上的投影既不反映平面实形，也不具有积聚性，投影均为原图形的类似形，且各投影的图形面积均小于实形，也不反映平面对投影面的倾角的实形，如图 2-12 所示。

2.4.2　特殊位置平面投影

若平面平行或垂直与某一个投影面，就可以称它为特殊位置平面，这种情况会使它的投影图具有某些特性，通过表 2-3 和表 2-4 可看到。

平面与投影面平行有三种形式：

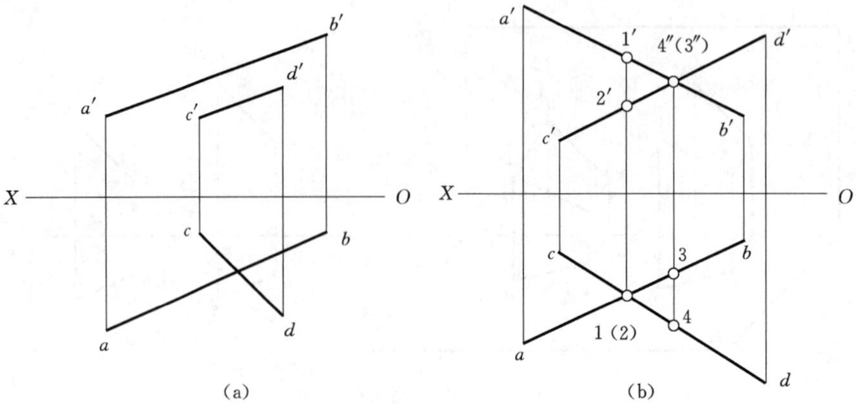

(a) (b)

图 2-11　空间两直线交叉

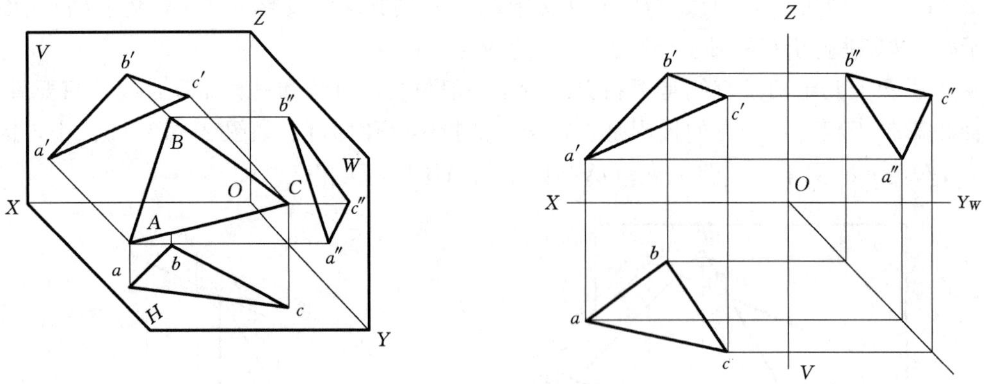

(a) (b)

图 2-12　一般位置平面投影

水平面——平行于水平投影面 H 的平面；

正平面——平行于正立投影面 V 的平面；

侧平面——平行于侧立投影面 Y 的平面。

平面与投影面垂有三种形式：

铅垂面——垂直于 H 面，倾斜于 V 面和 W 面的平面；

正垂面——垂直于 H 面，倾斜于 H 面和 W 面的平面；

侧垂面——垂直于 W 面，倾斜于 V 面和 H 面的平面。

表 2-3　　　　**投影面的平行面**

名称	轴　测　图	投　影　图	投　影　特　性
水平面	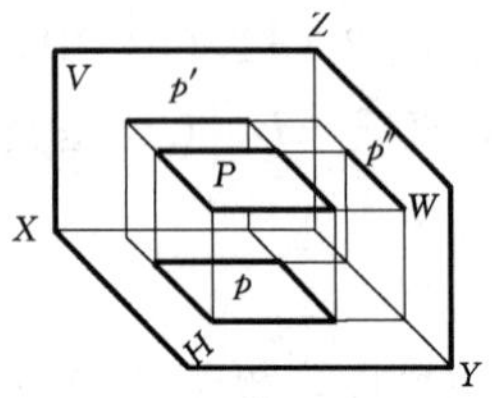	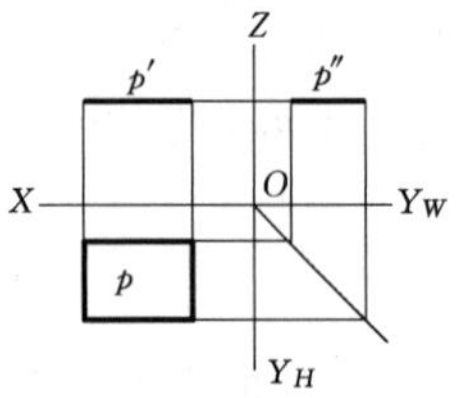	1. p 反映平面实形； 2. p' 和 p'' 均具有积聚性，且 $p'//OX$ 轴，$p''//OY_W$ 轴
正平面	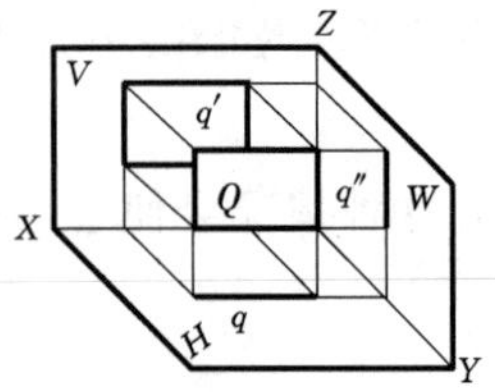	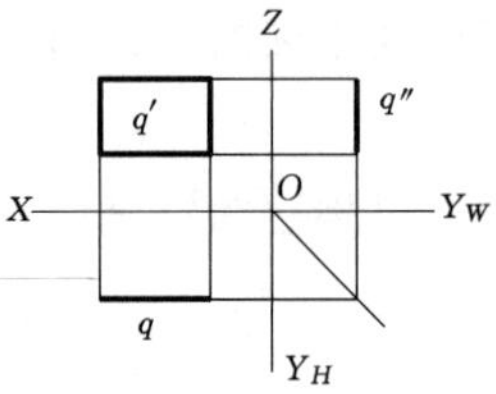	1. q' 反映平面实形； 2. q 和 q'' 均具有积聚性，且 $q//OX$ 轴，$q''//OZ$ 轴

名称	轴测图	投影图	投影特性
侧平面	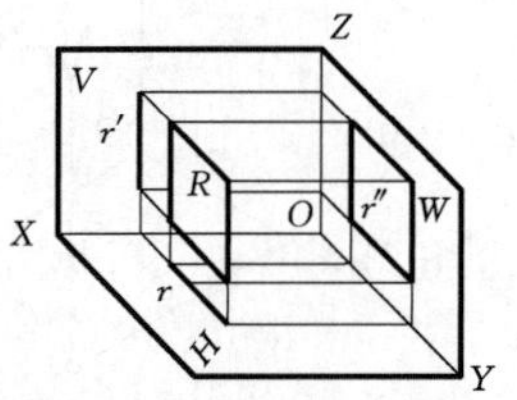	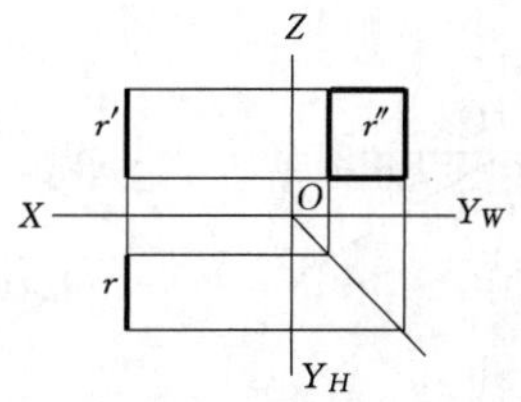	1. r''反映平面实形； 2. r'和 r 均具有积聚性，且 $r'//OZ$ 轴 $r//OY_H$ 轴

注　投影面平行面的投影特性：①平面在与其平行的投影面上的投影反映平面图形的实形；②平面在其他两个投影面上的投影均积聚成平行于相应投影轴的直线。

表 2-4　　投影面的垂直面

名称	轴测图	投影图	投影特性
铅垂面	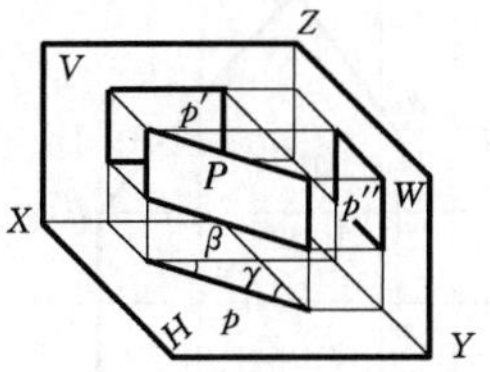	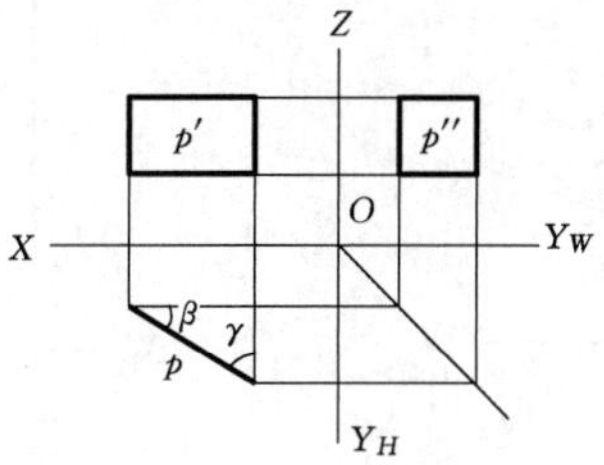	1. p 积聚成一直线，反映 β、γ 角； 2. p'和 p''均为原图形的类似形
正垂面	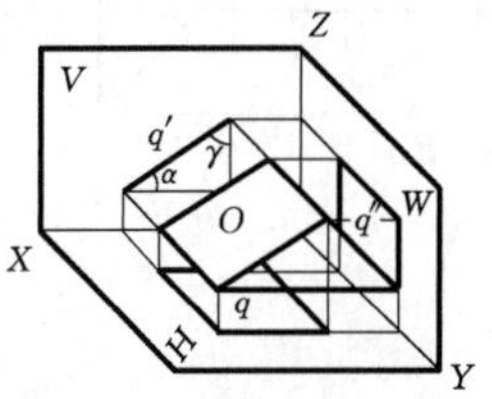	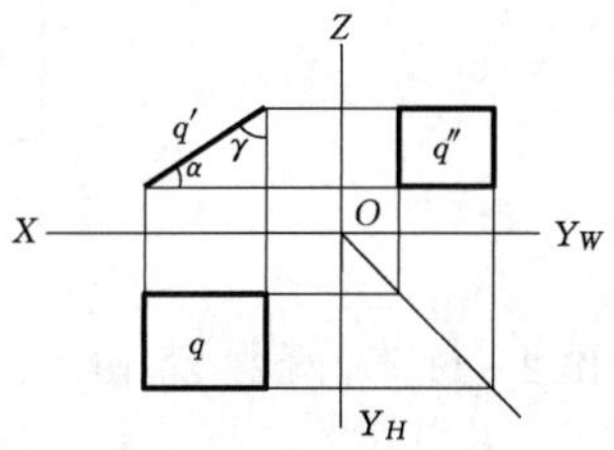	1. q'积聚成一直线，反映 α、γ 角； 2. q 和 q''均为原图形的类似形
侧垂面	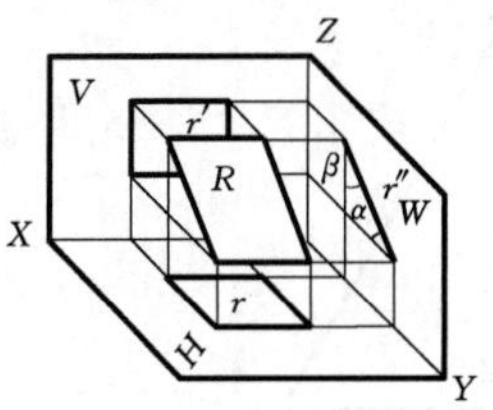	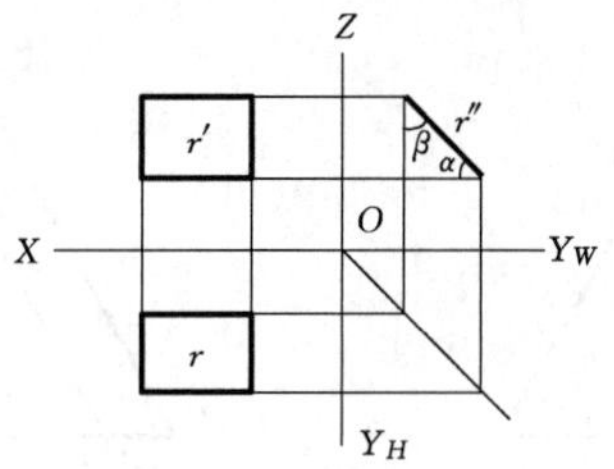	1. r''积聚成一直线，反映 α、β 角； 2. r'和 r 均为原图形的类似形

注　投影面垂直面的投影特性：①平面在与其所垂直的投影面上的投影面积聚成倾斜与投影轴的直线，并反映该平面对其他两个投影面的倾角；②平面的其他两个投影都是面积小于原平面图形的类似形。

3　学习情境

【例 2-1】 已知点 A 的三面投影，试确定点 A 的空间位置。

作图步骤：如图 2-13 所示。

【例 2-2】 如图 2-14（a）所示两条直线的投影图，判断两直线的空间关系。

作图步骤：如图 2-14（b）所示，判断两直线空间关系为交叉。

【例 2-3】 求图 2-15 上三棱锥 SAB 棱面上点 K 的 H 面投影。

作图方法一：连接 $s'k'$交 $a'b'$于 m'，K 点在 SM 上，则 K 在 SAB 面上，如图 2-15（a）所示。

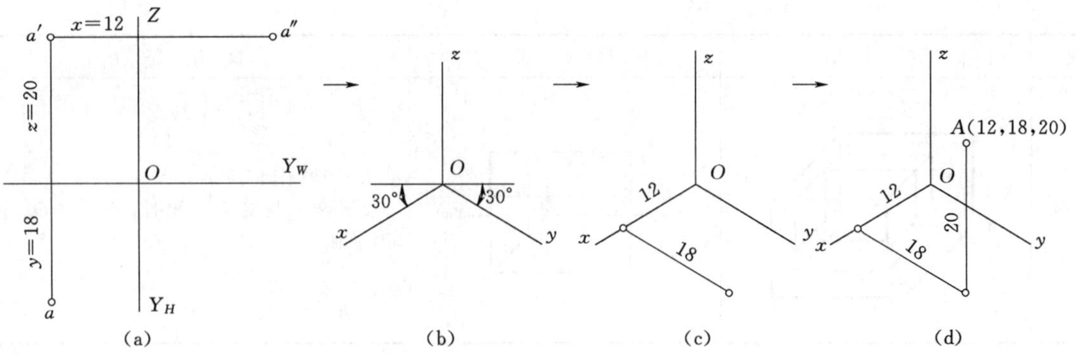

图 2-13 ［例 2-1］作图步骤

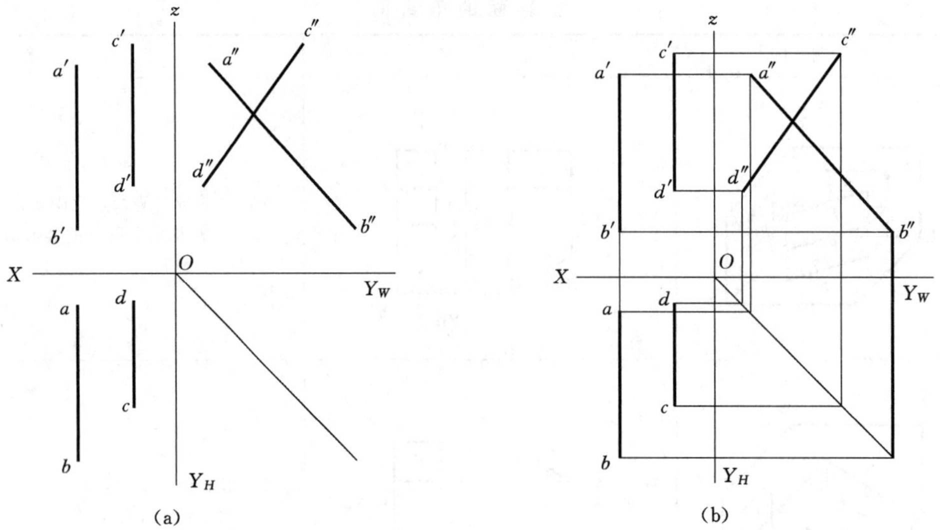

图 2-14 ［例 2-2］图

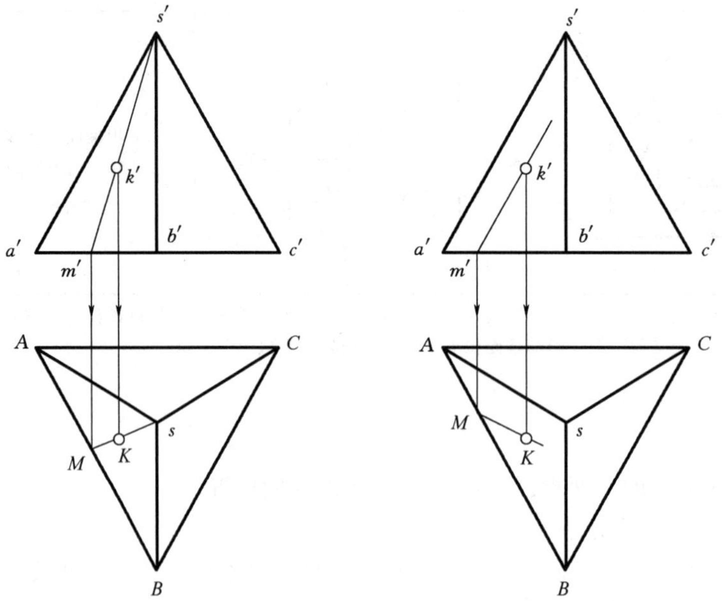

图 2-15 ［例 2-3］图

作图方法二：过 k 作直线 $KM /\!/ SA$，则 SM 在平面 SAB 上，点 K 在 SM 上，如图 2-15（b）所示。

课题二　形体三面投影图的形成和规律

1　学习目标

学习三面投影图的目的是为了将立体实物的形状和尺寸准确地反映在平面的图纸上。

2　学习内容

2.1　三面投影图的形成和展开

在展开的三面正投影图中可以看出，一个空间形体具有正面、侧面和顶面三个方向的形状，具有长度、宽度和高度三个方向的尺寸。在三面投影体系中，形体的一个正投影图能反映形体两个方向的尺度。水平投影图反映形体的顶面形状和长、宽两个方向的尺度；正面投影图反映形体的前面形状和长、高两个方向的尺度；侧面投影图反映形体的侧面形状和高、宽两个方向的尺度。因此，根据三面投影图可以得出形体在空间的形状与大小。此外，三面投影图还能反映空间形体在三面投影体系中上下、左右及前后六个方位的位置关系，因此，可以根据投影图所反映的方位对应关系，判断形体上任意点、线、面的空间位置关系，如图 2-16 所示。

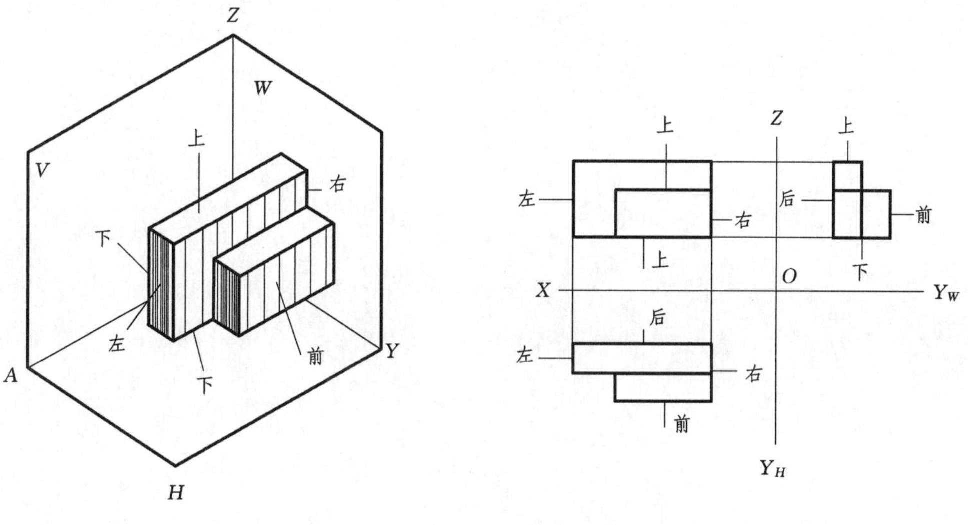

图 2-16　形体在三面投影中的方位

2.2　三面投影图的基本规律

三面投影图两两之间，都存在着一定的联系：正面投影和侧面投影具有相同的高度；水平投影和正面投影具有相同的长度；侧面投影和水平投影具有相同的宽度。因此在作图中，必须使 V 面、H 面投影位置左右对正，即遵循“长对正”的规律；使 V 面、W 面投影上下平齐，即遵循“高平齐”的规律；使 H 面、W 面投影宽度相等，即遵循“宽相等”的规律。“三等关系”是三面投影图的基本规律，如图 2-17 所示。

3　学习情境

自建一个三维空间，在其中放置各种器具，如杯子、书本或桌椅等，分析它们各自的三视图的形成。

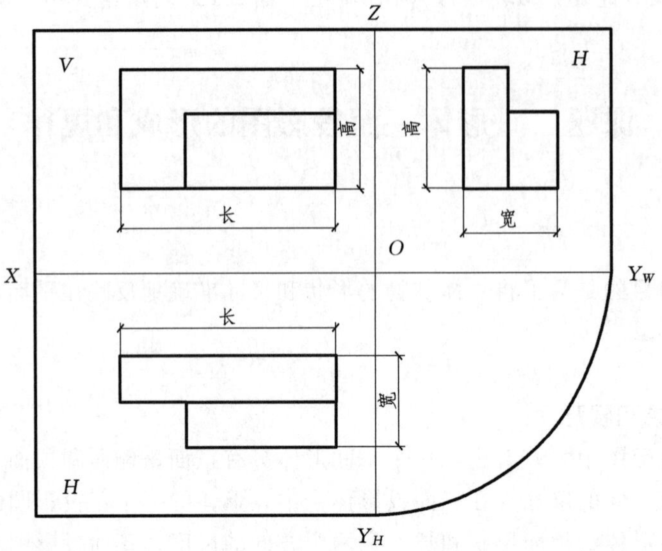

图 2-17　三面正投影体系展开图

模块3　立 体 的 投 影

在建筑工程中，经常会遇到各种形状的物体，它们都可以看成是由一些简单的几何形体按一定的方式组合而成，这些简单的几何形体被称为基本形体。常见的基本形体可分为两大类：平面体和曲面体。要掌握复杂形体的投影方法，首先要掌握各种基本形体的投影特点和分析方法。

课题一　平面体的投影形成和规律

1　学习目标

研究平面体的投影规律。

所有表面均由平面围成的立体被称为平面体。常见的平面体有棱柱、棱锥和棱台。研究平面体的投影，也就是研究平面体表面各点、直线、平面的投影。

2　学习内容

认识平面体并在学习中分别以例题的形式来研究平面体的投影规律，并得出平面体的三面投影图的画法。

2.1　五棱柱的投影及三面投影图画法

2.1.1　对五棱柱的形体分析

棱柱的形体特征为有两个上、下平行且相同的多边形底面，侧棱线相互平行且垂直于底面（称为直棱柱），而且各个侧棱面均为矩形。

2.1.2　求五棱柱的投影

将五棱柱置于三面投影体系中，其三面投影图如图 3－1（a）所示，五棱柱的上、下两底面平行于 H 面，前棱面平行于 V 面，其余四个棱面均为铅垂面。由投影面平行面的投影特性可知，H 面投影的正五边形是五棱柱上、下两底面的重合投影，反映实形，又是五个侧棱面的积聚投影，同时五边形的五个顶点也是五条棱线的积聚投影。V 面与 W 面投影中，上、下两底面分别积聚为水平线段，各侧棱面的投影是矩形线框。前棱面 AA_1B_1B 的 V 面投影 $a'a_1'b_1'b'$ 反映实形，其余四个侧棱面均为铅垂面，其 V 面和 W 面投影均为类似形（矩形），不反映实形。矩形线框的竖直线分别是各棱线的投影，反映实长。需要注意的是，在三个投影面上分别重合投影的现象，要正确判别平面体上各顶点投影的可见性，并反映在相应的投影图中。

2.1.3　绘制五棱柱的三面投影图

如图 3－1（b）所示。

2.2　正三棱锥的投影及三面投影图画法

2.2.1　对正三棱锥的形体分析

正三棱锥的形体特征为有一个多边形的底面，侧棱线汇交于一点即锥顶，其余各侧棱面均为三角形。

2.2.2　求正三棱锥的投影

正三棱锥的底面平行于 H 面，所以它的水平投影反映实形，其他两面投影积聚成水平直线段。锥顶的水平投影在底面三角形的形心处，它与三个角点的连线是三条侧棱线的水平投影。后棱面

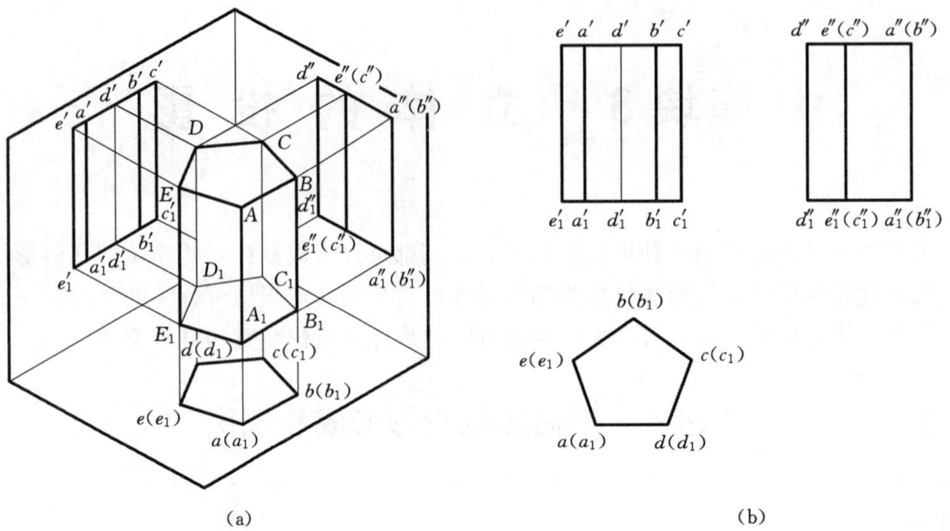

图 3－1　棱柱的投影及三面投影图画法

△*SAC* 为侧垂面，所以它的侧面投影 $s''a''c''$ 积聚成一条倾斜的线段，正面投影 $s'a'c'$ 和水平投影 *sac* 都是类似形。其余两个侧棱面 *SAB*、*SBC* 是一般位置平面，因此它们的三面投影均为类似形，由于这两个棱面左右对称分布，所以它们的侧面投影重合为一个三角形，如图 3－2（a）所示。

2.2.3　绘制正三棱锥的三面投影图

如图 3－2（b）所示。

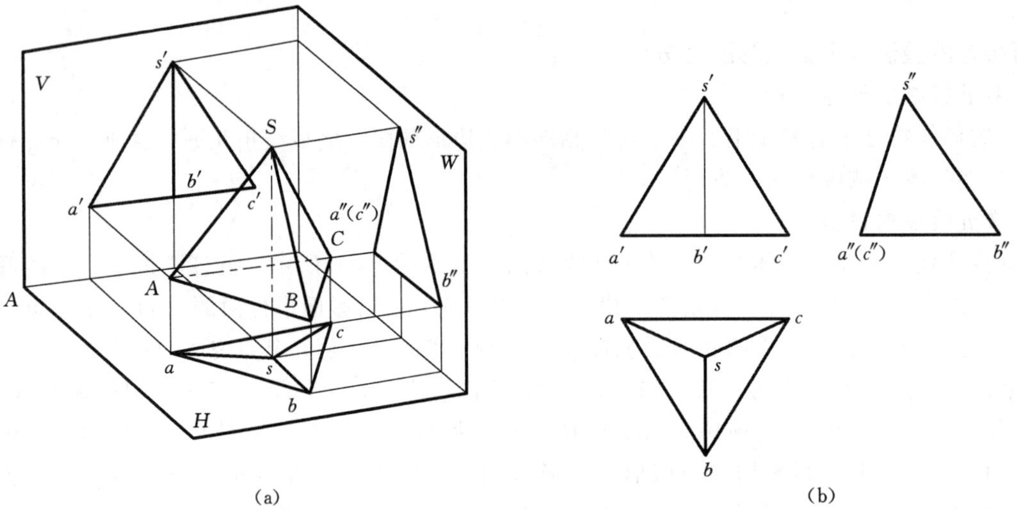

图 3－2　棱锥的投影及三面投影图画法

课题二　曲面体的投影形成和规律

1　学习目标

工程中常见的曲面体有圆柱、圆锥和球体。认识这些曲面体并研究曲面体的投影规律。

2　学习内容

认识曲面体并在学习中分别以例题的形式来研究曲面体的投影规律，并得出曲面体的三面投影图的画法。

2.1 圆柱的投影及三面投影图画法

2.1.1 对圆柱的形体分析

圆柱面是直母线绕与其平行的轴线旋转而形成的曲面。

2.1.2 求圆柱的投影

圆柱在三投影体系中的位置是圆柱的轴线垂直于水平投影面（图 3－3）。其视图由圆柱面及上、下底面的投影组成。由于圆柱的轴线垂直于水平投影面，因此它的顶面和底面均是水平面，其水平投影反映实形，为圆；正面、侧面投影各积聚成水平直线。圆柱面的水平投影积聚为圆，与顶面和底面的水平重合投影，又是圆柱面上所有素线的积聚投影。

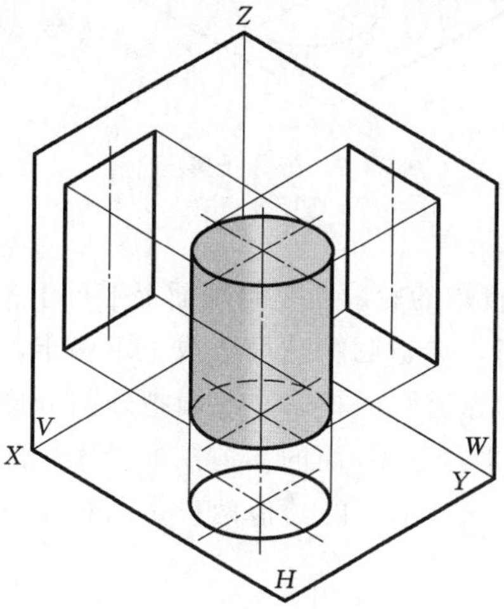

图 3－3 圆柱投影图

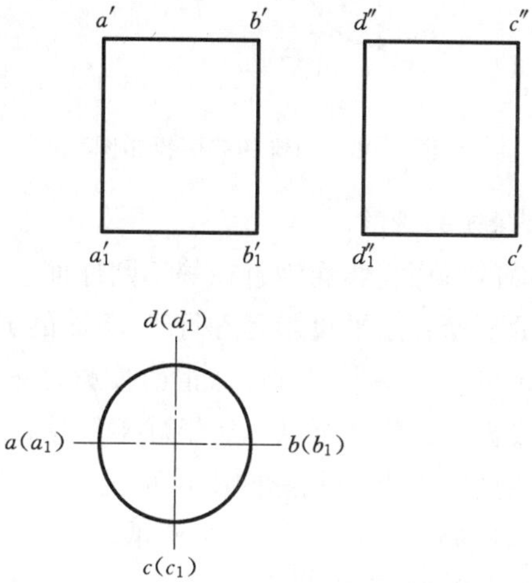

图 3－4 圆柱的三面投影图

2.1.3 绘制圆柱的三面投影图

如图 3－4 所示。

2.2 圆锥的投影及三面投影图画法

2.2.1 对圆锥的形体分析

直母线绕与其相交的轴线旋转而形成的曲面，称为圆锥面，锥面所有的素线与轴线交于一点 s，称为锥顶。

2.2.2 求圆锥的投影

由于圆锥的轴线垂直于水平投影面，故底圆是水平面，水平投影反映实形，为圆；正面投影、侧面投影各积聚成水平直线。圆锥面的水平投影与底圆重影。如图 3－5 所示，圆锥面的正面投影是轮廓素线 SA、SB 的投影 $s'a'$、$s'b'$，SA、SB 将圆锥面分成可见的前半部分与不可见的后半部分。圆锥面的侧面投影是轮廓素线 SC、SD 的投影 $s''c''$、$s''d''$，SC、SD 将圆锥面分成可见的左半部分与不可见的右半部分（图 3－5）。

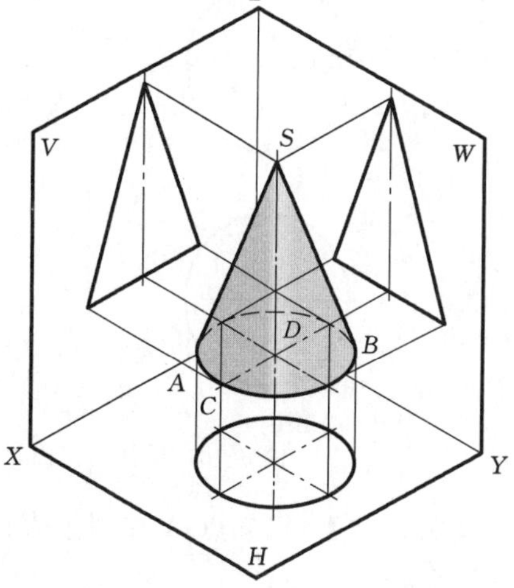

图 3－5 圆锥投影图

2.2.3 绘制圆锥的三面投影图

如图 3－6 所示。

2.3 球体的投影及三面投影图画法

2.3.1 对球体的形体分析

由圆母线绕圆内一直径回转而形成的曲面，称为圆球面。

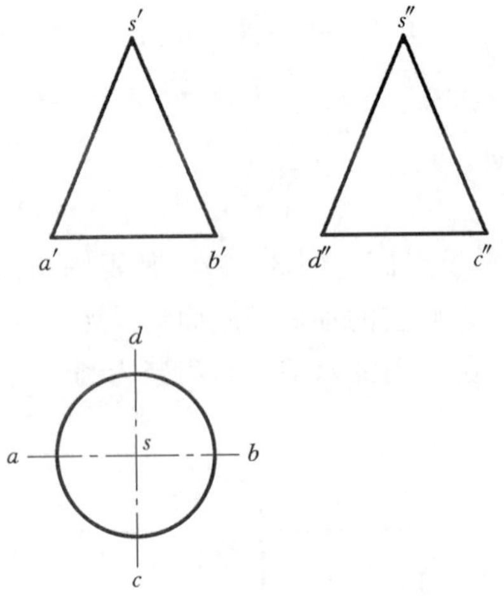

图 3-6　圆锥的三面投影图

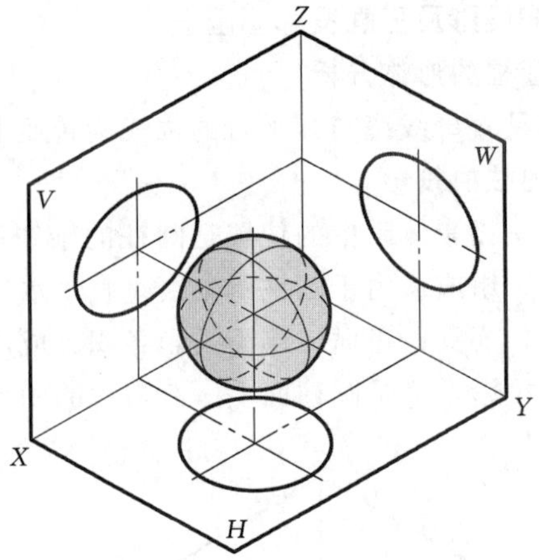

图 3-7　球体投影图

2.3.2　求球体的投影

圆球面的三面投影均为直径等于圆球面直径的圆。各投影的轮廓线是圆球面上平行于相应投影面的最大圆的投影：水平投影是平行于 H 面的赤道圆的投影，赤道圆把球面分成上下两半，水平投影的上一半可见，下一半不可见；正面投影是平行于 V 面的赤道圆的投影，此圆把球面分成前、后两半，V 面投影的前半球可见，后半球不可见；侧面投影是平行于 W 面的赤道圆的投影，此圆把球面分成左、右两半，W 面投影左半球可见，右半球不可见。这三个圆的其他两投影均积聚成直线，重合在相应的中心线上，如图 3-7 所示。

2.3.3　绘制球体的三面投影图

如图 3-8 所示。

3　学习情景

求圆锥面上的点：确定圆锥面上点的投影，需要用辅助线作图。根据圆锥面的形成特点，用素线和纬圆作为辅助线进行作图最为简便。利用素线和纬圆作为辅助线来确定回转面上点的投影的作图方法，分别称为辅助素线法和辅助纬圆法。

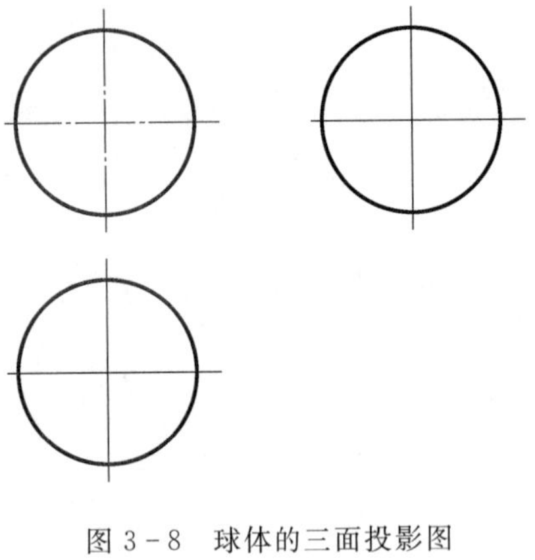

图 3-8　球体的三面投影图

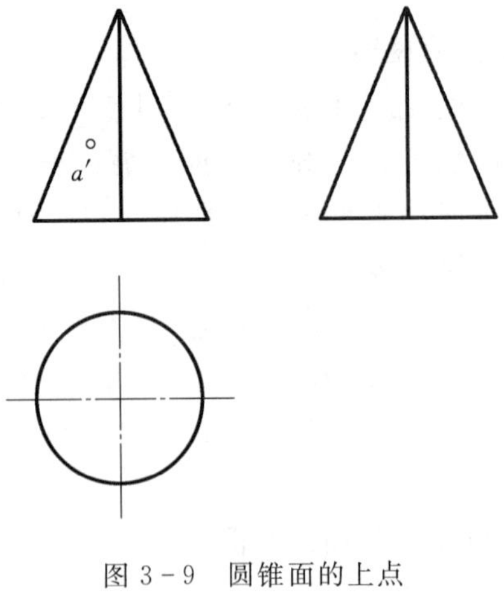

图 3-9　圆锥面的上点

【例 3-1】　已知点 A 在圆锥表面上，并知它的正面投影 a'，求出 A 点的另外两个投影，如图 3-9 所示。

分析：由于点 A 的正面投影 a' 可见，并在轴线之左，因此点 A 在左前半部分圆锥面上。由于圆锥面的三个投影都无积聚性，需用素线法求取锥面上点的投影。

作图步骤（图 3-10）：过点 A 作素线 SA 为辅助线，并延长与底圆的前半周交于点 E，利用直线上点的投影特性作出所求投影，画出直线 SE 的投影，再根据点线的从属关系，求得点 A 的另外两个投影。因为点 A 在左半部分圆锥面上，它的侧面投影 a'' 可见。

还可利用纬圆法求 A 点的另外两个投影，如图 3-11 所示。

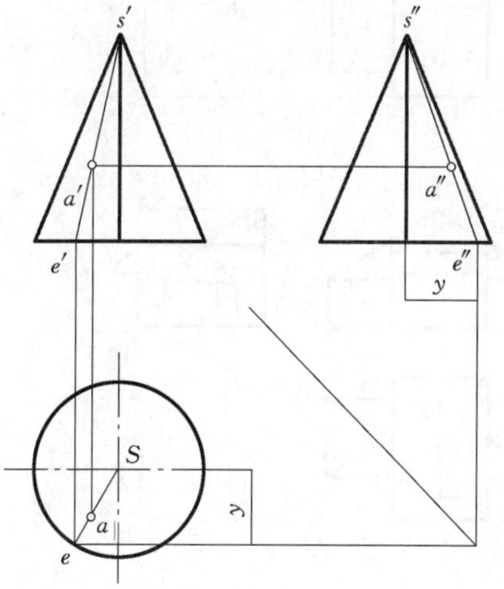

图 3-10　素线法求点的投影

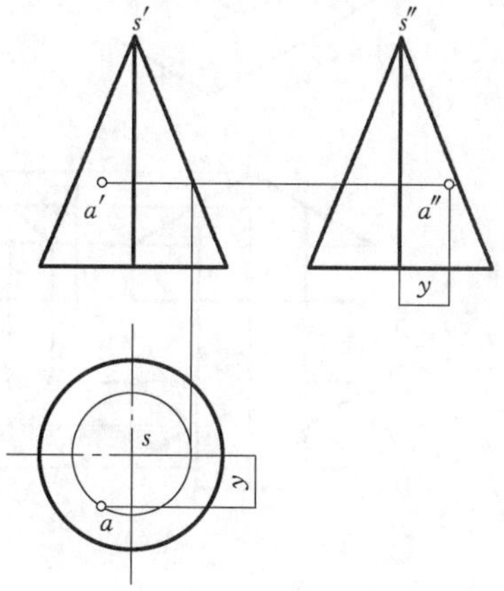

图 3-11　纬圆法求点的投影

课题三　组合体的投影形成和规律

1　学习目标

研究组合体的投影规律。组合体是由若干个平面体和曲面体组合而成的，组合体按其组合方式，一般分为叠加式、切割式、混合式三种。

2　学习内容

学习形体分析法，掌握绘制组合体的投影图。面对组合体，首先分析它是由哪些基本几何体组成的，再分析这些基本几何体的组合形式、相对位置和表面连接关系，最后根据以上分析，按各个基本几何体，逐步作出组合体的投影图。这种方法称为形体分析法，它是画图、读图和标注尺寸的基本方法。

2.1　运用叠加法绘制组合体三面投影图

叠加法是根据叠加式组合体中基本形体的叠加顺序，由下而上或由上而下地画出各基本体的三面投影，进而画出整体投影图的方法，如图 3-12 所示。

2.2　运用切割法绘制组合体三面投影图

当形体分析为切割式组合体时，先画出形体未被切割前的三面投影，然后按分析的切割顺序，画出切去部分的三面投影，最后画出组合体整体投影的方法称为切割法，如图 3-13 所示。

3　学习情景

组合体投影是点、线、面、体投影的综合，所以在识读组合体投影图之前一定要掌握三面投影规律。通过形体分析，找出形体的特征投影，进而想象出组合体的形状。

【例 3-2】　画出图所示挡土墙的三面投影图（图 3-14）。

参考作图思路：

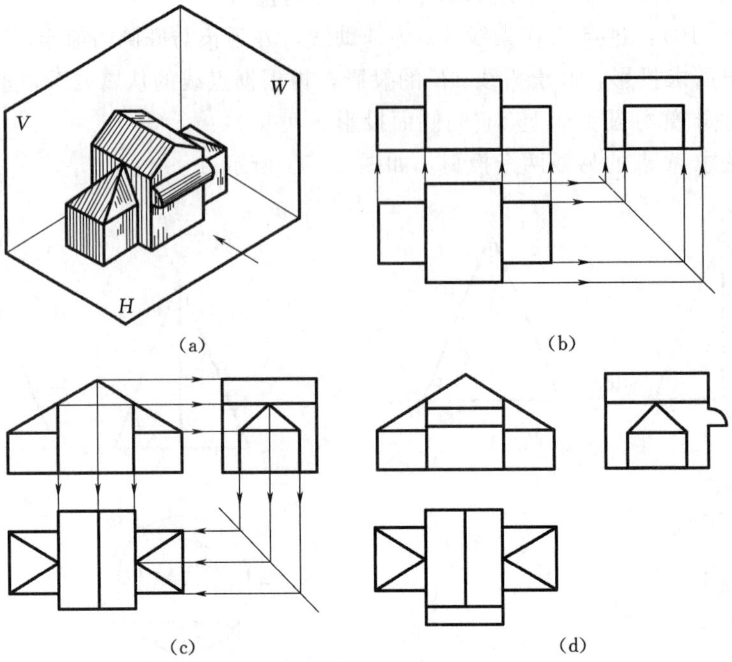

图 3-12　组合体投影画法——叠加法

（a）摆放位置；（b）画墙身；（c）画屋顶；（d）画雨篷，并完成全图

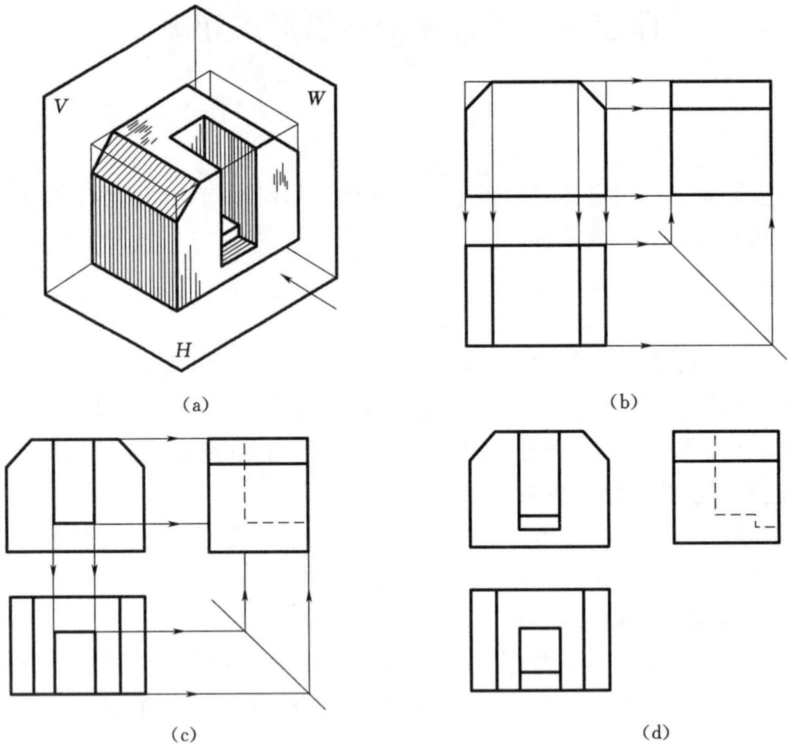

图 3-13　组合体投影画法——切割法

（a）轴测图；（b）画长方体及切去的三棱柱；（c）画切去的中间长方体；（d）画前下方的台阶，并完成全图

（1）分析组合体由哪些部分组成，逐个画出各部分的三面投影。

（2）检查投影图是否正确。

（3）加深。因该投影图均为可见轮廓线，应全部用粗实线加深，如图 3-15 所示。

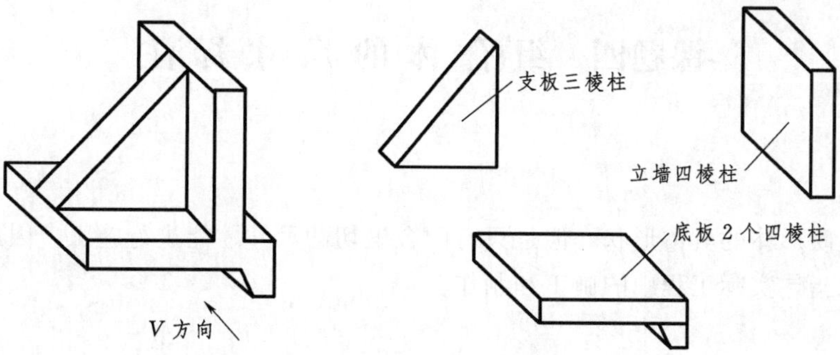

图 3-14　挡土墙立体图

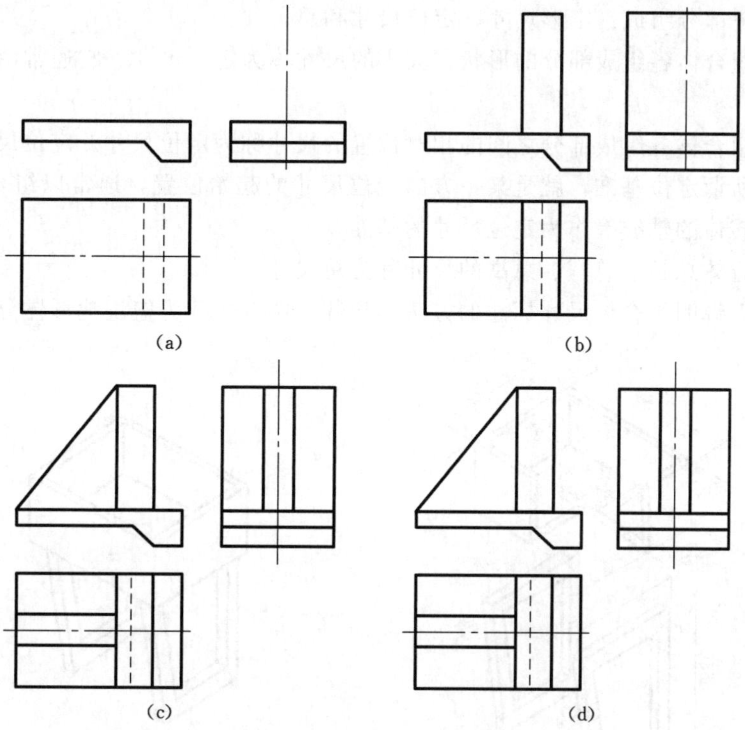

图 3-15　挡土墙的三面投影图的画法

(a) 画底板投影；(b) 画立墙投影；(c) 画支板投影；(d) 加深图线

【练习】 作肋式杯型基础的三面投影图（图 3-16）。

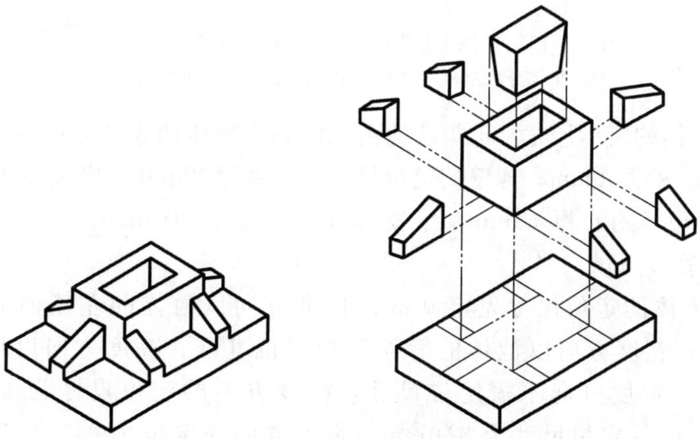

图 3-16　肋式杯型基础组合形体

课题四　组合体的尺寸标注

1　学习目标

投影图能够反映形体的具体形状，但是只有配合确切的尺寸才能进行施工。因此对组合体投影尺寸进行标注能用来指导实际工程中的施工和制作。

2　学习内容

2.1　了解组合体的尺寸组成和阐述组合体的标注方法

组合体尺寸由三部分组成：定形尺寸、定位尺寸和总尺寸。

定形尺寸确定组合体各组成部分的形状、大小的尺寸称为定形尺寸。它通常由长、宽、高三项尺寸来反映。

定位尺寸确定组合体各组成部分之间的相对位置的尺寸称为定位尺寸。定位尺寸在标注之前首先要确定定位基准。所谓定位基准，就是某一方向定位尺寸的起始位置，通常以组合体的底面、侧面、对称中心线以及回转体的轴线等作为定位尺寸的基准。

总尺寸确定组合体总长、总宽、总高的尺寸称为总尺寸。

以盥洗池为例，说明组合体尺寸标注的方法和步骤。图 3－17 为盥洗池形体分析及轴测图。

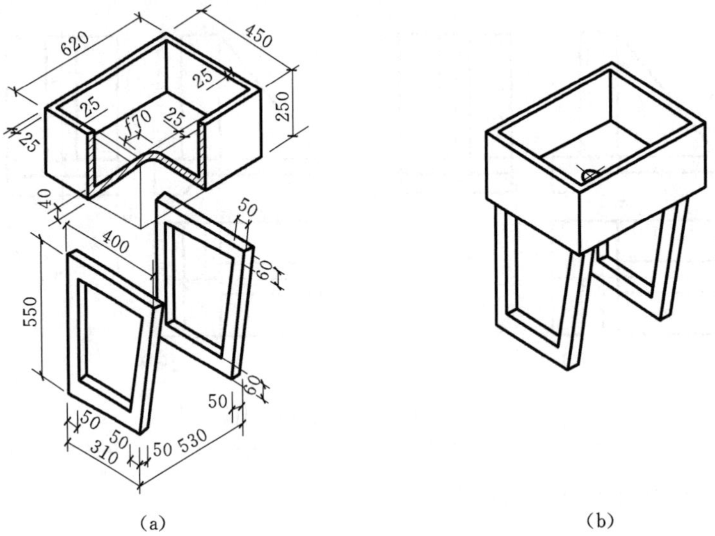

(a)　　　　(b)

图 3－17　盥洗池形体分析及轴测图（单位：mm）

(a) 形体分析及尺寸情况；(b) 拼装以后实物的轴测图

(1) 标注各基本形体的定形尺寸。该盥洗池由池体和支撑体两大部分组成。池体的定形尺寸有：长 620mm，宽 450mm，高 250mm；池壁的定形尺寸有：壁厚 25mm，底板厚 40mm，圆柱形孔直径 70mm；支撑板的定形尺寸有：厚 50mm，上宽 400mm，下宽 310mm，高 550mm，上下横梁的高 60mm，前后支撑柱的宽 50mm。

(2) 标注各基本形体的定位尺寸先定基准。长度方向以池体的左侧面或右侧面（盥洗池左右对称）为定位基准；宽度方向以池体的后侧面为定位基准；高度方向以地面为定位基准。这样一来，池体的长度、宽度方向不需定位尺寸，高度方向的定位尺寸为 550mm（即支撑板的高）；排水孔的长度方向的定位尺寸为 310mm，宽度方向的定位尺寸为 225mm；支撑体后侧面与宽度方向基准重合，长度方向的定位尺寸为两个 50mm（左右对称），420mm 是两支撑板之间的位置尺寸。

(3) 标注总尺寸。盥洗池的总长、总宽即为池体的定形尺寸620mm、450mm；总高为800mm，是池体与支撑板高度之和。

(4) 完成组合体盥洗池的尺寸标注，如图3-18所示。

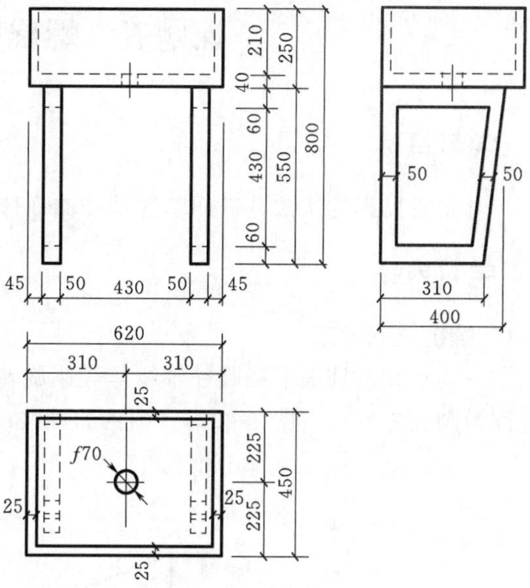

图3-18 盥洗池三视图尺寸标注（单位：mm）

2.2 尺寸标注应注意的几个问题

组合体投影图的尺寸不但要标注齐全，而且要标注整齐、清晰，便于阅读。标注组合体尺寸时，除应遵守尺寸标注的基本规定外，还应注意以下几点。

(1) 尺寸标注要齐全但不重复。上述三种尺寸可能重复，只需标注一次；一个分向的尺寸只在一个投影图中标注即可。

(2) 为了使图面清晰，尺寸应标注在图形之外，并布置在两个投影之间。但有些小尺寸，为了避免引出标注的距离太远，也可标注在图形之内。

(3) 应尽可能地将尺寸标注在反映基本形体形状特征或实形的视图上。

(4) 尽量避免在虚线上标注尺寸。除满足上述要求外，工程形体的尺寸标注还应满足设计和施工的要求。

3 学习情境

学习组合体的尺寸标注。

【练习】 八字墙的尺寸标注如图3-19所示，照图在A3图纸上把它画下来。

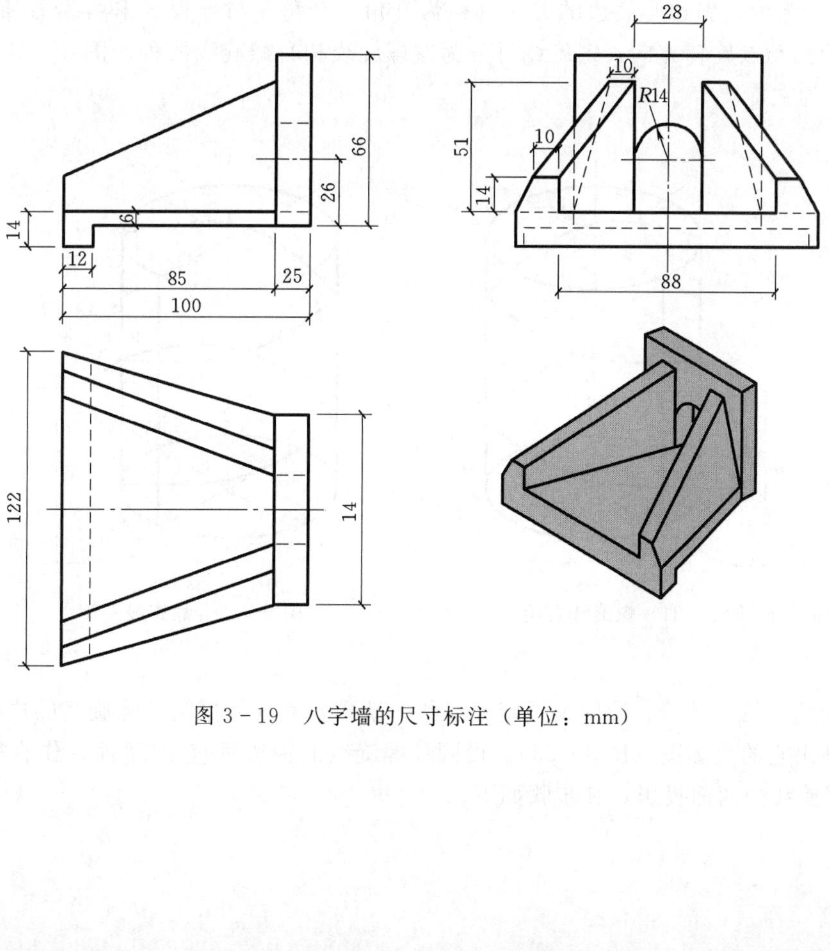

图3-19 八字墙的尺寸标注（单位：mm）

课题五　螺旋楼梯画法（拓展训练）

1　学习目标

对曲线投影的认知，进而掌握特殊曲面体的投影规律。

2　学习内容

2.1　螺旋线的形成

一动点在圆柱面上绕圆柱轴线作等速旋转运动，同时又沿轴向上作等速直线上升，该点的运动轨迹称为圆柱螺旋线（图 3－20），圆柱的轴线即为螺旋线的轴线，其直径即为螺旋线的直径。

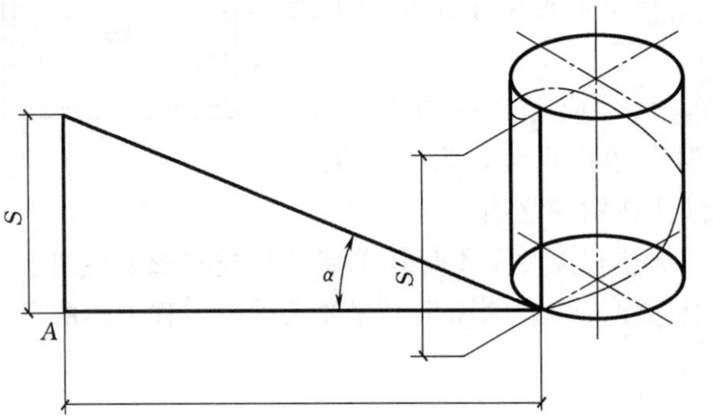

图 3－20　圆柱螺旋线的形成

动点旋转一周，其沿轴上升的高度称为导程，用 S 表示。如果将螺旋线展开可得到一直角三角形，该三角形的斜边即为螺旋线长，底边长度为圆柱周长 πD（D 为圆柱底面直径），三角形的高就是导程 S。在三角形中，斜边与底边的夹角 α 称为升角，升角 α 与导程 S 和导圆柱直径 D 的关系为 $\tan\alpha = S/\pi D$。根据动点旋转方向，螺旋线可分为左螺旋线和右螺旋线两种。图 3－21 螺旋线为右旋，图 3－22 螺旋线为左旋。

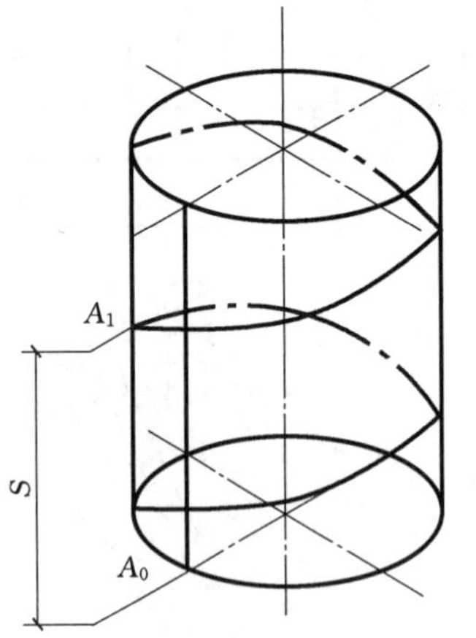

图 3－21　螺旋线右旋

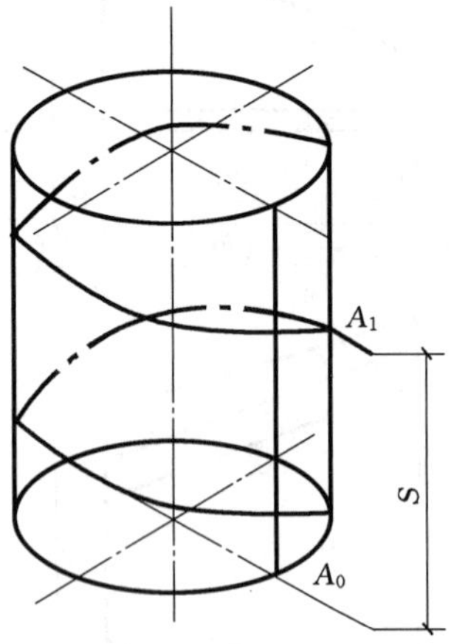

图 3－22　螺旋线左旋

2.2　作图方法

圆柱螺旋线的直径、导程、旋向是决定其形状的基本要素。根据圆柱螺旋线的这些要素和点的运动规律，即可画出它的投影图（图 3－23）。设圆柱螺旋线的轴线垂直于 H 面，作直径为 D、导程为 S 的右旋圆柱螺旋线的两面投影，其步骤如下。

（1）由圆柱直径 D 和导程 S 作出圆柱的两面投影。

（2）把圆柱的水平投影圆周和正面投影高分成相同等份（通常为 12 等份）。

（3）在水平投影上用数字沿螺旋线方向顺次标出各等分点 0、1、2、…、12。

（4）由水平投影圆周上各等分点向上作垂直线，与导程上相应的各等分点所作的水平直线相交，得螺旋线上各点的 V 面投影 $1''$、$2''$、$3''$、…、$12''$。

（5）依次用光滑曲线连接各点，即得到圆柱螺旋线的正面投影——正弦曲线，其水平投影重合于圆周上。

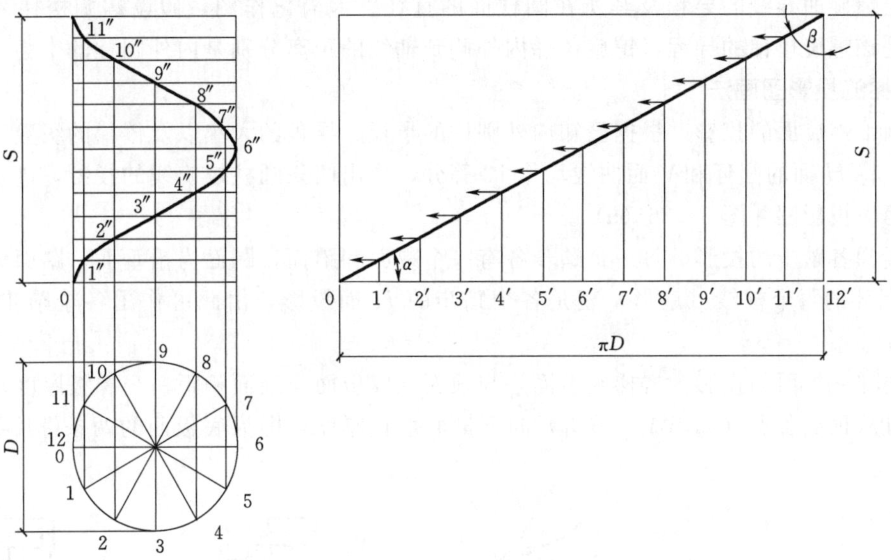

图 3－23　圆柱螺旋线投影作法

2.3　平螺旋面

一条直母线一端以圆柱螺旋线为曲导线，另一端以回转轴线为直导线，并始终平行于与轴线垂直的导平面运动所形成的曲面，被称为平螺旋面（图 3－24）。

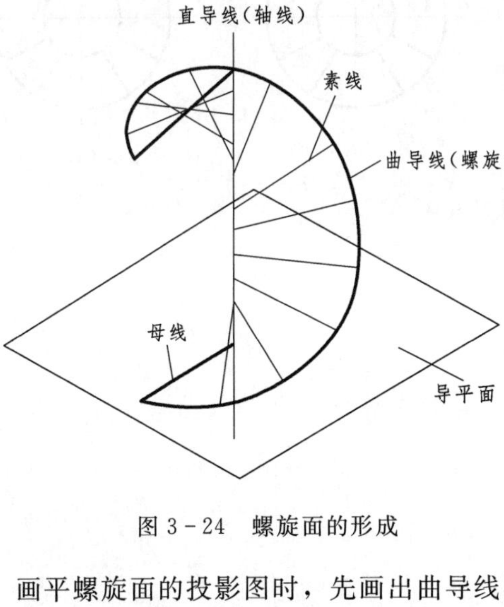

图 3－24　螺旋面的形成

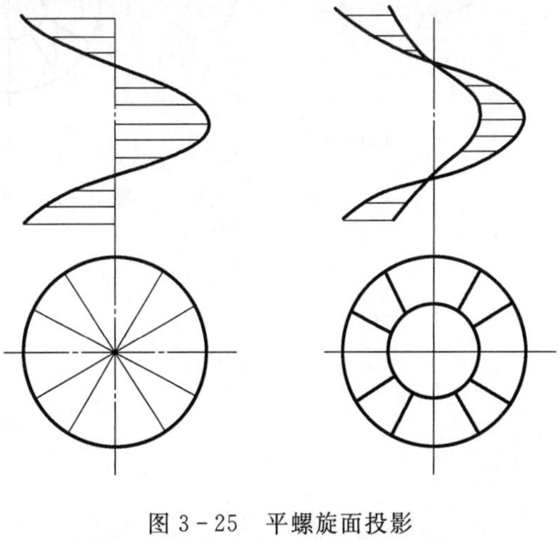

图 3－25　平螺旋面投影

画平螺旋面的投影图时，先画出曲导线圆柱螺旋线及其轴线（直导线）的两面投影。当轴线垂直于 H 面时，可从螺旋线的 H 面投影（圆周）上各等分点引直线与轴线的 H 面积聚投影相连，即为螺旋面相应素线的 H 面投影；各素线的 V 面投影是过螺旋线的 V 面投影上各等分点，分别作与轴线的 V 面投影垂直相交的一组水平线，所得平螺旋面的投影图。如果螺旋面被一个同轴的小圆柱面所截。小圆柱面与平螺旋面的交线，是一根与螺旋曲导线有相等导程的圆柱螺旋线（图 3－25）。

3　学习情景

通过以上所学螺旋线和螺旋面的画法，试画螺旋楼梯投影图。

3.1　平螺旋面的应用

平螺旋面在工程中应用广泛，其中螺旋楼梯就是平螺旋面在工程中的应用实例。螺旋楼梯的每个踏步都是由扇形的踏面、矩形的踢面、平螺旋面的底面及里外两个圆柱面围成的。画螺旋楼梯的投影图时，先确定螺旋曲导线的导程及其所在圆柱面的直径。为简化作图，假设螺旋楼梯一圈有 12 级，一圈高度就是该螺旋楼梯的导程，螺旋楼梯内外侧到轴线的距离分别是内外圆柱的半径。

3.2　螺旋楼梯的投影图画法

（1）先画平螺旋面的投影。根据已知内外圆柱的半径、导程的大小以及楼梯的级数（图中假定每圈为 12 级），将 H 面的圆环和 V 面曲线均作 12 等分，作出两条圆柱螺旋线的投影，进一步画出空心平螺旋面的两面投影图［图 3－26（a）］。

（2）画楼梯各踏步的投影。每一个踏步各有一个踢面和踏面，踢面为铅垂面，踏面为水平面。在 H 面投影中圆环的每个框线（扇形）就是各个踏步的 H 面投影，由此可作出各个踏步的 V 面投影［图 3－26（b）］。

（3）画楼梯底板面的投影。楼梯底板面是与顶面（底板面与顶面相距一个梯板厚度）相同的平螺旋面，因此可从顶面各点（如 AA_1、BB_1）向下量取垂直厚度，即为底板面的两条螺旋线［图 3－26（c）］。

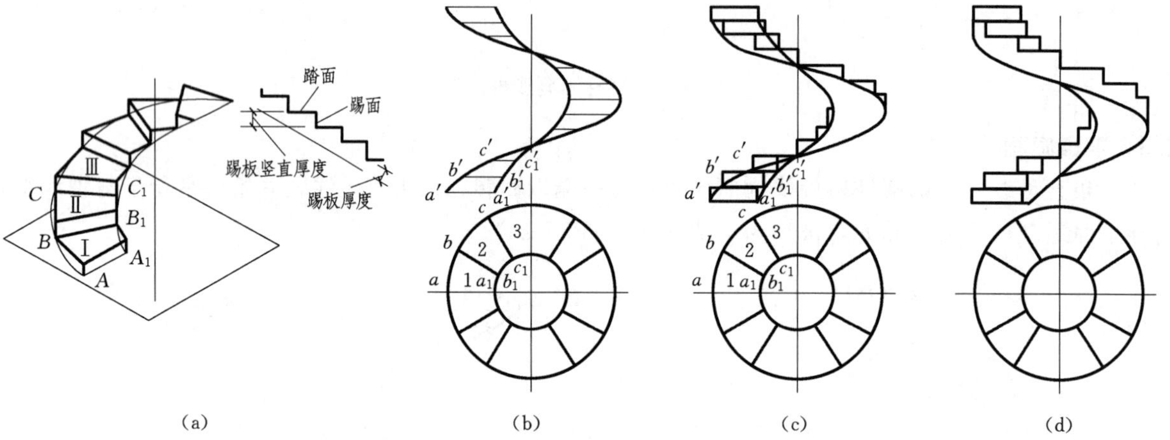

图 3－26　螺旋楼梯画法及投影

模块 4　形体的剖切投影

课题一　剖面图、断面图的形成和画法

1　学习目标

了解剖面图的形成。为了把形体内部构造关系表达得更清楚；为了更好地表明某些构件被截断后的具体形状和尺寸，常常会采用剖面图和断面图。

2　学习内容

2.1　剖切概念和剖切面的形成

剖面图是假想用一个特殊平面 P 将形体剖切，移去介于观察者和剖切平面 P 之间的部分，对剩余部分向投影面所作的正投影图，此时所得的视图就称为剖面图，特殊平面 P 被称为剖切平面，物体上被剖切平面切到的部分称为断面。

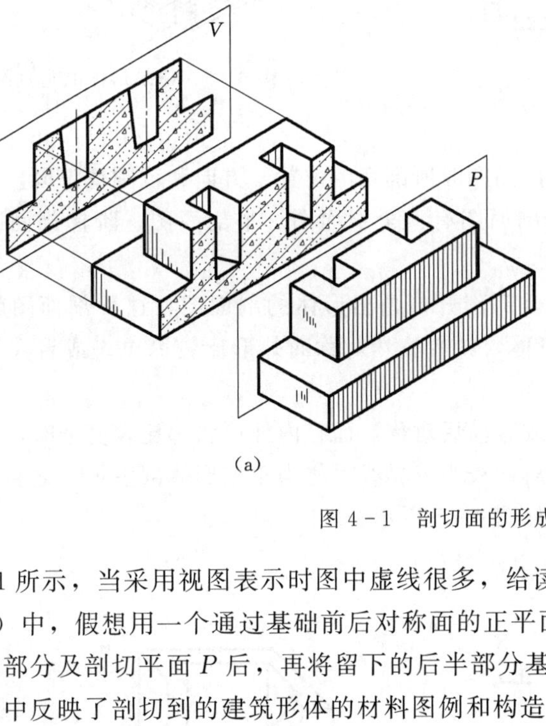

(a)

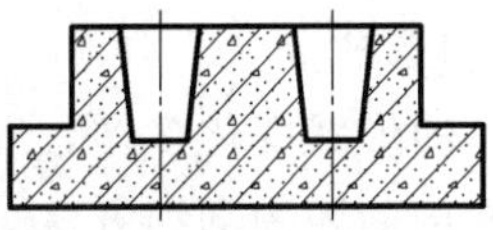
(b)

图 4－1　剖切面的形成

如图 4－1 所示，当采用视图表示时图中虚线很多，给读者带来了困难。因此可采用剖面图表示。在图 4－1（a）中，假想用一个通过基础前后对称面的正平面 P 将基础剖切开，移去介于观察者和剖切平面之间的部分及剖切平面 P 后，再将留下的后半部分基础向 V 面做投影，得到图 4－1（b）所示的剖面图。图中反映了剖切到的建筑形体的材料图例和构造，同时也反映出剖切位置后方的所有可见形体投影。

为了更好地区分开物体上的实体和空心部分，制图标准规定，应在剖面上画出相应的建筑材料图例，这样不仅使剖面图更加空实分明，而且还间接地表示了该物体所用的建筑材料（对于专业图而言，这是很重要的一点）。

2.2　剖面符号和画法

由于剖面图本身不能反映剖切平面的位置，就必须在其他投影图上标出剖切平面的位置及剖切形式。在建筑工程图中用剖切平面符号表示剖切平面的位置及其剖切开以后的投影方向。《房屋建筑制

图统一标准》(GB/T 50001—2001) 中规定剖切符号由剖切位置线及剖视方向线组成，均以粗实线绘制，如图 4-2 所示。

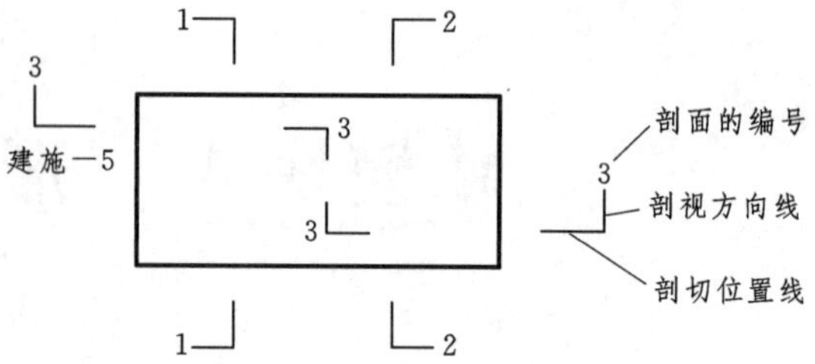

图 4-2 剖面图的剖切符号

2.3 剖面图的种类

2.3.1 按剖切位置分

按剖切位置，剖面图可分为水平剖面图和垂直剖面图。当剖切平面平行于水平投影面时，所形成的剖面图称为水平剖面图，如图 4-3 所示；当剖切面垂直于水平投影面时，所形成的剖面图称为垂直剖面图，如图 4-4 所示。

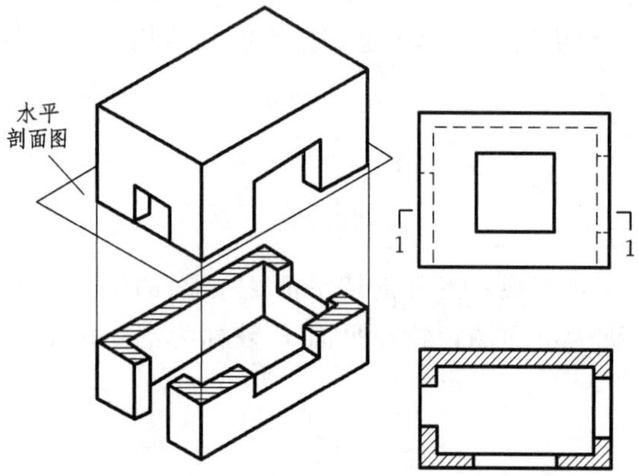

图 4-3 建筑形体的水平剖面

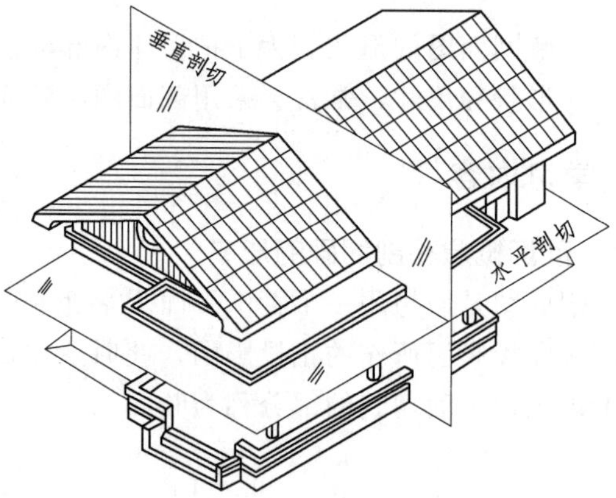

图 4-4 建筑形体的垂直剖面

2.3.2 按剖切形式分

由于形体的形状变化多样，对形体作剖面图时所剖切的位置、方向和范围也不同。下面介绍建筑工程中常用的剖面图的剖切方法。常见的剖面图有：全剖面图、半剖面图、阶梯剖面图、展开剖面图、局部剖面图和分层剖面图六种。

(1) 全剖面图。用一个剖切面把形体全部剖开，画出形体的剖面图，这种剖面图就称为全剖面图，如图 4-3 所示。它适用于不对称的形体，或者虽然对称而外形比较简单，或者在另一个投影图中可把它的外形表达清楚的情况。

(2) 半剖面图。如果形体是左右对称或者前后对称，而且内外形状都比较复杂时，为了同时表达内外形状，应采用半剖。半剖就是以图形对称线为分界线，相当于把形体剖去 1/4 之后，画出一半表示外形投影，一半表示内部剖面的图形，如图 4-5 所示。

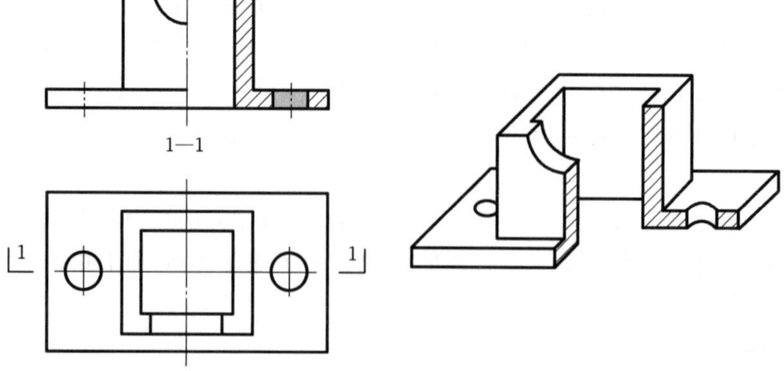

图 4-5 半剖面图

(3) 阶梯剖面图。用两个或两个以上互相平行的剖切平面将形体剖开，得到的剖面图叫阶梯剖面图。阶梯剖面图用在一个剖切面不能将形体需要表示的内部全部剖切到的形体上，如图 4-6 所示。

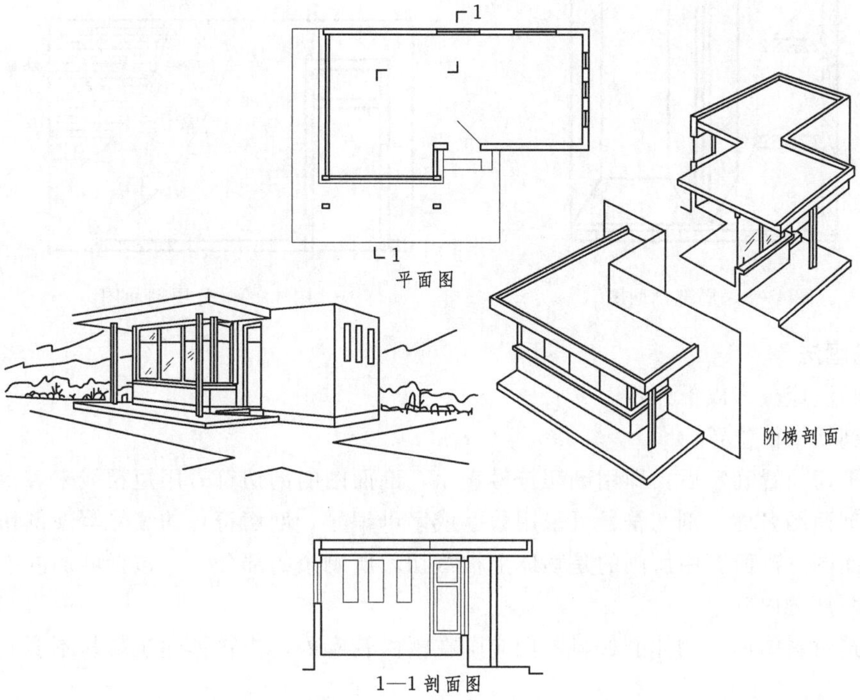

图 4-6 阶梯剖面图

(4) 展开剖面图。用两个或两个以上的相交剖切平面剖切形体所画出的剖面图，称为展开剖面图，如图 4-7 所示。展开剖面图的图名后应加注“展开”字样。有的形体两部分之间成为一定的斜角，用一个全剖面图不能同时表达清楚，此时可以考虑采用展开剖面图。

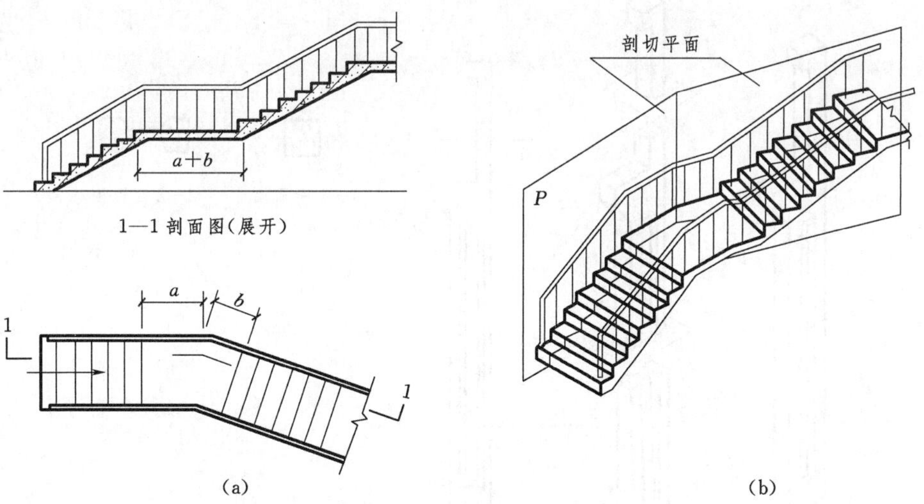

图 4-7 展开剖面图

(5) 局部剖面图。当形体仅需要部分采用剖面图就可以表示内部构造时，可采用将该部分剖开形成局部剖面的形式，称为局部剖面图，如图 4-8 所示。

(6) 分层剖面图。对一些具有分层构造的工程形体，可按实际情况用分层剖开的方法得到其剖面图，称为分层剖面图，如图 4-9 所示。

图 4-8　局部剖面图

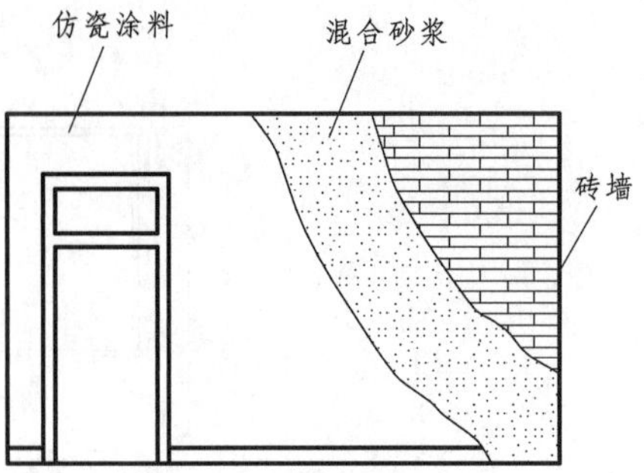

图 4-9　分层剖面图

2.4　剖面图的画法

剖面图的画法应分为以下几步。

（1）确定剖切平面位置。

（2）剖切平面位置确定后，即用剖切符号表示，剖面图的剖切符号用短粗线来表示。

（3）标注剖面图名称，剖切符号可采用数字或字母编号，剖切符号的编号写在剖切平面的对面。

（4）画剖面图，剖面图中所画的是物体上被截切后所剩余的部分，它包括断面的投影和剩余部分的轮廓线投影两部分内容。

（5）画建筑材料图例，物体的材料图例应画在断面轮廓内，当物体建筑材料不明时，亦可用等距的 45°斜线表示。

2.5　断面图

断面图可用来表示形体的内部构造和形状。根据断面图在图中位置的布置不同，有以下 3 种。

（1）移出断面图。画在形体投影图轮廓之外的断面图称为移出断面图。它的位置可布置在剖切线的延长线上，也可布置在图纸的任何位置，如图 4-10 所示，但要在剖切线及断面图的下方注明标号。

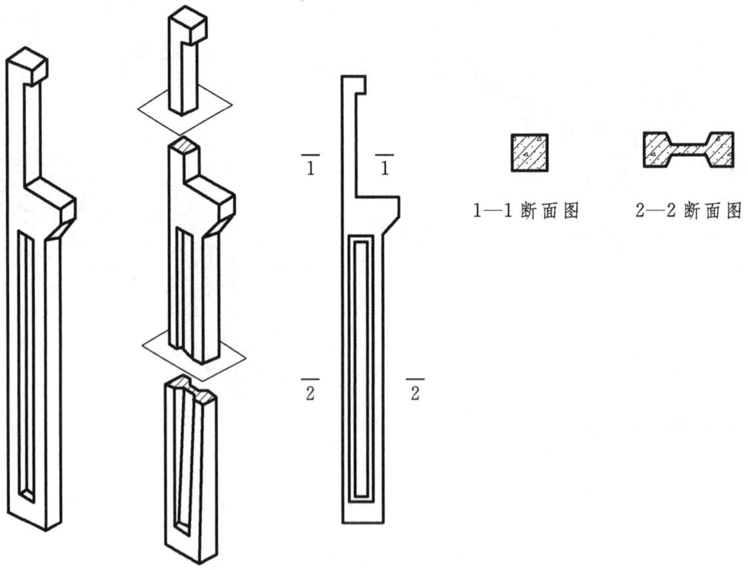

图 4-10　移出断面图

（2）重合断面图。画在投影图轮廓之内的断面图称为重合断面图，如图 4-11 所示。

（3）中断断面图。直接画在投影图上的形体断开处的断面图称为中断断面图，这种图适用于较长、截面单一的构件，如图 4-12 所示。

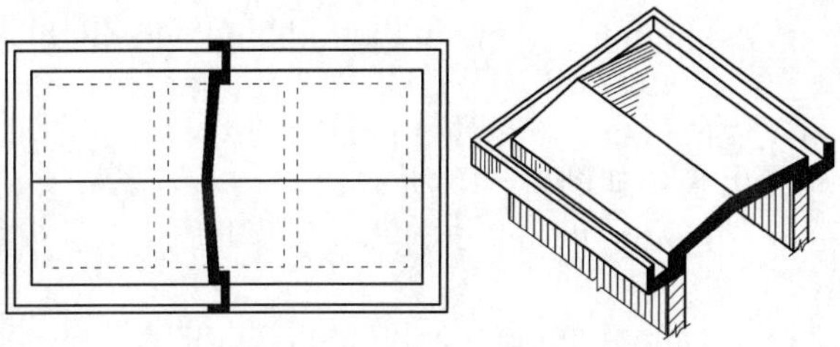

(a)　　(b)

图 4-11　重合断面图

(a) 投影图；(b) 直观图

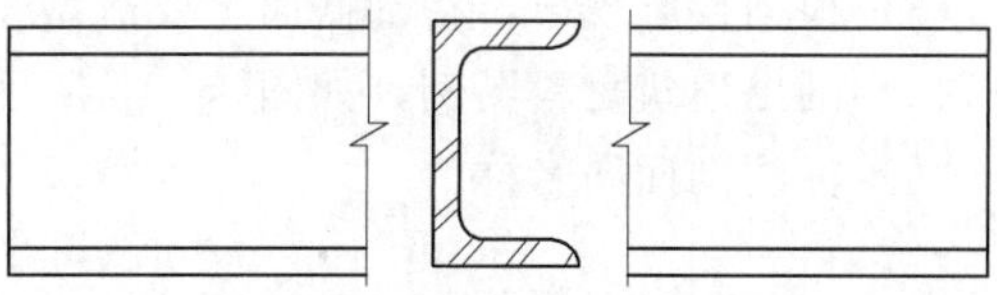

图 4-12　中断断面图

2.6　剖面图与断面图的区别

剖面图是形体被剖切后整个留下部分的阴影。断面图只是形体被剖切后切口的投影。两者的区别，从图 4-13 即可看出。

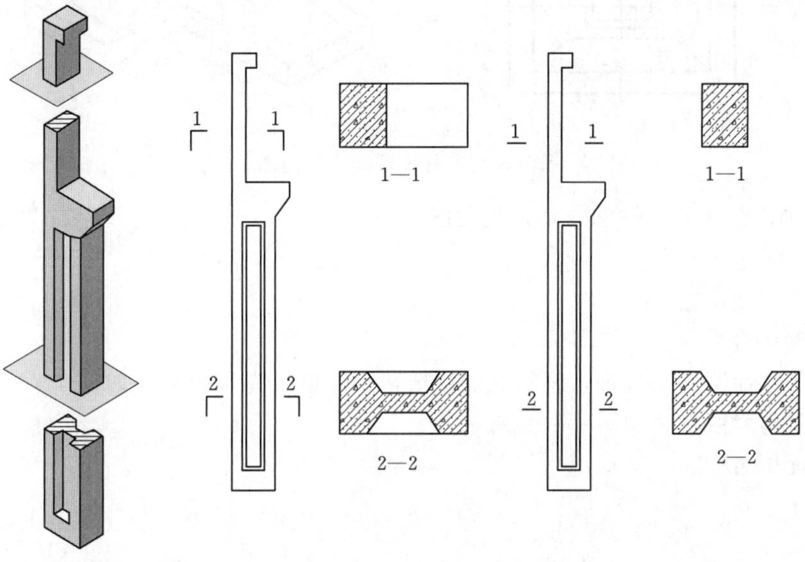

(a)　　(b)　　(c)

图 4-13　剖面图与断面图的区别

(a) 剖断后的工字柱；(b) 剖面图；(c) 断面图

3　学习情境

【例 4-1】 画出图 4-14 杯形基础的半剖面图。

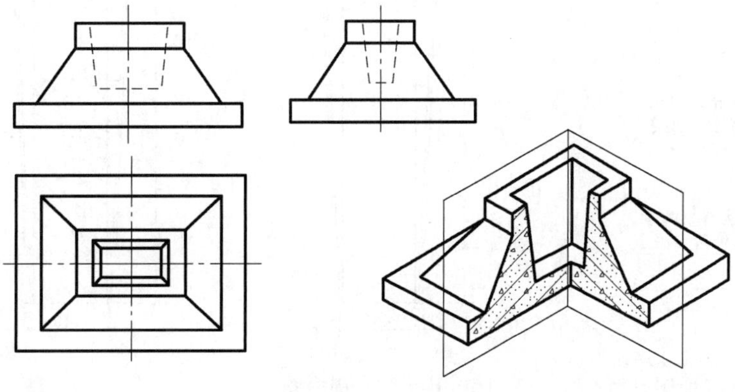

图 4-14　杯形基础三面投影图

作图步骤：
（1）确定剖切平面位置 P。
（2）画剖面剖切符号，如图 4－15 所示。
（3）根据投影规律，将剖截面主要造型轮廓线先画出来，如图 4－15 所示。
（4）画出建筑材料图例，如图 4－15 所示。
（5）标注剖面图名称。

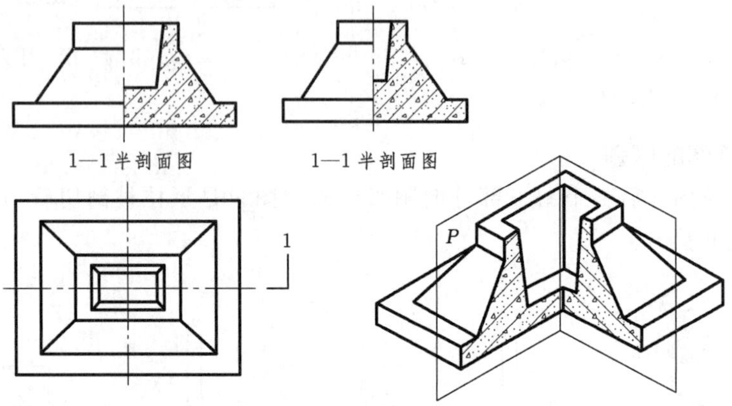

图 4－15　杯形基础半剖面图

【例 4－2】　画出图 4－16 柱子的垂直剖面图。
作图步骤：
（1）确定剖切平面位置。
（2）画剖面剖切符号。
（3）依据柱子立面图剖切位置，将剖截面主要造型轮廓线先画出来，如图 4－17 所示。
（4）画出建筑材料图例，如图 4－18 所示。
（5）标注剖面图名称。

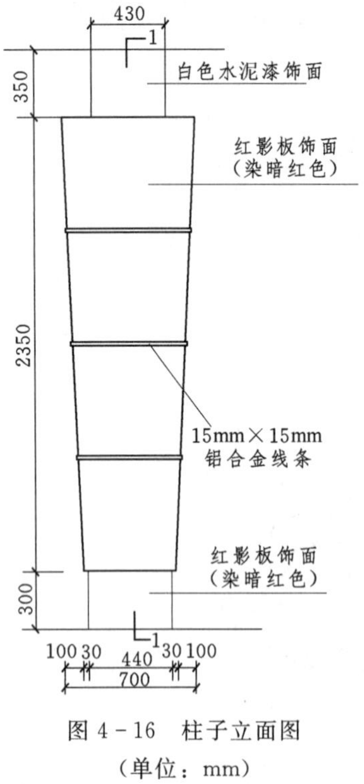

图 4－16　柱子立面图
（单位：mm）

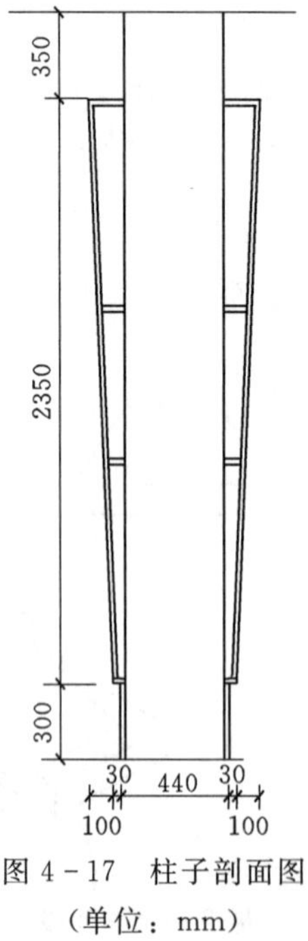

图 4－17　柱子剖面图
（单位：mm）

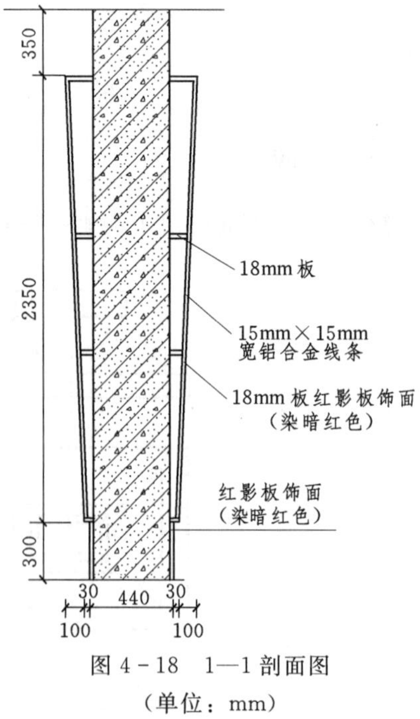

图 4－18　1—1 剖面图
（单位：mm）

课题二　建筑形体的表面交线

1　学习目标

任何建筑形体都是由若干基本形体经过切割、叠加或相交构成的组合形体。在组合形体和建筑形体的表面上，经常会出现一些交线，这些交线有些是平面与形体相交产生的，有些则是两个形体相交而形成的。

常见的建筑形体表面交线有两种形式：一种是用截平面与形体断面相交形成的表面公有交线，如图 4-19（a）所示；另一种是形体与形体相交形成的表面公有交线，如图 4-19（b）所示。学习和了解这些形体的表面交线，可帮助解决工作实践中经常遇到的有关求作形体表面交线的实际问题。

相贯线为两立体相交，在立体表面留有的交线。

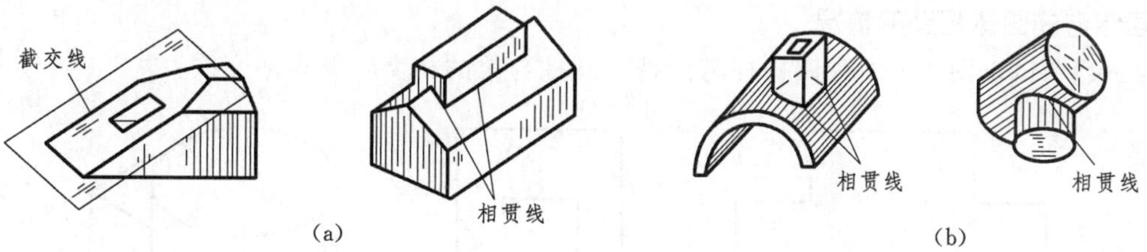

图 4-19　形体的表面交线

2　学习内容

2.1　平面体与平面体相交的表面交线

平面体与平面体相交的表面交线为闭合的空间折线，它的转折点应为其中一个立体上的棱线与另一立体表面的交点（亦可能是两棱线的交点）。所以求两平面立体相交时，可按先求出点（参与相交的棱线和边线与另一立体棱面或底面的交点），再连线（依次连接各交点）的方法进行。

2.2　平面体与曲面体相交的表面交线

平面体与曲面体相交的表面交线通常由若干段平面曲线与直线段所组成。这些直线或曲线段实际上也就是曲面立体的截交线（截平面即平面体的某些表面）。因此求平、曲面立体的相贯线亦可看成是求曲面立体的截交线（截平面超过一个时）。和两平面体相交线的求法相同，平、曲相贯也应先求转折点，然后再连线。

2.3　曲面体与曲面体相交的表面交线

曲面体与曲面体相交的表面交线一般情况下为封闭的空间曲线，特殊情况下也可能是平面曲线或直线段的组合。求相贯线的方法通常是利用积聚性法，有时也可用辅助平面法。

3　学习情境

针对不同情况的形体相交或相贯所形成的表面交线，完成以下练习。

3.1　平面体与平面体相交的情况

【例 4-3】 试求图 4-20 中气窗与坡屋面的表面交线。

作图步骤：

（1）求控制点。如图 4-21 所示，利用投影基本知识求出相贯线上最上、最下、最前和最后的点（*A*、*B*、*C*、*D*、*E*）。

（2）画出相贯线。连接各点的水平面投影。

（3）判别可见性。整体投影图，完成全图，如图 4-21 所示。

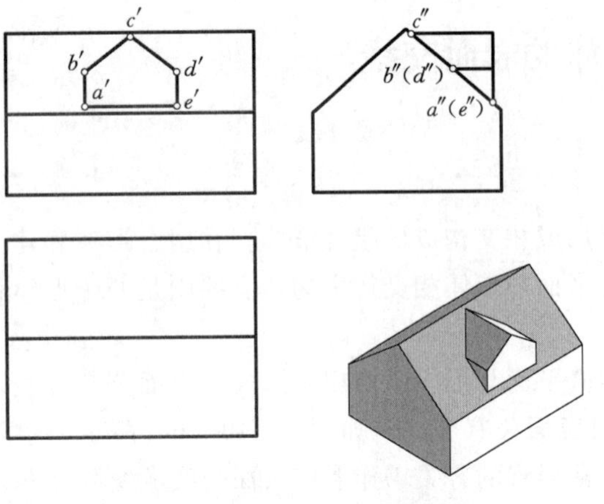

图 4-20　气窗与坡屋面的表面交线

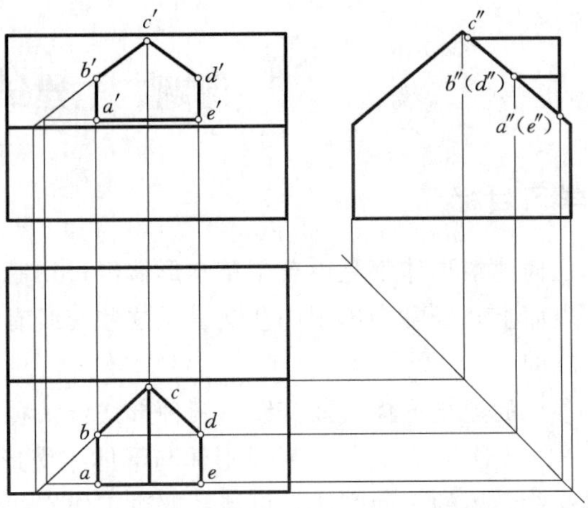

图 4-21　求气窗与坡屋面的表面交线步骤

3.2　平面体与曲面体相交的情况

【例 4-4】 试求图 4-22 中四棱柱与圆柱（圆柱与梁的相交）的表面交线。

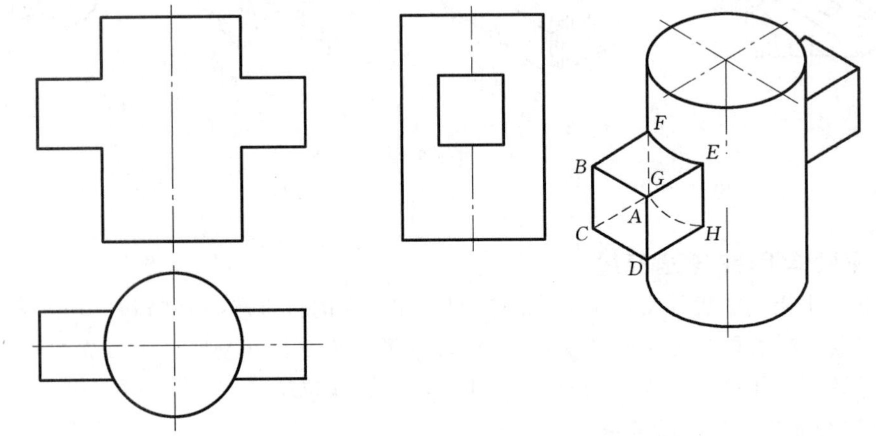

图 4-22　四棱柱与圆柱的表面交线

作图步骤：

(1) 求控制点。如图 4-23 所示，利用投影基本知识求出相贯线上最上、最下、最前和最后的点（E、F、H、G）。

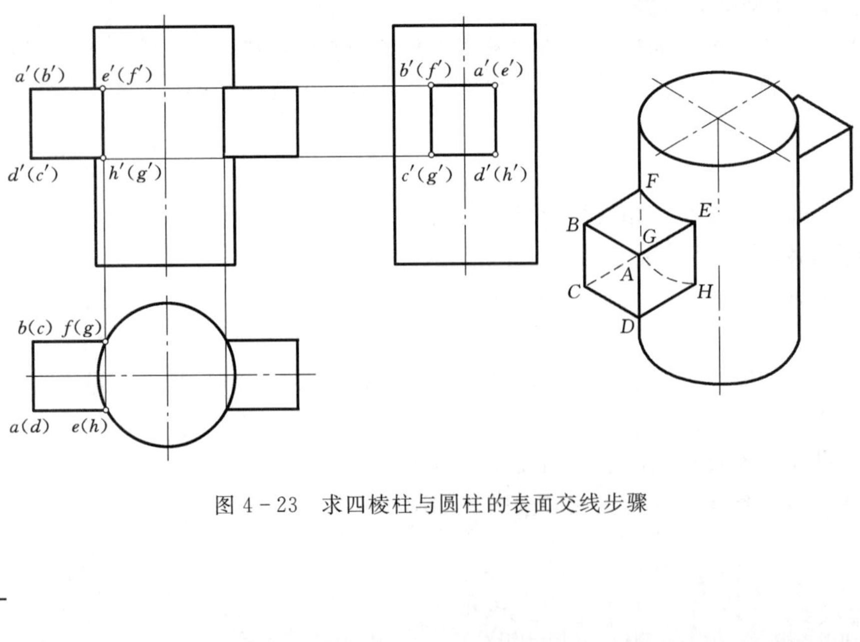

图 4-23　求四棱柱与圆柱的表面交线步骤

（2）画出相贯线。连接各点的正立面投影。

（3）判别可见性。整体投影图，完成全图，如图 4－23 所示。

3.3　曲面体与曲面体相交的情况

【例 4－5】 试求图 4－24 中轴线正交的圆柱与圆锥的表面交线。

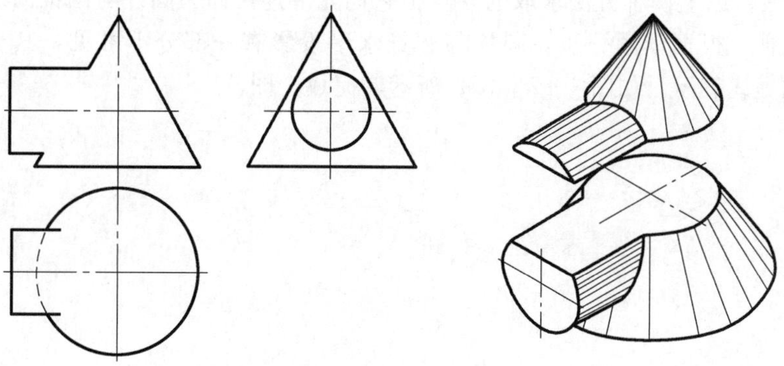

图 4－24　轴线正交的圆柱与圆锥的表面交线

读图与分析：

（1）素线法。圆锥表面的素线与圆柱的交点全部都在圆锥表面，连接这些点所形成的一个封闭的空间曲线即为两立体的相贯线。

（2）辅助平面法。假设有若干水平面依次切割组合体，每次切割均会与其表面交线相交有左右各一个交点，只要求得相应的交点，并把它们连接即为两立体的相贯线。

作图步骤：

（1）求控制点。如图 4－25（a）所示，利用投影基本知识求出相贯线上最上、最下、最前和最后的点（A、C、B、D）。

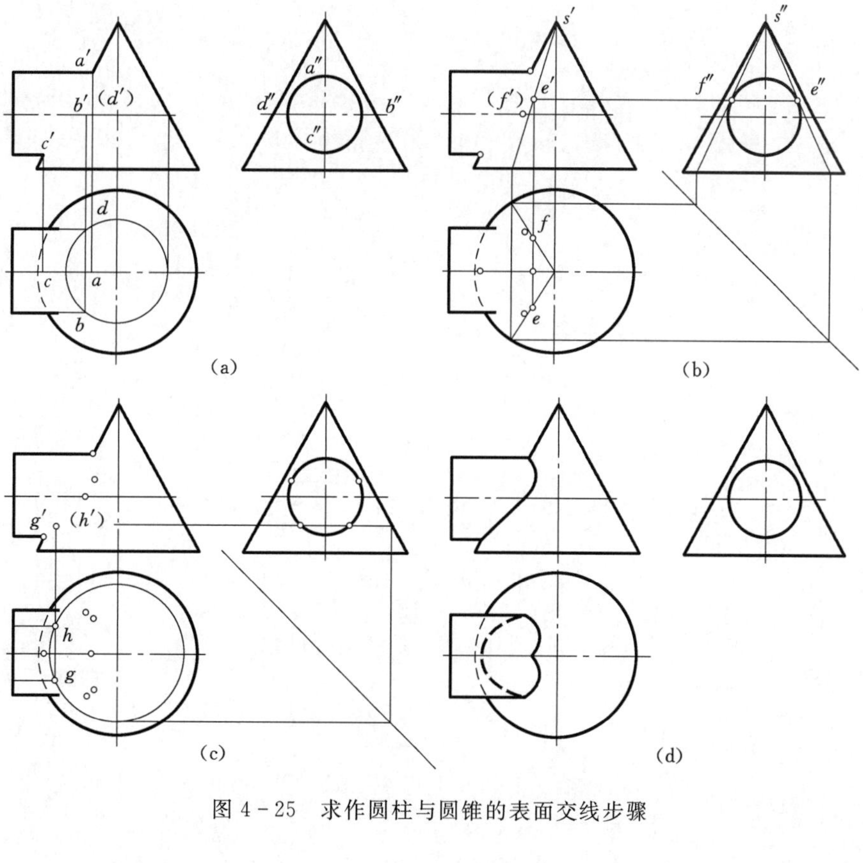

图 4－25　求作圆柱与圆锥的表面交线步骤

（2）素线法。如图 4-25（b）所示，先求出相贯线上的最右点（E 和 F 点），同理画出其他中间交点。

（3）辅助平面法。如图 4-25（c）所示，假设有若干水平面依次切割圆锥体，通过投影基本知识求出中间点 G、H 的对应投影，依次求取其他相关点。

（4）画出相贯线。以上两种方法求取的各点把它们光滑连接即为圆柱与圆锥的表面交线。

（5）判别可见性。根据读图分析，圆柱与圆锥水平投影有一部分不可见，其分界点为 B、D 两点，不可见部分用虚线表示。如图 4-25（d）所示，完成全图。

模块5 轴 测 投 影

课题一 轴 测 图 的 认 识

1 学习目标

1.1 轴测投影的基本概念

轴测图是较为简单的立体图，与多面正投影图相比，轴测图具有较强的立体感，形象直观，但形体的度量性差，作图复杂，因此经常作为辅助的工程图。

1.2 轴测投影图的分类

当投射线与轴测投影面 P 垂直，所得到的轴测图称为正轴测图，当投射线与轴测投影面 P 倾斜一定角度，所得到的轴测图称为斜轴测图。

(1) 正等测轴测图——三个轴向变形系数都相等。

(2) 正面斜二测轴测图（斜二轴测）常用的轴测图有：——三个轴向变形系数中有两个相等。

1.3 轴测投影的特性

(1) 空间互相平行的直线、其轴测投影仍然互相平行。

(2) 空间各直线沿轴测轴方向的投影变化率等于相应的轴向变形系数。

2 学习内容

2.1 正等轴测图

2.1.1 平面体正等轴测图

正等轴测图的轴间角均为120°。一般将 O_1Z_1 轴铅直放置，O_1X_1 和 O_1Y_1 轴分别与水平线成30°角，如图5-1所示。正等轴测图中各轴向变形系数 $p=q=r\approx0.82$，为了作图方便，常把轴向变形系数取为1。

作形体的正等轴测图，最基本的画法为坐标法，即根据形体上各特征点的 X、Y、Z 坐标，求出各点的轴测投影，然后连成形体表面的轮廓线。图5-2为用坐标法作五棱柱的正等轴测图的作图过程。

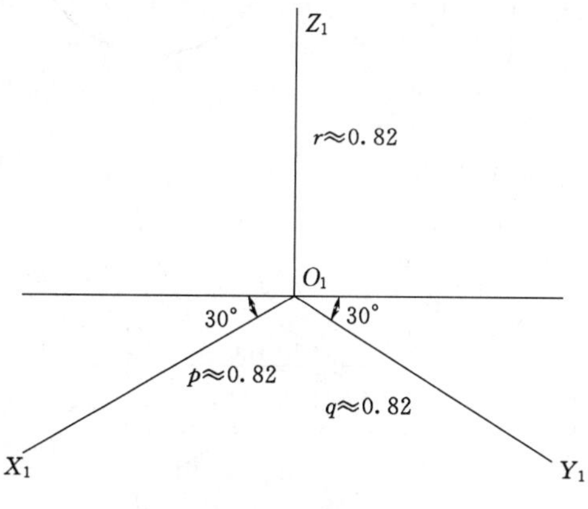

图5-1 正等轴测图轴间角及轴向变形系数

2.1.2 曲面体的正等测投影图

在轴测投影图中，由于各坐标平面均倾斜于轴测投影面，所以平行于坐标平面圆的正等轴测图都是椭圆。作图时可采用近似方法——四心法，椭圆由四段圆弧组成。现以圆柱为例，介绍其正等轴测图的画法。

(1) 如图5-3 (a) 所示，为半径是 R 的水平圆。

(2) 作轴测轴 O_1X_1、O_1Y_1 分别与水平线成30°角，以 O_1 为中心，沿轴测轴向两侧截取半径长度 R，得到四个端点 A_1、B_1、C_1、D_1，然后，过 A_1、B_1 作 Y_1 轴平行线，过 C_1、D_1 作 X_1 轴平行线，

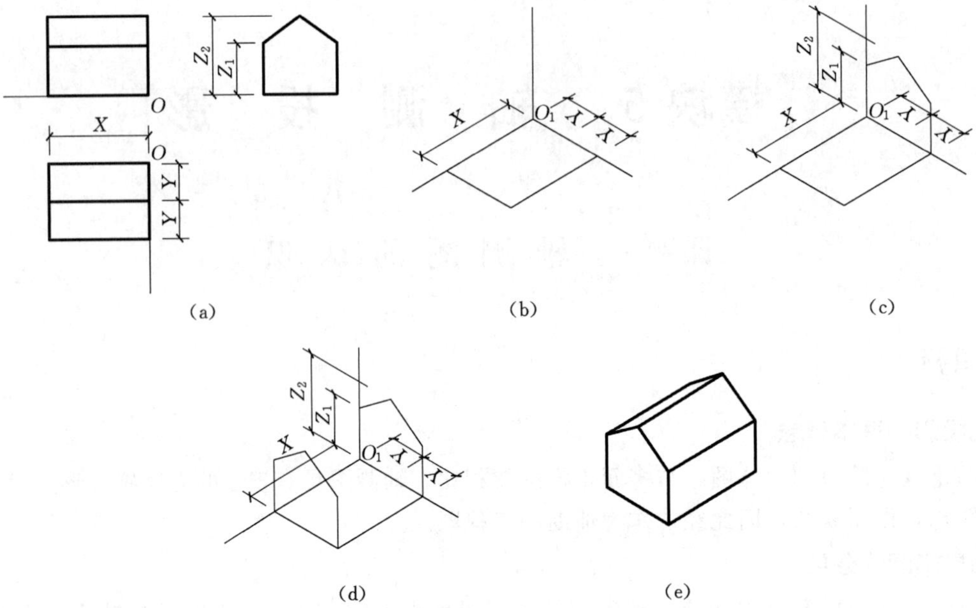

图 5-2　五棱柱的正等轴测图

完成菱形，如图 5-3（b）所示。

（3）菱形短对角线端点为 O_2、O_3，连接 O_2A_1、O_2D_1 分别交菱形长向对角线于 O_4、O_5 点，O_2、O_3、O_4、O_5 即为四心法中的四心，如图 5-3（c）。

（4）以 O_2、O_3 为圆心，O_2A_1 为半径画圆弧 A_1D_1、C_1B_1，以 O_4、O_5 为圆心，O_4A_1 为半径画圆弧 A_1C_1、B_1D_1，四段圆弧每两两相切，切点分别为 A_1、D_1、B_1、C_1。完成近似椭圆，如图 5-3（d）所示。

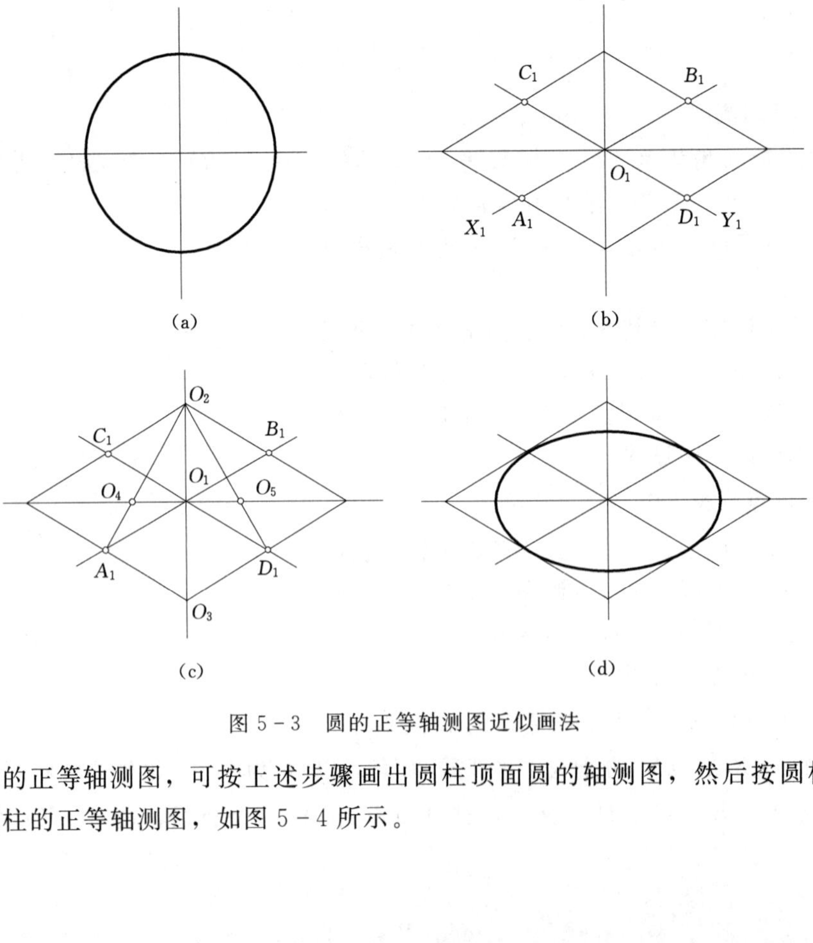

图 5-3　圆的正等轴测图近似画法

若铅直圆柱的正等轴测图，可按上述步骤画出圆柱顶面圆的轴测图，然后按圆柱的高度平移圆心，即可得到圆柱的正等轴测图，如图 5-4 所示。

2.2 斜轴测投影图

轴测投影面平行于 V 投影面时，得到的斜轴测为正面斜轴测。

轴测投影面平行于 H 投影面时，得到的斜轴测为水平斜轴测。

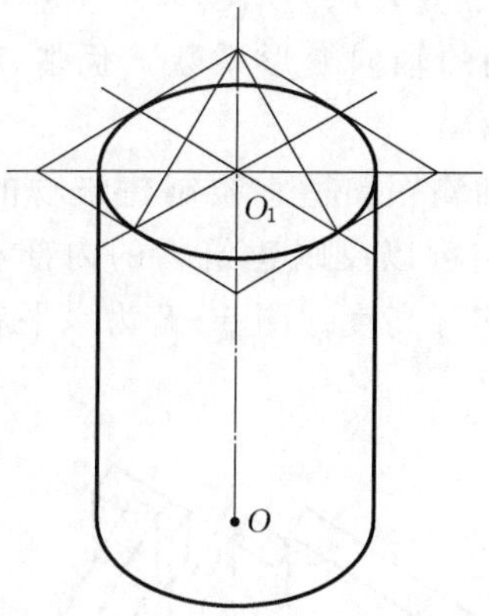

图 5-4　圆柱正等轴测图

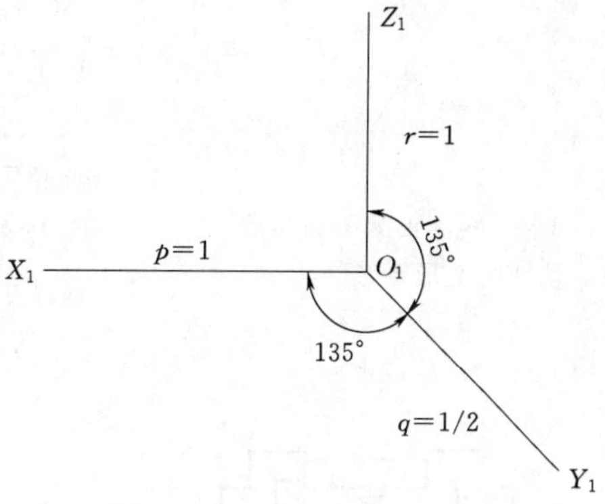

图 5-5　正面斜二测轴间角和轴向变形系数

2.2.1 正面斜二等轴测图（简称斜二测）

根据平行投影的特性，正面斜二测中，轴间角$\angle X_1O_1Z_1=90°$，平行于 X_1 轴、Z_1 轴的线段其轴向变形系数 $p=r=1$，即轴测投影长度不变，另外两个轴间角均为 135°，沿 Y_1 轴方向的轴向变形系数 $q=1/2$，如图 5-5 所示。

先确定形体特征面（可见的面），然后从这个面的各个顶点画出形体可见的棱线，再画出与形体特征面对应的面的可见轮廓线，这种作图方法称为特征面法。图 5-6（a）所示的投影图，求作台阶的斜二测投影图。

作图步骤：

（1）根据形体的特点选择坐标系 O—XYZ，如图 5-6（a）所示。

（2）画轴测轴，X_1 轴向右，Y_1 轴向后，如图 5-6（b）所示。

（3）画台阶正面实形，并过实形各转折点作 O_1Y_1 轴平行线，如图 5-6（c）所示。

（4）在各平行线上截取 $1/2Y$ 值，将各端点顺次连接，完成台阶的斜二测（不可见的线不画），如图 5-6（d）所示。

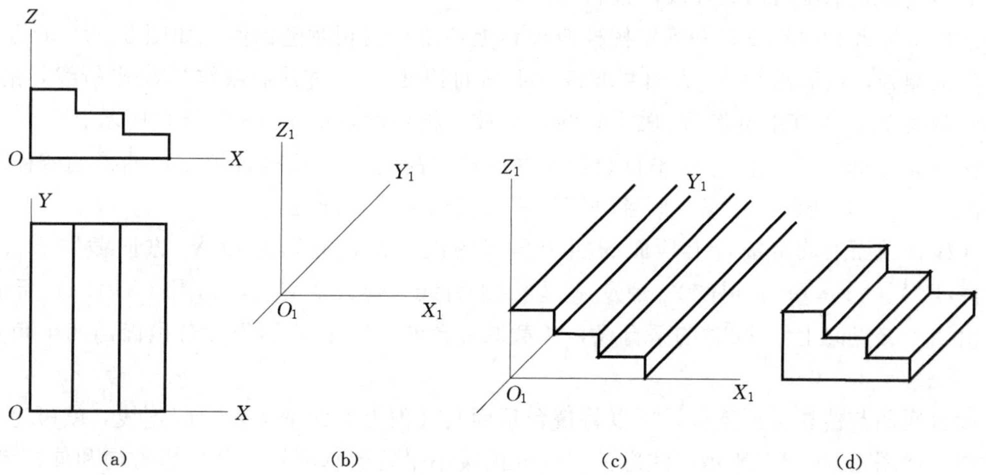

图 5-6　台阶的正面斜二测

（a）投影图；（b）画轴测轴；（c）正面实形及 Y_1 轴平行线；（d）轴测图

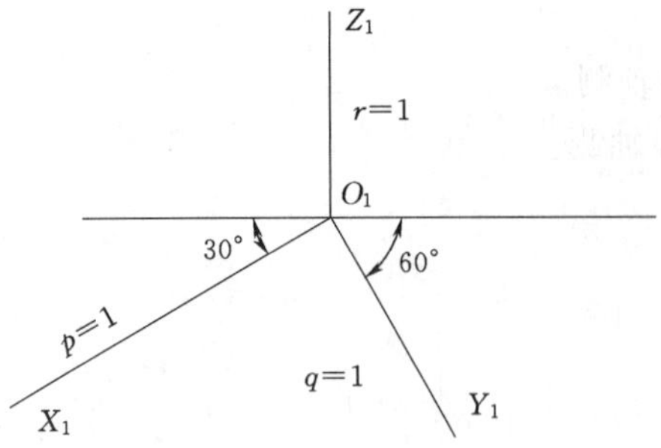

图 5-7　水平斜等轴测图轴间角及轴向变形系数

2.2.2　水平斜等轴测图

水平斜等轴测图，轴间角$\angle X_1O_1Y_1=90°$，形体上水平面的轴测投影反映实形，即$p=q=1$，习惯上，仍将O_1Z_1轴铅直放置，取$\angle Z_1O_1X_1=120°$，$\angle Z_1O_1Y_1=150°$，沿Z_1轴的轴向变形系数r仍取1，如图5-7所示。

水平斜等轴测图，适宜绘制建筑物的水平剖面图或总平面图。它可以反映建筑物的内部布置、总体布局及各部位的实际高度。图5-8为水平斜等轴测图的画法。

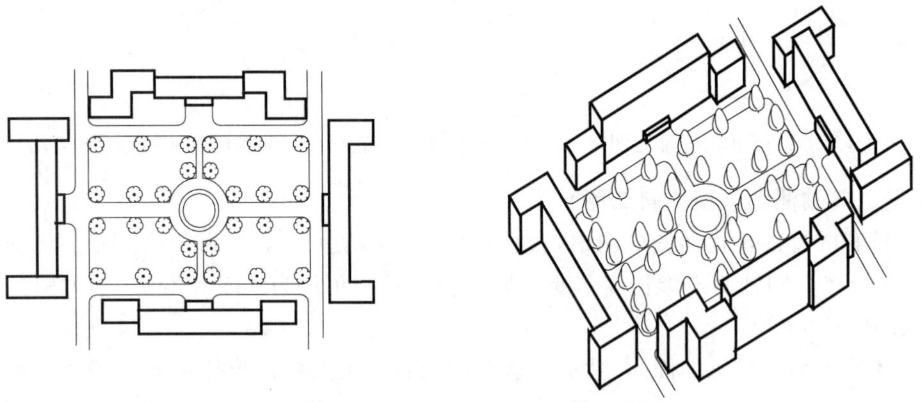

(a)　　(b)

图 5-8　总平面图的水平斜等轴测图

(a) 总平面的投影图；(b) 总平面的轴测图

3　学习情景

【例5-1】 根据图5-9所示的投影图，画出基础的正等轴测图。

作图步骤：

(1) 形体分析。基础由四棱柱及四棱台组成。

(2) 选择坐标系$O—XYZ$，并确定棱柱及棱台上各角点的相对坐标值，如图5-9 (a) 所示。

(3) 画轴测轴，然后沿O_1X_1方向截取棱柱上顶面长度X_1，过其端点作Y_1轴平行线，沿O_1Y_1方向截取顶面宽度Y_1，过其端点作X_1轴平行线，完成棱柱顶面，如图5-9 (b) 所示。

(4) 从顶面各角点向下作Z_1轴平行线，并截取棱柱高度Z_1，连接各端点，即得四棱柱的正等轴测图，如图5-9 (c) 所示。注意：画轴测图时不可见的图线不画出。

(5) 在棱柱顶面上确定棱台上顶面的四个角点的次投影，分别沿O_1X_1方向截取X_2、X_3，沿O_1Y_1方向截取Y_2、Y_3，并分别作Y_1轴及X_1轴的平行线，得四个交点，如图5-9 (d) 所示。

(6) 由四个交点向上作Z_1轴的平行线，并截取棱台的高度Z_2，即得棱台顶面的四个角点，如图5-9 (e) 所示。

(7) 棱台底面与棱柱顶面重合，所以将棱台顶面与底面上的四个角点对应连线，就可完成基础的正等轴测图，如图5-9 (f) 所示。注意：棱台的侧棱不平行于轴测轴，其投影方向和伸缩率都未知，所以只能先画它们的端点，然后再连成直线。

【例5-2】 根据图5-10 (a) 所示的投影图，画出拱门的斜二测投影图。

分析：由于拱门的圆拱是平行于XOZ面的所以它的正面斜二测图反映实形。由于形体的前面在

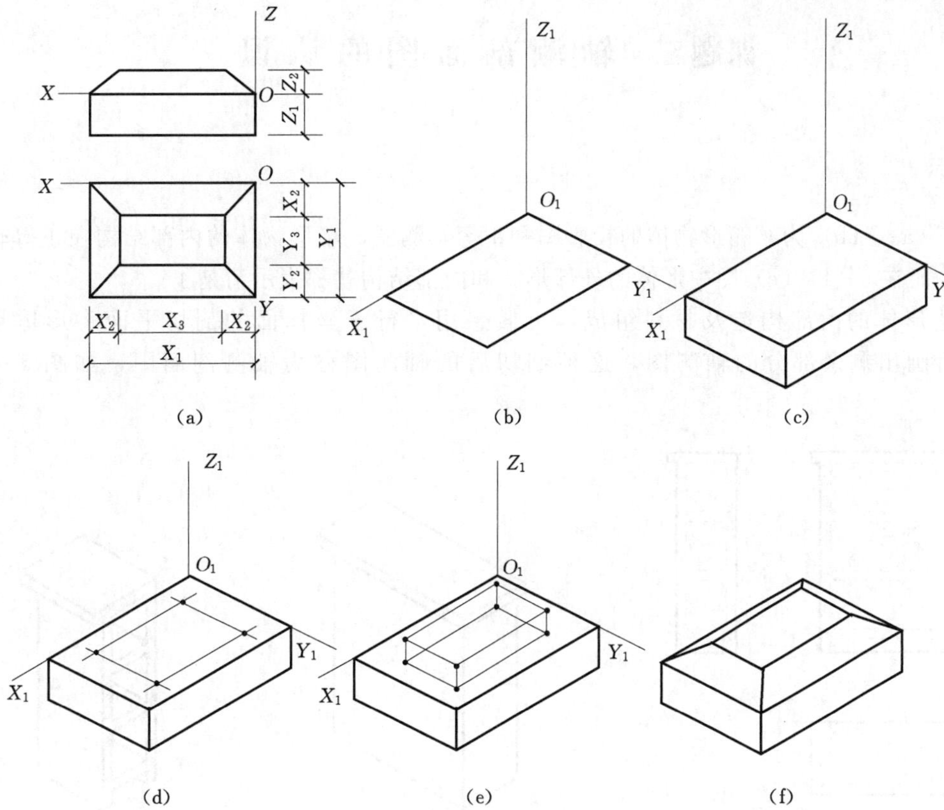

图 5-9　基础正等轴测图的画法

(a) 已知投影图；(b) 画棱柱顶面；(c) 画棱柱；(d) 在棱柱顶面画棱台上底的水平投影；(e) 画棱台上底面；(f) 连棱台侧棱

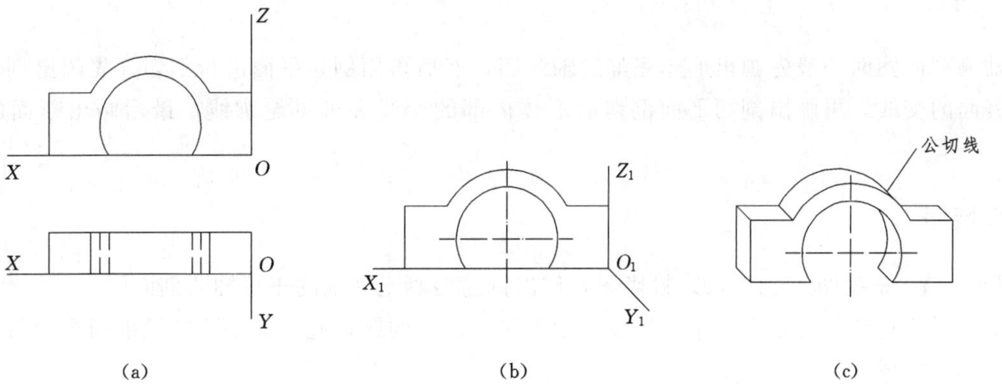

图 5-10　拱门斜二测的画法

中是可见的，因此可以先画出形体的前面，然后再沿 OY 方向平移可见的棱线，便可得到形体的正面。

作图步骤：

(1) 先画出拱门的前表面，即 XOZ 面，如图 5-10 (b) 所示。

(2) 将拱门中与 Y 方向平行且可见的棱线沿着 Y_1 轴向后平移 Y 方向（即拱门厚度）的一半，并画出拱门后表面可见的棱线。

(3) 圆拱部分应将圆弧的圆心沿着 Y_1 轴向后平移 Y 方向的一半，保持半径与前表面相同，画出圆弧可见部分，最好作出圆拱中前后两大圆的公切线，如图 5-10 (c) 所示。

课题二　轴测剖面图的认识

1　学习目标

图 5－11（a)、(b）为某箱形物体的投影图和正等轴测图，箱形物体的内部结构在正等轴测图并未表示清楚，而在 5－11（c）图中形体的外部形状和内部结构就都表示清楚了。

为了表达形体的内部构造及材料组成，可假想用平行于坐标面的剖切平面将形体切去 1/4 或 1/2，然后画出剩余部分的轴测图，这种剖切后的轴测图称为轴测剖面图，如图 5－11（c）所示。

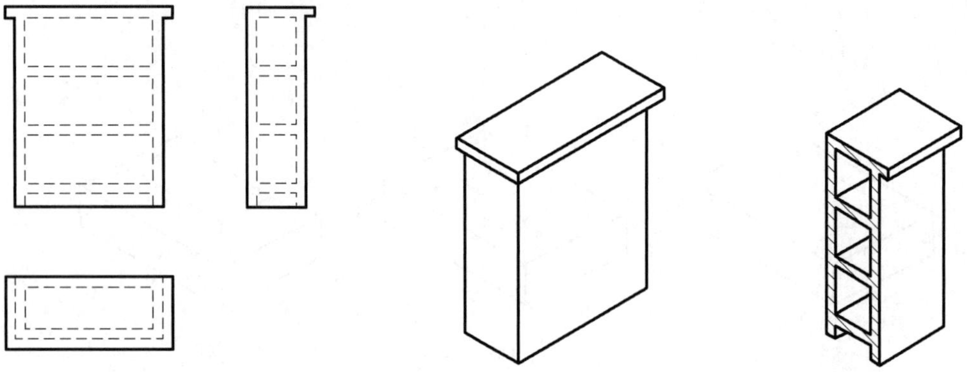

(a)　　(b)　　(c)

图 5－11　轴测剖面图

2　学习内容

画轴测剖面图时一般先画出形体完整的轴测图，然后再用剖切平面进行剖切，先画出剖切平面与形体外表面的交线，再画出剖切平面剖切后形体内部的交线和可见轮廓线，最后画出断面的材料图例线。

3　学习情景

【例 5－3】 根据图 5－12（a）投影图，作出钢筋混凝土基础的正等轴测剖面图。

分析：对于这个例题，上一个模块以详细解答了剖切问题，此处就是要求把剖切概念与轴测概念结合到一起，完成工作任务。

参考作图步骤：

(1) 画出基础完整的轴测投影图，如图5－12（b)所示。

(2) 沿对称平面将基础剖开 1/4，画出剖切平面与基础外表面的交线，擦去被剖掉部分，如图 5－12（c)所示。

(3) 先画出基础内底面，然后再画出基础内部表面与两剖切平面的交线，如图 5－12（d)、(e）所示。

(4) 在截断面上画出材料图例，如图 5－12（f）所示。

【练习】 图 5－13 是污水池的轴测剖面图的绘制过程。简述轴测剖面图的绘制步骤，尝试独立绘制出来。

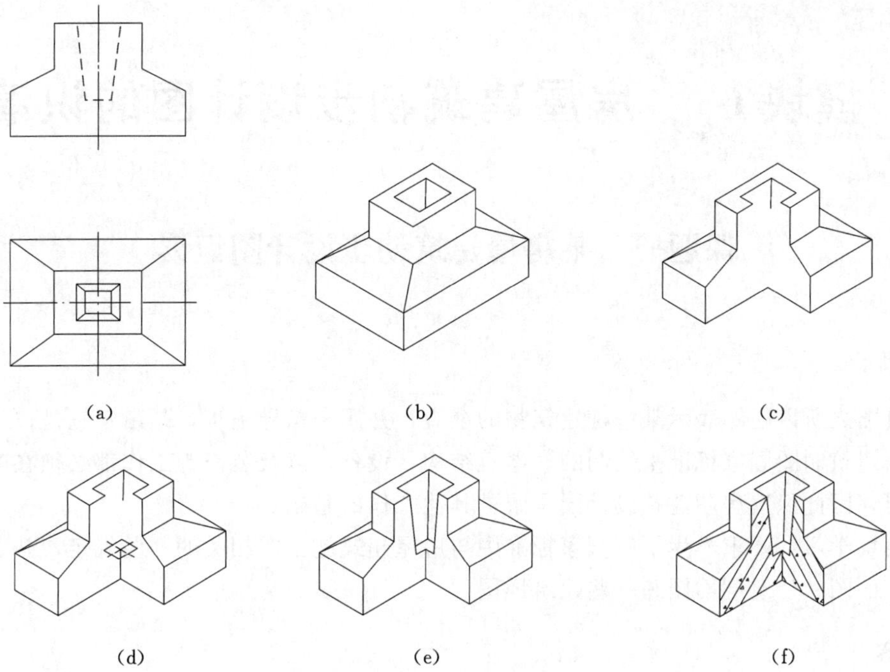

图 5-12　基础轴测剖面图的画法

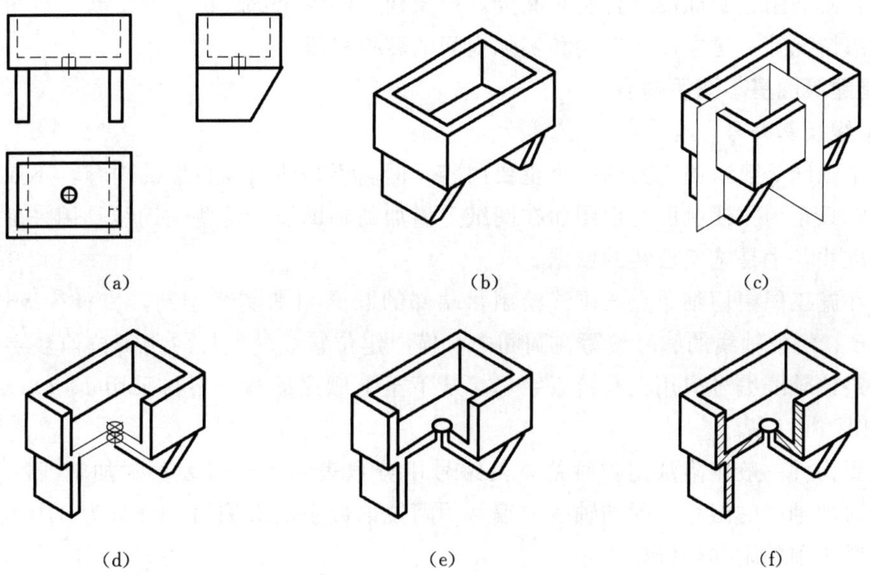

图 5-13　污水池的轴测剖面图的画法

模块 6　房屋建筑初步设计图的识读

课题一　某房屋建筑初步设计图识读

1　学习目标

房屋建筑图之所以能够表示某一栋建筑物的全貌，并用来指导施工，是由于它是按正投影的原理及规律，根据建筑制图国家标准来绘制的。建筑结构、设备，以及装修等工作都必须在建筑设计图纸的前提下开展，因此识读房屋建筑设计图是跟进其他工作的基础。

通过本模块学习，要求学生了解国家标准中与房屋建筑施工图相关的一些规定，熟练阅读建筑平面图、建筑立面图、建筑剖面图和一些建筑详图。

2　学习内容

掌握建筑平面图、立面图、剖面图及常用的建筑详图的形成和主要内容。阅读建筑设计图时要先将建筑平面图、立面图、剖面图结合起来阅读，想象建筑物各个部位的空间形状，再根据建筑详图了解建筑物各细部情况等。建立图纸空间和实际空间的转换思维。

2.1　了解房屋建筑图基本图示内容

2.1.1　定位轴线及其编号

建筑的定位轴线是建筑施工图的一个重要内容，但它不是建筑物投影的内容，不属于建筑物的内部任何内容。它只是为方便制图与识图而在图纸上增加的辅助线。这些辅助线是用来确定建筑物承重构件位置的基准线，也是施工放线的依据。

定位轴线在施工图中用细单点长画线绘制，端部的圆圈用细实线绘制，直径为 8mm，在详图中可增加至 10mm。定位轴线的编号填写在圆圈中，横向定位轴线的编号应用阿拉伯数字，从左向右依次编写。竖向定位轴线编号应用大写拉丁字母，从下至上顺序编写，不得采用 *I*、*O*、*Z* 以避免与 1、0、2 混淆，如图 6－1 所示。

对一些次要构件一般用附加定位轴线，其编号用分数表示。分母表示附加轴线的前一轴线的编号，分子表示附加轴线的编号。附加轴线的编号用阿拉伯数字依次编写。分母为 01、0A 的分别表示 1 轴线和 A 轴线之前的附加轴线。

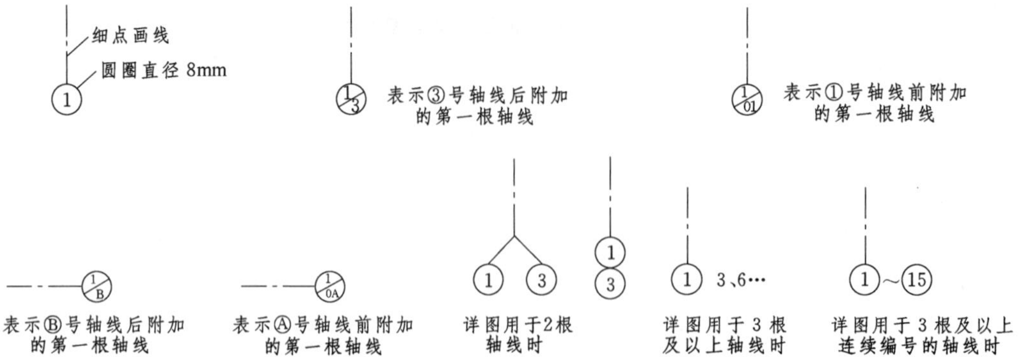

图 6－1　轴线编号

2.1.2 标高符号

表示建筑物某一部位的高度时，要用标高符号。标高符号用细实线绘制，具体画法如图 6-2（a）所示。标高数值以米为单位，一般注写至小数点后三位（总平面图为两位）。标高符号的尖端可向下，也可向上。零点处的标高应注写成“±0.000”，零点以上不注“+”号，零点以下注写“-”号。同一位置表示不同标高时，应按如图 6-2（b）所示形式注写。总平面图上的室外标高符号宜用涂黑的三角形表示，如图 6-2（c）所示。

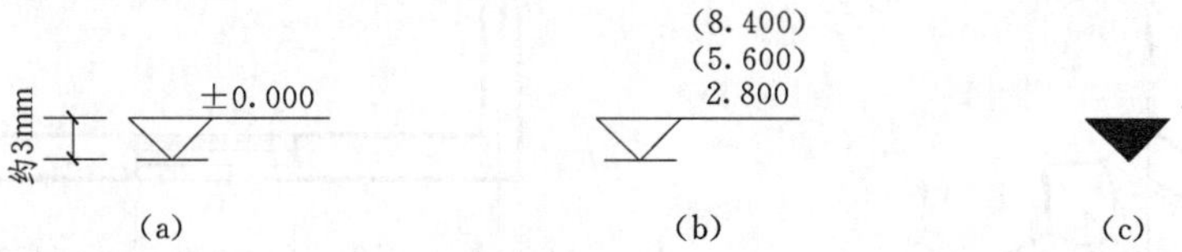

图 6-2　标高符号

（a）标高符号；（b）同一位置注写多个标高；（c）总平面图的标高符号

2.1.3 索引符号和局部剖切索引符号

当图样中的某一局部或某一构件在图中由于比例太小无法表示清楚，需要用较大比例的详图才能表示清楚时，应用索引符号将详图与原表示图样联系起来。索引符号用细实线绘制，圆的直径为10mm。索引的详图可以在本张图纸上，可以与被索引的图不在同一图纸上，也可以采用标准图。各种情况下所使用的符号如图 6-3（a）所示。

图样中的某一局部需要用剖切之后的详图表示的，则在此图样中用局部剖切索引符号，如图 6-3（b）所示。局部剖切索引符号是在索引符号的基础上增加了剖切位置线。剖切位置线用粗短线表示，索引符号的引出线所在的一侧为剖切后的投影方向。

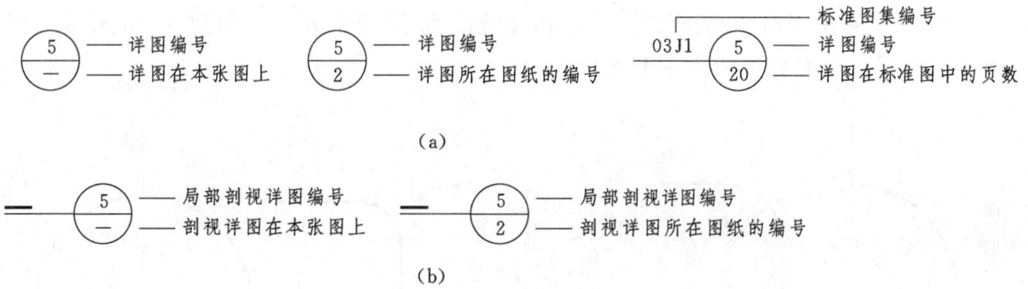

图 6-3　索引符号

（a）详图索引符号；（b）局部剖切索引符号

2.1.4 详图符号

索引出的详图应注写详图符号，它与索引符号一一对应。详图符号应用粗实线绘制，圆的直径14mm。详图符号表示方法，如图 6-4 所示。

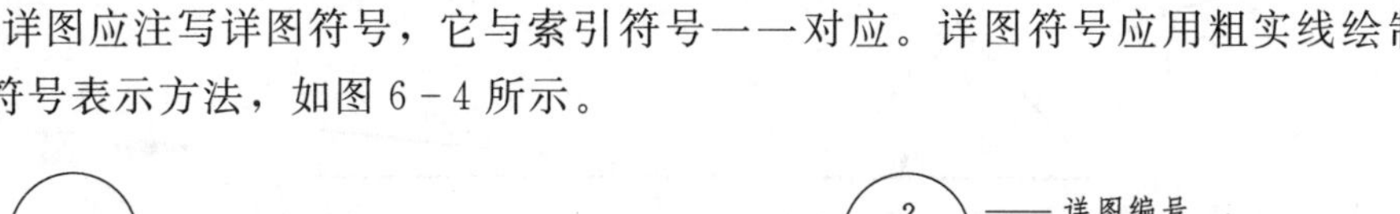

图 6-4　详图符号

2.1.5 指北针与风向频率玫瑰图

2.1.5.1 指北针

指北针是用来表示建筑物朝向的符号。指北针应用细实线绘制，圆的直径为 24mm，指针尾部宽度宜为 3mm，如图 6-5 所示。

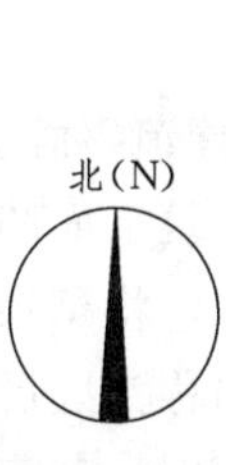

图 6-5　指北针

2.1.5.2 风向频率玫瑰图

风向频率玫瑰图是根据当地的气象统计资料得出的不同风向的吹风频率用同一比例画在16个方位上连接而成的。图中实线表示全年的风向频率，虚线表示夏季（6月、7月、8月）的风向频率，如图6-6所示。

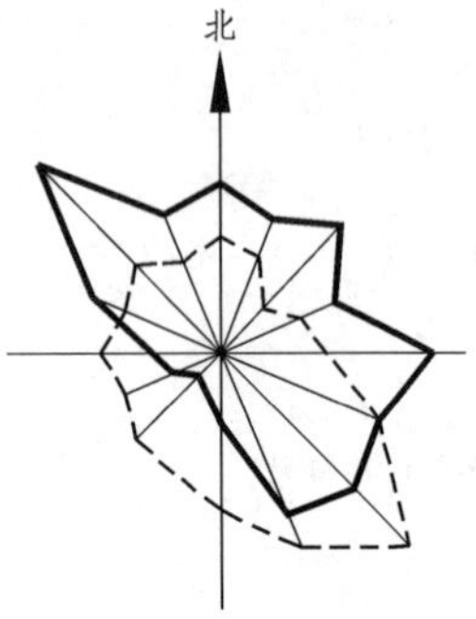

图6-6 风向频率玫瑰图

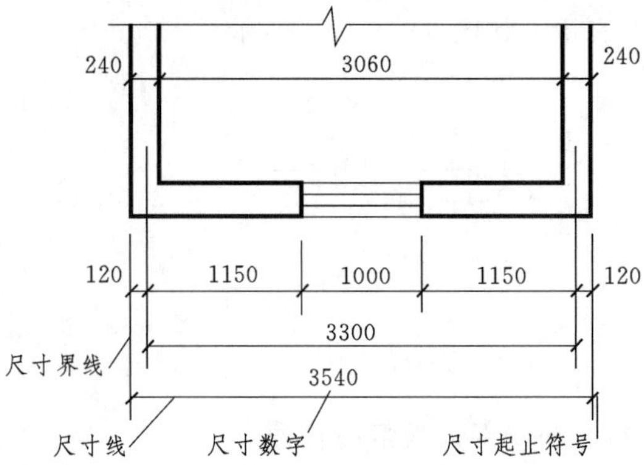

图6-7 尺寸标注的组成（单位：mm）

2.2 尺寸标注

建筑工程图样除了画出建筑物及其各部分的形状外还必须准确、详尽和清晰地标注尺寸，以确定其大小，作为施工时的依据。尺寸界线应用细实线绘制，尺寸起止符号一般应用中粗短斜线绘制，其倾斜方向应与尺寸界线顺时针成45°，长宽宜为2～3mm。在轴测图中标注尺寸时，其起止符号宜用小圆点。图样上任何图线都不得用作尺寸线。如图6-7为建筑尺寸标注的组成。

标注半径、直径和角度时，起止符号不用45°短划，而用箭头表示，如图6-8所示，图中R表示半径，ϕ表示直径。角度数字一律水平书写。

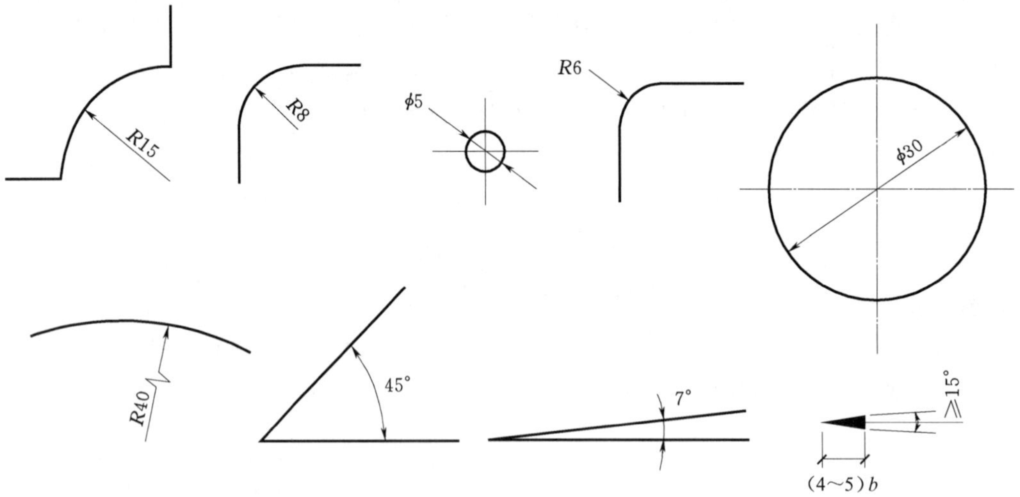

图6-8 半径、直径、角度的尺寸标注（单位：mm）

2.3 建筑平面图的形成及用途

建筑平面图是假想用一个水平剖切平面，在建筑物门窗洞口处将房屋剖切开，移去剖切平面以上的部分，将剩余部分用正投影法向水平投影面作正投影所得到的投影图。沿底层门窗洞口剖切得到的平面图称为底层平面图，又称为首层平面图或一层平面图。沿二层门窗洞口剖切得到的平面图称为二层平面图。若房屋的中间层相同则用同一个平面图表示，称为标准层平面图。沿最高一层门窗洞口将房屋切开得到的平面图称为顶层平面图。将房屋的屋顶直接做水平投影得到的平面图称为屋顶平面图。有的建筑物还有地下室平面图和设备层平面图等。

建筑平面图能够表达建筑物各层水平方向上的平面形状，房间的布置情况，墙、柱、门窗等构配件的位置、尺寸、材料、做法等内容。建筑平面图是建筑施工图的主要施工图之一，是施工过程中放线、砌墙、安装门窗、编制概预算及施工备料的主要依据。

表示建筑物各层平面内容的图，称为“某层平面图”，常用1∶100的比例绘制。其主要内容包括以下几方面：

（1）建筑物朝向。建筑物朝向是指建筑物主要出入口的朝向，主要入口朝哪个方向就称建筑物朝那个方向，建筑物的朝向由指北针来确定，指北针一般只画在底层平面图中。

（2）墙体、柱。在平面图中墙、柱是被剖切到的部分。墙、柱在平面图中用定位轴线来确定其平面位置，在各层平面图中定位轴线是对应的。在平面图中剖切到的墙体通常不画材料图例，柱子用涂黑来表示。平面图中还应表示出墙体的厚度（墙体的厚度指的是墙体未包含装修层的厚度），柱子的截面尺寸及与轴线的关系。

（3）建筑物的平面布置情况。建筑物内各房间的用途，各房间的平面位置及具体尺寸。横向定位轴线之间的距离称为房间的开间，纵向定位轴线之间的距离称为房间的进深。

（4）门窗。在平面图中门窗用图例表示，为了表示清楚通常对门窗进行编号。门用代号“M”表示，窗用代号“C”表示，编号相同的门窗，做法尺寸都相同。在平面图中门窗只能表示出宽度，高度尺寸要到剖面图、立面图或门窗表中查找。

（5）楼梯。由于平面图比例较小，楼梯只能表示出上下方向及级数，详细的尺寸做法在楼梯详图中表示。在平面图中能够表示楼梯间的平面位置、开间、进深等尺寸。

（6）标高。在底层平面图中通常表示出室内地面和室外地面的相对标高。在标准层平面图中，不在同一个高度上的房间都要标出其相对标高。

（7）附属设施。在平面图中还有阳台、散水、台阶、雨篷、雨水管、斜坡、花池等位置及尺寸。具体做法则要结合建筑设计说明查找相应详图或图集。

（8）尺寸标注。平面图中标注的尺寸一般标注三道。最里边一道尺寸标注门窗洞口尺寸及与轴线关系（这一道标注在初步设计图中常省略），中间一道尺寸标注轴线间的尺寸，最外边一道尺寸标注房屋的总尺寸。在平面图中还包含有索引符号、剖切符号等相应符号。

2.4 建筑立面图的形成及用途

建筑物的外墙面向与其平行的投影面做正投影，得到的投影图称为立面图。一般建筑物有前后左右四个外墙面，则相应有四个立面图。表示建筑物主要入口或反映立面主要造型特征的立面图称为正立面图，与其方向相反的立面图称为背立面图，表示另外两侧的立面图称为侧立面图。其中侧立面图又分为左侧立面图（由左向右投影）、右侧立面图（由右向左投影）。某些建筑物的立面可能为斜面或曲面，则应将倾斜的部分展开绘制展开立面图，但应在图名后加注“展开”二字。立面图也可以按各墙面的朝向来命名，如东立面图、西立面图、南立面图、北立面图。立面图还可以按照两端定位轴线编号来命名，如：①—⑨立面图。比较常用的是根据墙面朝向和两端定位轴线编号命名立面图。

立面图是表达建筑物外部造型、艺术效果的重要图纸。在施工过程中，它是外墙面装修、工程概预算、备料等的依据。

建筑立面图的比例通常与平面图一致，主要内容有以下几项。

（1）表明建筑物一些部分的位置形状，如：门窗、台阶、雨篷、阳台、雨水管等的位置。

（2）表明建筑物外墙面的装修做法。装修做法的标注形式为带短横的引出线表示，黑圆点所在区域的做法采用文字说明注写在引出线上。

（3）表明建筑物各主要部位的高度。立面图中通常需要标注出室内外地坪、各楼层、门窗洞口上下口、台阶、雨篷、檐口、屋面等部位的标高。

（4）尺寸标注。立面图一般只在竖直方向标注尺寸。需要标注三道尺寸：里边一道尺寸标注房屋的室内外高差、门窗洞口高度、窗台的高度、窗顶到楼面（屋面）的高度等；中间一道尺寸标注层高尺寸（从某层楼面或地面到上一层楼面的垂直距离称为层高）；外边一道尺寸标注总高尺寸。

2.5 建筑剖面图的形成及用途

假想用一个或多个与房屋横墙或纵墙平行的平面将房屋切开，移去剖平面与观察者之间的部分，将剩余部分按正投影原理向与其平行的投影面做投影，得到的投影图称为建筑剖面图。建筑剖面图的剖切位置应标注在底层平面图上，且应尽量选择在能反映建筑物全貌、构造特征以及有代表性的部位。在实际工程中剖切位置通常选择在楼梯间并包括需要剖切的门、窗洞口的位置。

建筑剖面图用来表达建筑物内部竖直方向的布置情况及各构件竖向剖切后的情况，是工程概预算及备料的重要依据。

建筑剖面图的比例通常与平面图、立面图相同，其主要内容包括以下几个方面。

（1）表示房屋内部的分层分隔情况。

（2）表示剖切到的房屋的一些承重构件，如楼板、圈梁、过梁、楼梯等。

（3）表示房屋高度的尺寸及标高。

（4）表示房屋剖切到的一些附属构件，如台阶、散水、雨篷等。

（5）尺寸标注。剖面图中竖直方向的尺寸标注也分为三道尺寸：最里边一道尺寸标注门窗洞口高度、窗台高度、门窗洞口顶上到楼面（屋面）的高度；中间一道尺寸标注层高尺寸；最外一道尺寸标注从室外地坪到外墙顶部的总高度。剖面图中水平方向需要标注剖切到的墙、柱轴线间的尺寸。

2.6 建筑详图

房屋建筑平面图、立面图、剖面图都是用较小的比例绘制的，主要表示房屋的总体情况，而建筑物的一些细部形状、构造等无法表示清楚。因此，在实际中对建筑物的一些节点、建筑构配件形状、材料、尺寸、做法等用较大比例图样表示，称为建筑详图或大样图。

详图通常采用1∶10、1∶20的比例，必要时也可选用1∶3、1∶4、1∶25、1∶30、1∶40等比例绘制。详图与平面图、立面图、剖面图是用索引符号联系起来的。一套施工图中，建筑详图的数量由工程难易程度决定。常用的建筑详图有外墙身详图、楼梯间详图、卫生间详图、门窗详图、雨篷详图等。由于各地区都编有标准图集，在实际工程中有些详图经常从标准图集中选取。

2.6.1 外墙身详图

外墙身详图是建筑物的外墙身剖面详图，是建筑剖面图的局部放大图。主要用来表达外墙的厚度，门窗洞口、窗台、窗间墙、檐口、女儿墙等部位的高度，地面、楼面、屋面的构造做法，外墙与室内外地坪、与楼面、与屋面的连接关系，门窗立口与墙身的关系，墙体的勒脚、散水、窗台、檐口等一些细部尺寸、材料、做法等内容。

外墙身详图可以根据底层平面图中，外墙身剖切位置线的位置和投影方向来绘制，也可根据房屋剖面图中，外墙身上索引符号所指示需要绘制详图的节点来绘制。

外墙身详图常用1∶20的比例绘制，线型与剖面图相同，详细地表明外墙身从防潮层至墙顶各主要节点的构造做法。为了节约图纸、表达简洁，常将墙身在门窗洞口处折断。有时还可以将整个墙身详图分成各个节点单独绘制。在多层房屋之中，若中间几层情况相同，则可只画出底层、顶层和一个中间层三个详图。

外墙身详图的±0.000m或防潮层以下的基础部分要以结构施工图中的基础图为准。地面、楼面、屋面、散水、墙面装修等做法要和建筑设计说明中的一致。

3 学习情景

通过识读某房屋建筑初步设计图，对建筑形体内外空间有初步认知，针对图纸所示，掌握建筑初步设计平面图、立面图、剖面图、详图等形成的投影内容和图示方式。

以某房屋建筑初步设计图为例，学习读识图纸。

3.1 平面图的阅读

阅读平面图时一般应按照如下步骤进行。

(1) 读图名，看比例，辨朝向，识形状。

(2) 定轴线，了解建筑物墙体厚度、柱子截面尺寸及墙、柱的平面布置情况，各房间的平面位置，房间的开间、进深尺寸及门窗的位置、尺寸等。

(3) 读尺寸，判断建筑物建筑面积和使用面积，了解各部位标高。

(4) 看图例和索引，了解细部构造。

(5) 查阅建筑物附属设施的平面位置。

图 6-9 是某办公楼的一层平面图，按照读图要求识图，可以获得的图面信息有：该楼朝向是坐南朝北，绘图比例为 1∶100。房屋的总长 22.7m，总宽 12.2m。房屋的外墙厚度为 250mm，内墙厚度为 200mm，在墙体中涂黑的方框表示钢筋混凝土柱子，柱子的尺寸并未标出，需查阅结构施工图。房屋中间为通长的走廊，走廊将房间分成南北两部分。南边有三间办公室，一大间、两小间；北边有四间办公室，两间卫生间和一间楼梯间。走廊北面东西两侧办公室和卫生间的开间为 3300mm，进深为 4500mm。进楼门 M5 是双扇外开门，宽度 1500mm。南部办公室通往阳台的门编号 M1，宽度

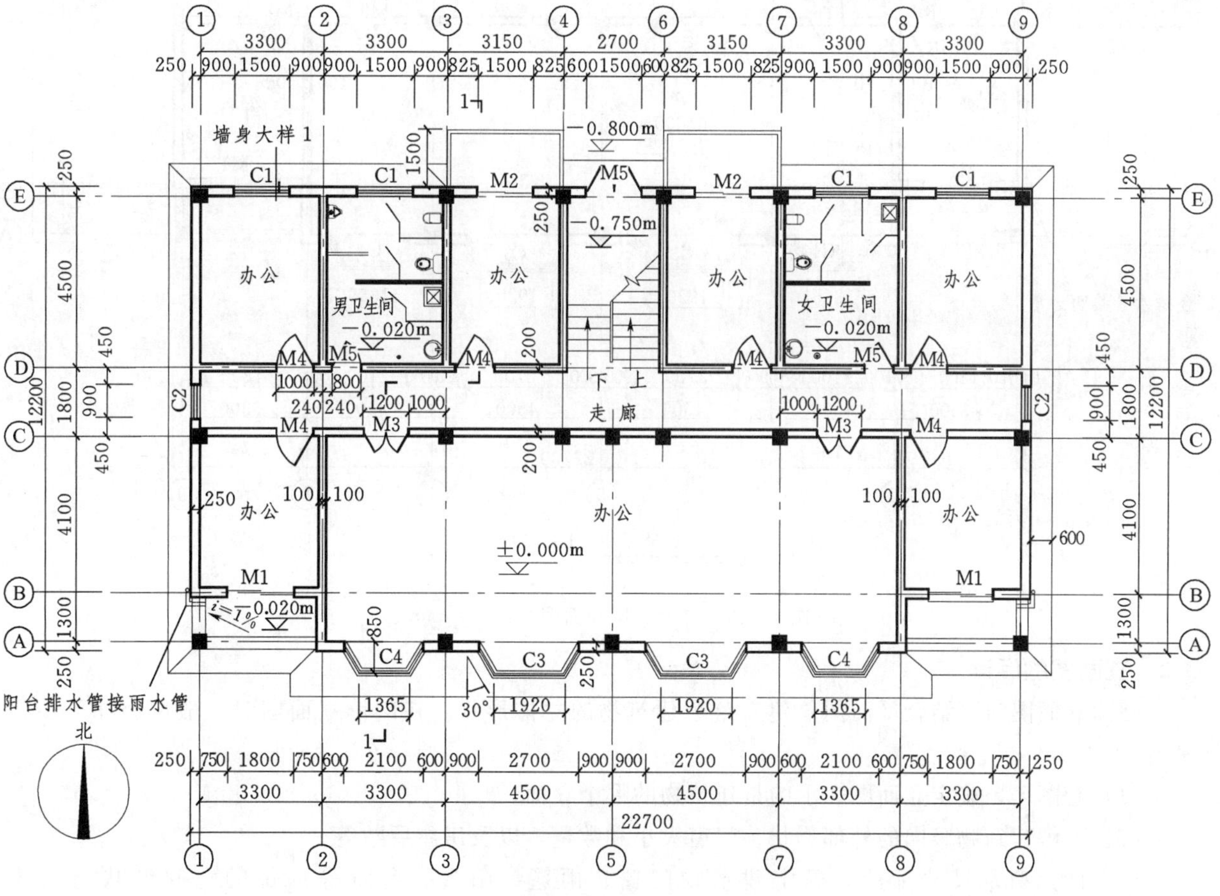

底层平面图 1∶100

图 6-9 底层平面图（单位：mm）

1800mm，由图中图例可看出此门为推拉门。北部办公室和卫生间的窗户 C1，宽度 1500mm，走廊窗户 C2，宽度 900mm。室外地坪标高－0.800m，室内外高差 800mm。楼梯入口处标高－0.750m。卫生间标高－0.020m，比室内地面低 20mm，一般情况下，用水的房间比相邻的房间要低，是为了防止水流入室内。房屋四周为散水，宽度 600mm。在阅读房屋平面图时，除了阅读上述主要内容外，还应该核对各部位尺寸看有无矛盾，核对门窗数量与门窗表是否一致，结合建筑设计说明查阅施工及材料要求等。

房屋的其他各层平面图的阅读与底层平面图类似，请读者自己阅读图 6－10 和图 6－11 房屋的二、三层平面图和屋顶平面图。

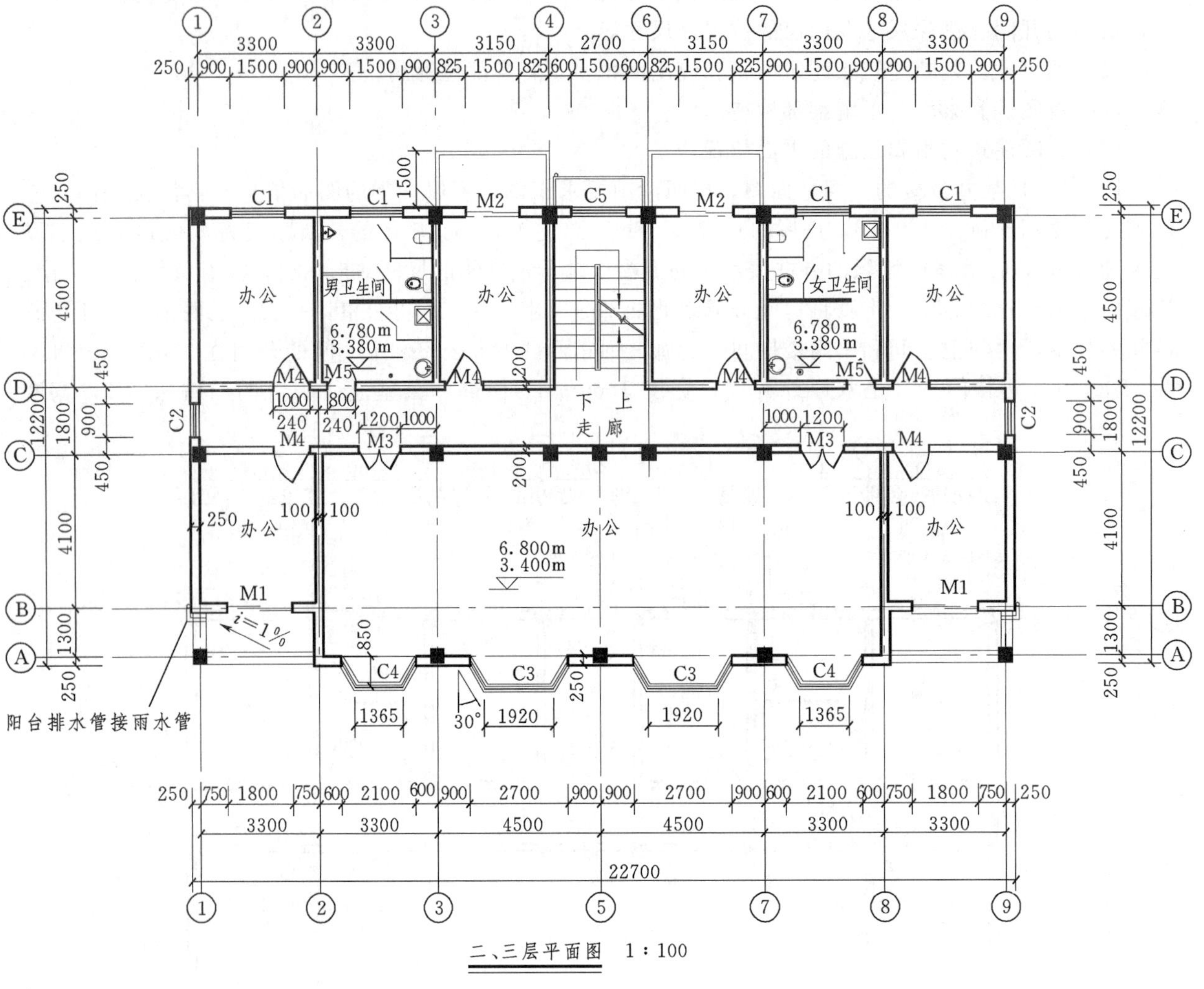

图 6－10 二、三层平面图（单位：mm）

3.2 立面图的阅读

阅读立面图时要结合平面图，建立整个建筑物的立体形状。在阅读立面图时一般按照如下步骤进行。

（1）看图名，确定立面图表示的是建筑物的哪个立面。

（2）了解建筑物竖向的外部形状、门窗大小和数量，以及房屋层数等。

（3）读标高及尺寸标注，确定建筑物门窗、雨篷、阳台、台阶等部位的空间形状与具体位置。

（4）了解外墙面的装修做法。

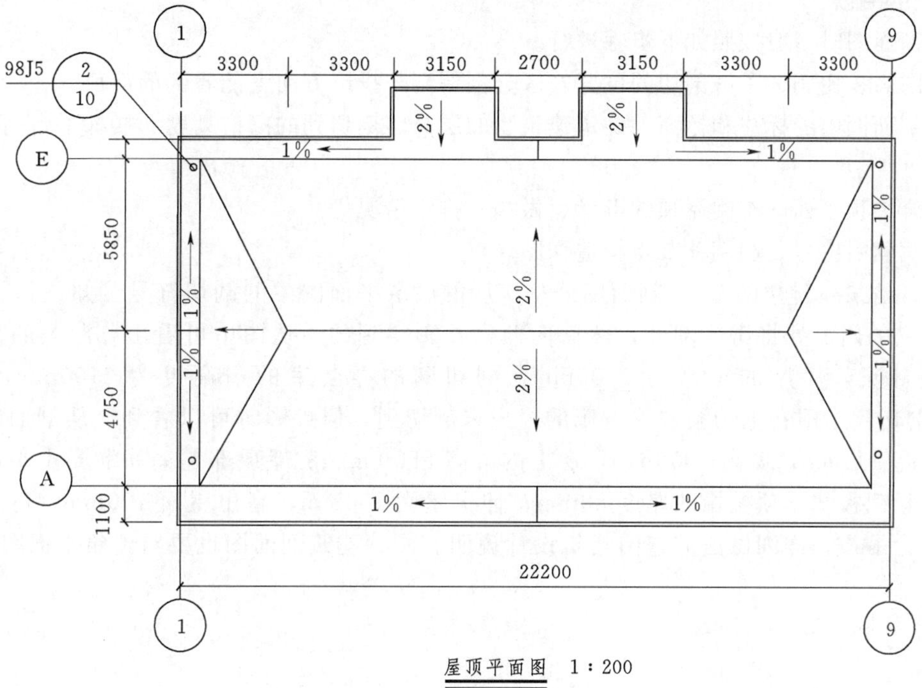

图 6-11　屋顶平面图（单位：mm）

图 6-12 是某办公楼的南立面图。从图中可看出房屋共 3 层，屋顶为彩色压型钢板的坡屋顶，山墙两侧有挑檐。东西两侧的阳台为不封闭的阳台。由图中的标高可得出窗台高度都为 900mm，窗高都为 1850mm，建筑物层高为 3400mm，从室外地面到檐口处高 10.20m。东西两侧的山墙上有雨水管。墙体下部勒脚为贴仿蘑菇石墙砖，高度至一层窗台，墙体上部为贴米黄色面砖。阳台栏杆为成品汉白玉栏杆，阳台栏杆上部和屋檐处为刷乳白色涂料。窗户为铝合金窗。在阅读立面图时要注意与平面图联系起来。

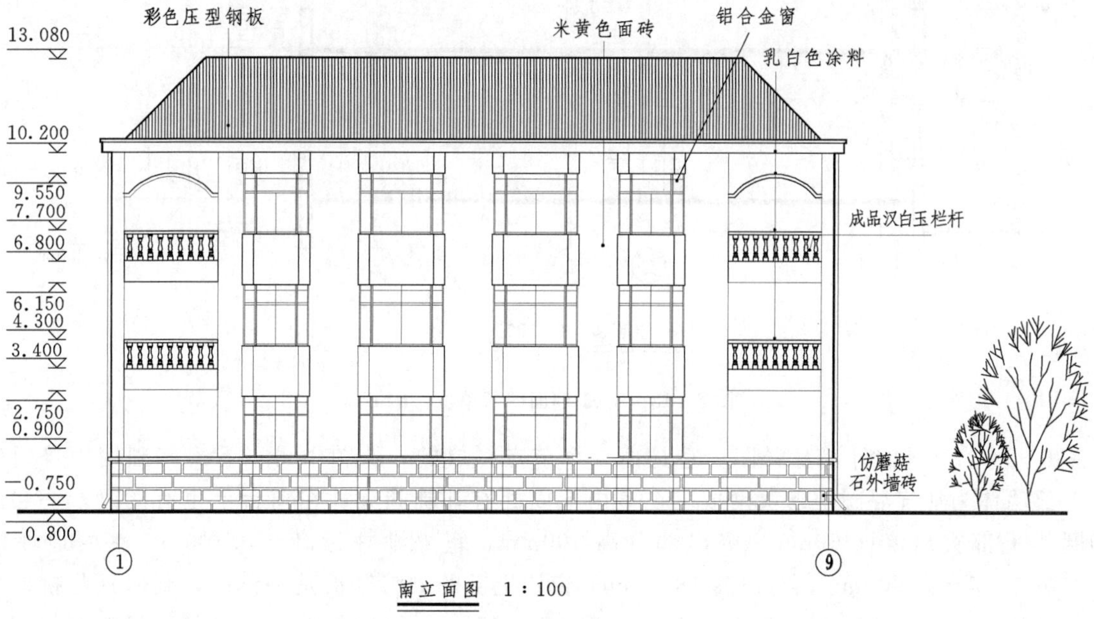

图 6-12　南立面图（单位：mm）

3.3 剖面图的阅读

在阅读剖面图时一般按照如下步骤进行。

（1）读图名、比例、了解剖切的位置，区分剖切到与投影方向上能看到的部位。

（2）读剖面图中的标注和标高，确定建筑物的层高、剖切到的门窗高度、楼梯平台高度、屋檐部位的高度等。

（3）结合屋顶平面图查阅屋顶的形状、做法、排水情况等。

（4）根据索引符号、图例读节点构造详图。

图 6－13 是某办公楼的 1—1 剖面图。从房屋的底层平面图中的剖切符号可知：1—1 剖面图是在两个办公室的门窗处将房屋剖开，然后向西做投影得到的。从图中可看出，涂黑的部分为钢筋混凝土楼板和梁，房屋的层高为 3400mm。剖切到的办公室的门高度为 2100mm，阳台门为 2750mm。剖切到了阳台上的窗户，走廊的窗户未剖切到，但投影时可以看到。从剖面图中能很清楚看出窗台高 900mm，窗高 1850mm，窗上的梁高 650mm。房屋顶部是钢筋混凝土平屋顶，屋顶上又安装了彩钢板。屋顶挑檐的厚度 80mm，伸出屋面 300mm，高出屋面 400mm。房屋各层顶棚的装饰做法为吊顶，详细做法需查阅建筑设计说明。阅读建筑剖面图也要与建筑平面图、立面图结合起来阅读。

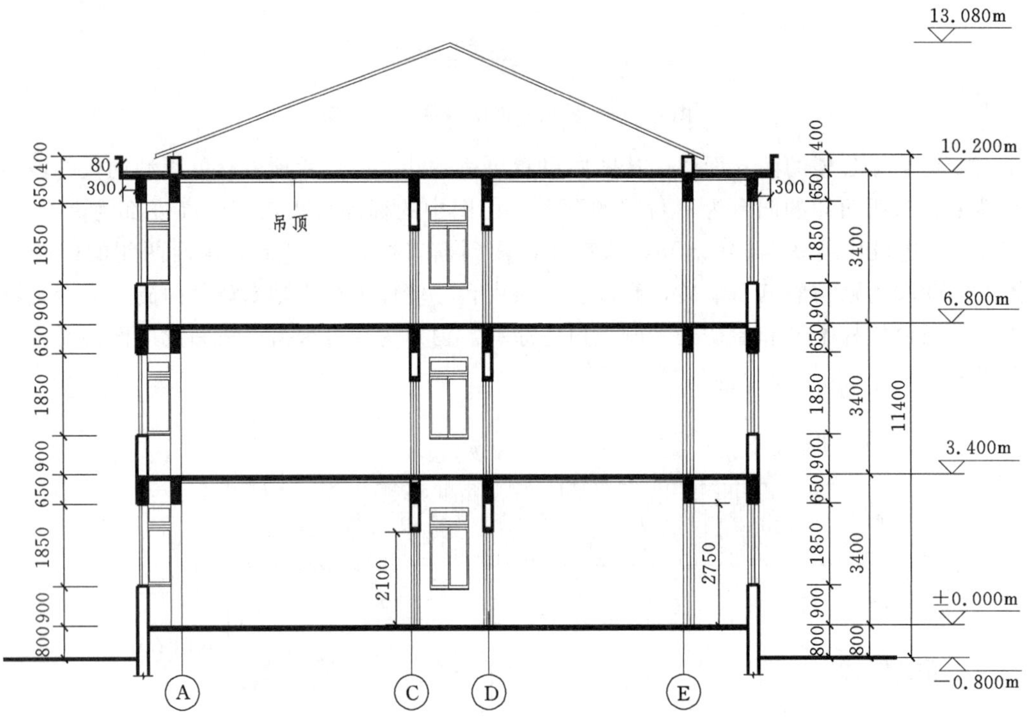

1—1 剖面图　1：100

图 6－13　1—1 剖面图（单位：mm）

图 6－14 为房屋的外墙身详图。它是由 3 个节点构成的，从图中可以看出基础墙为普通砖砌成，上部墙体为加气混凝土砌块砌成。在室内地面处有基础圈梁，在窗台上也有圈梁，一层的窗台的圈梁上部突出墙面 60mm，突出部分高 100mm。室外地坪标高－0.800m，室内地坪标高±0.000m。窗台高 900mm，窗户高 1850mm，窗户上部的梁与楼板是一体的，到屋顶与挑檐也构成一个整体，由于梁的尺寸比墙体小，在外面又贴了 50mm 的聚苯板，可以起到保温的作用。室外散水、室内地面、楼面、屋面的做法采用分层标注的形式表示的，当构件有多个层次构造时就采用此法表示。

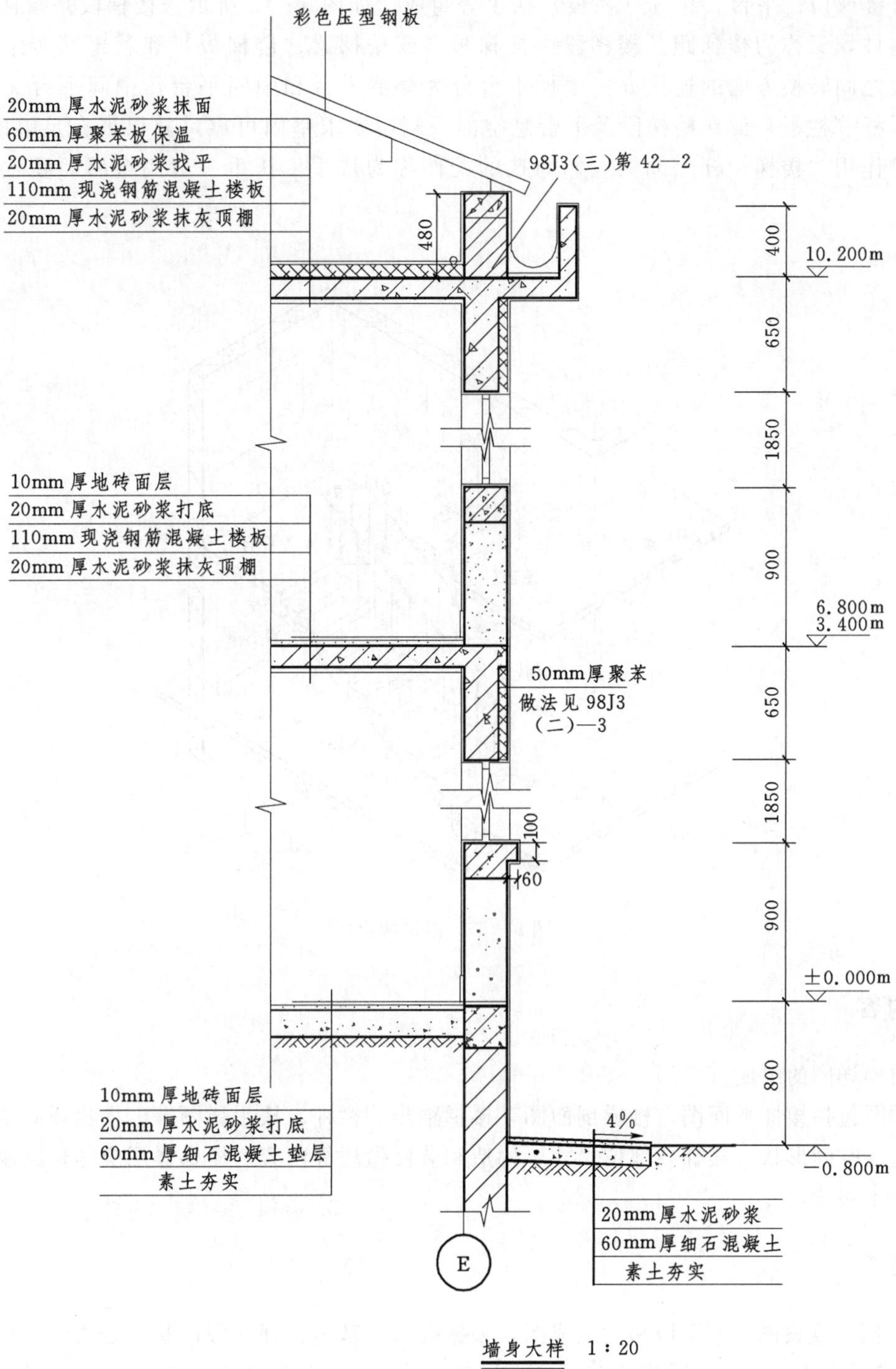

图6-14 外墙身详图（单位：mm）

课题二 识读建筑楼梯详图

1 学习目标

明确对楼梯的认知并识读建筑楼梯详图。

楼梯由楼梯段、平台、栏杆（栏板）扶手等组成，如图 6-15 所示。楼梯段是指楼梯两平台之间的倾斜构件，又称为楼梯跑。楼梯段由楼梯板（或楼梯梁、楼梯板）和若干踏步组成。楼梯平台是楼梯段之间转换方向的连接处。楼梯平台分为楼层平台和中间平台，中间平台又称为休息平台。楼梯栏杆（栏板）设在楼梯段及平台悬空的一侧，要求坚固可靠，并保证有足够的安全高度，起安全防护作用。楼梯栏杆上部供人们倚扶的配件称为扶手，扶手一般用金属、硬木、塑料等材料制成。

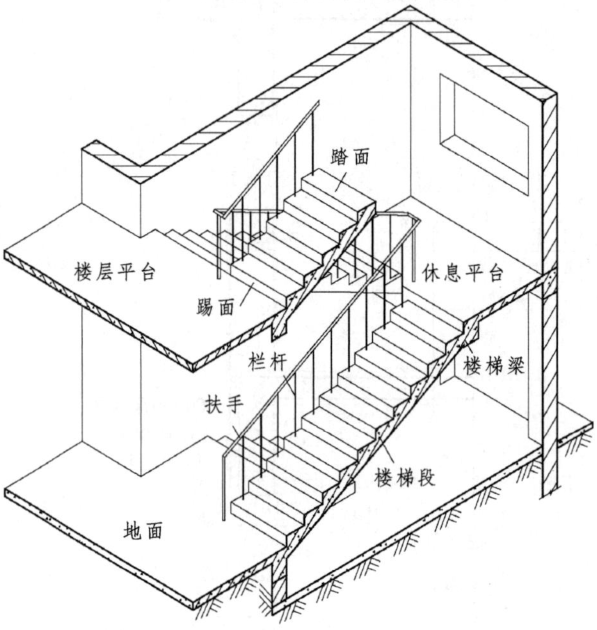

图 6-15　楼梯的组成

2　学习内容

了解楼梯详图的组成。

楼梯详图包括楼梯平面图，楼梯剖面图，楼梯踏步、栏杆、扶手详图等。楼梯详图主要用于表示楼梯的类型、空间形状、楼梯各部位尺寸、构造和装修做法等内容。楼梯详图应尽量绘制在同一张图纸上，以便于阅读。

3　工作任务

【例 6-1】 观察图 6-15 楼梯的组成图，根据投影的基本原理，假设某办公楼的楼梯间的开间为 2700mm，进深为 4500mm。层高 3400mm，楼梯间与室内地面高差为 750mm。楼梯间窗户宽为 1500mm，高 1000mm。楼梯的扶手高 900mm，采用直径 50mm 壁厚 2mm 的不锈钢管，楼梯栏杆采用直径 25mm 壁厚 2mm 的不锈钢管，每个踏步上放两根。

计算可得每个梯段的宽度设为 1200mm（底层除外），每一个梯段有 11 级踏步，每级踏步高 154.5mm，楼梯基础、楼梯梁等构件尺寸查阅结构施工图。按比例 1：50，绘制以下图纸：

（1）楼梯平面图。

（2）楼梯剖面图。

（3）楼梯详图。

参考图纸如图 6-16、图 6-17 和图 6-18 所示。

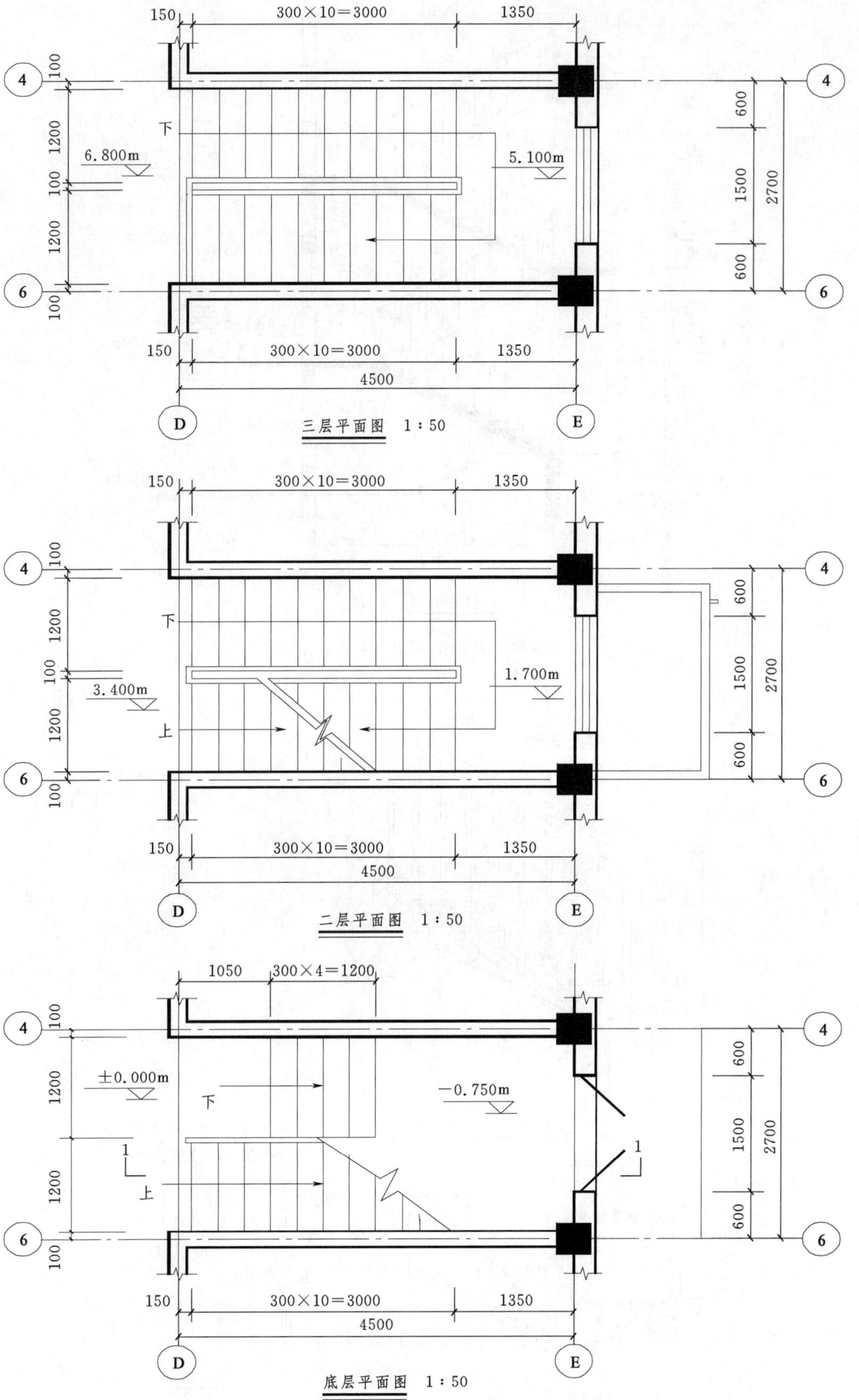

图6-16 楼梯平面图（单位：mm）

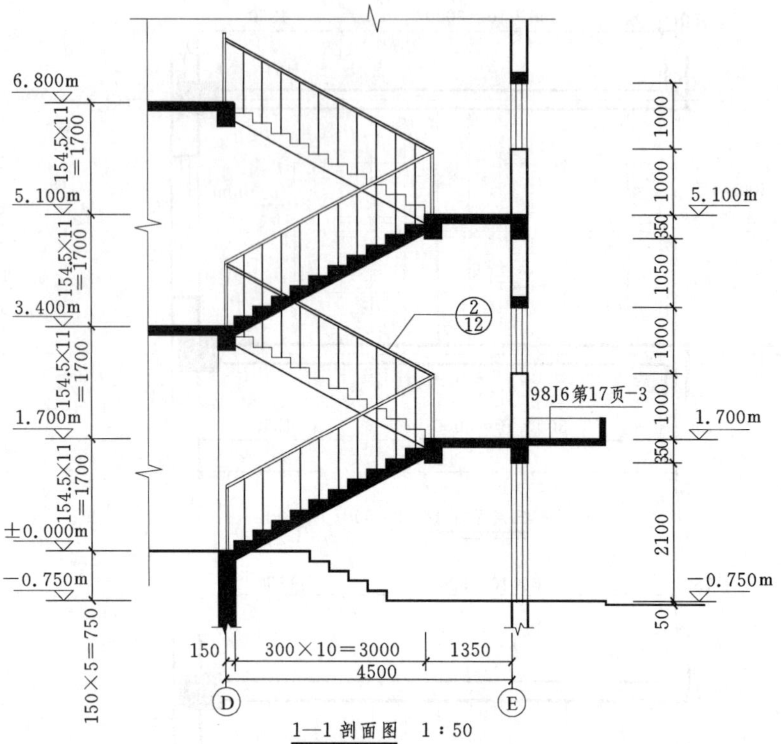

1—1 剖面图 1：50

图 6－17 楼梯剖面图（单位：mm）

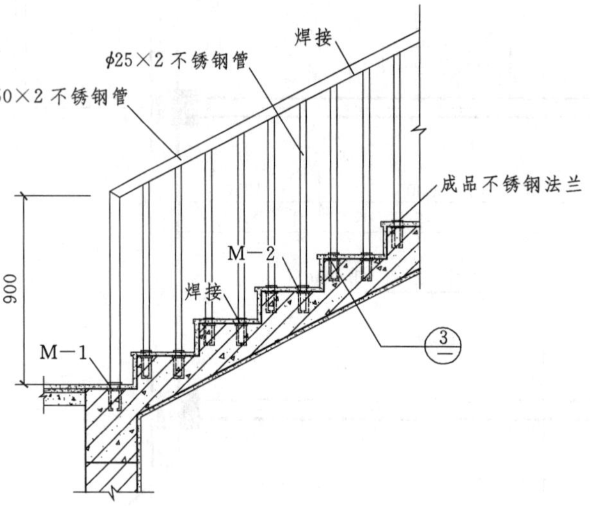

② 栏杆扶手详图 1：20

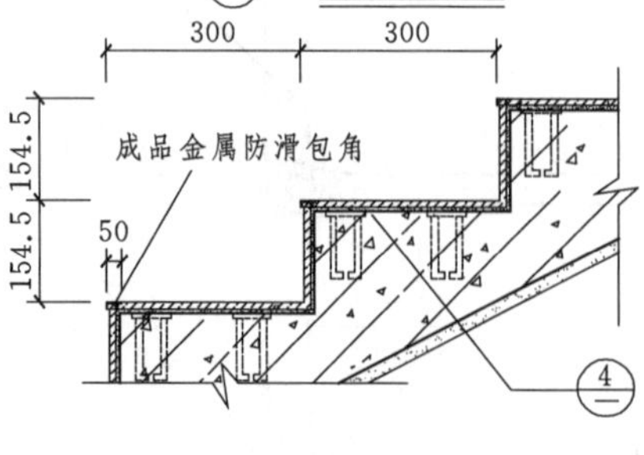

③ 踏步断面图 1：10

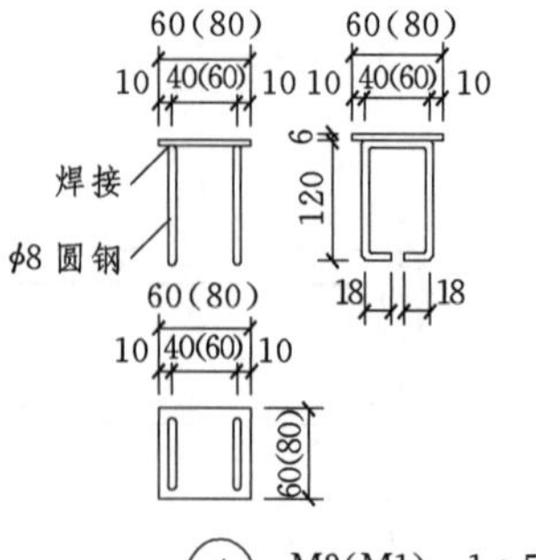

④ M2(M1) 1：5

图 6－18 楼梯踏步、栏杆、扶手详图（单位：mm）

模块 7　家装类建筑装饰施工图的识读与绘制

本模块通过介绍一套完整、系统的住宅装饰施工图的绘制内容，以课题——学习情景（工作任务）为组织方式组织学习有关内容，力图使读者了解住宅家装的各典型工作任务、掌握相关知识点并学习有关技能，同时也让学习者了解家装装修工程特点及熟悉家装类装修施工图的绘制过程。

课题一　认识建筑装饰施工图

1　学习目标

了解建筑装饰施工图的组成、图示方法和特点；识读与绘制常见建筑装饰图例。

2　学习内容

2.1　建筑装饰施工图概述

建筑装饰施工图是建筑土建施工完成后再进行二次室内空间设计、施工的说明性图纸。装饰施工图在建筑装饰工程中是交流设计思想、确定技术问题的最重要的资料，同时也是装饰设计师表达设计思想的主要手段。装饰施工图的绘制一方面将方案更加细化，保障了项目工程的实现；另一方面也为施工人员提供了施工指导。因此，正确地识读、绘制装饰施工图是所有学习和从事建筑装饰的人员都必须认真掌握的知识和技能。

建筑工程制图与装饰工程制图的基本原理是一致的，从某种意义上说建筑制图是装饰制图的基础。而室内装饰施工图主要表示室内空间的布局、家具和固定设施的布局、各构配件的形状大小和相对位置关系，说明各装修界面的装修做法和材料，说明特殊效果和特殊装修效果节点的细部施工做法等。应该自觉将制图中的正投影原理、制图的基本方法，以及相关基础知识结合运用到装饰工程制图中，这样才能打好装饰工程制图与识读的基础。

目前我国装饰工程的制图方法主要是沿用《房屋建筑制图统一标准》（GB/T 50001—2001）和《建筑制图标准》（GB/T 50104—2001），同时也有些业内常见的画法，以下将在相关工作任务中作介绍。

2.2　建筑装饰施工图的主要内容

装饰施工图的主要内容一般主要包括有图纸目录、装修施工说明或设计说明、平面布置图、楼地面材料铺装图、顶棚天花图、装修立面图、剖面图、需要说明装修细部的详图和节点图等。有时为了实现项目中的使用效用，还应该包含有给排水、暖、电等专业的施工说明图。

2.3　建筑装饰施工图的特点

（1）图中可以省略表示原有建筑结构。由于室内设计与装修是在已有的房屋空间基础上进行设计和施工的，因此只要方案不改变房屋空间结构，装饰施工图中也可以省略表示原建筑结构。

（2）室内装饰施工图往往有些图样绘制得比较细腻、生动。因为室内空间设计尺度要比建筑外部空间设计尺度要小得多，因此可以在一些常见的家具、某界面的装饰材料的表达上往往可以加绘相应的肌理线、反光线等细节内容，以使施工图表现更加生动化。

（3）装饰施工图中平面、立面布置施工图中可以允许加画阴影和配景。有些项目工程（如小型规模室内装修）为了使装饰效果的艺术感受或感染力能让施工人员了解和体会，可以允许视具体情况在装饰施工图中加画体面转折的阴影和植物、陈设等以用于装饰的配景。

（4）标准定型化设计少。装修施工图可采用的标准图较少，大多数装修节点需要单独画详图说明。

（5）装饰施工图中的尺寸标注具有灵活性。在建筑室内装饰施工图中对于方案需要明确尺寸的内容必须要标注。而对于一些不影响施工效果的内容的尺寸可以不用仔细标注，允许施工人员在施工中按照图中的比例量取或者依据现场情况确定。

（6）装饰施工图中家具等陈设内容具有不确定性。装饰设计为家具、家电、陈设物品的摆放提供一个大概的设计想法，具体实现还是需要业主个人的实际定夺。

（7）装饰施工图有时采用较大比例绘制。装饰施工图不仅表示出建筑装饰的整体情况，而且还表示装饰的形式、结构和构造情况，采用的比例往往较大。有时采用相当于详图的比例。

（8）在装饰施工图中往往附有方案效果图、直观大样图进行辅助说明。这样可以更好地让施工人员理解方案意图和指导施工理解。例如家具、摆设以及一些固定设施等的设计多配以透视图或者轴测图进行说明。

2.4　建筑装饰施工图中常见图例

装饰施工图中的图例大部分引用了建筑制图标准中的图例。但是由于近年来建筑装饰发展得非常快，有许多的新装修材料出现，许多图例在建筑专业的图例的基础上还没有统一。有些图例是在目前设计行业内部相互流行中借鉴使用，有些图例不具备普遍意义还需要加注文字注释。目前常用的装饰施工图图例有建筑材料（见模块 1 中表 1-4）、门窗、家具、室内陈设等方面的图例。

2.4.1　门窗图例

门窗图例见表 7-1。

表 7-1　　门　窗　图　例

序号	名称	图　例	序号	名称	图　例
1	转门	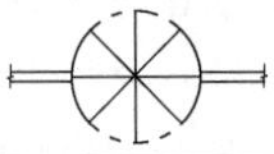	9	铁扇推拉门	
2	提升门		10	双层外开上悬窗	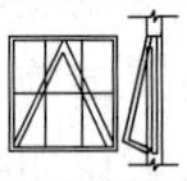
3	伸缩门		11	双层有联动杆的窗	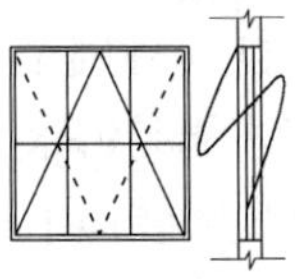
4	移门		12	拱形窗	
5	子母门	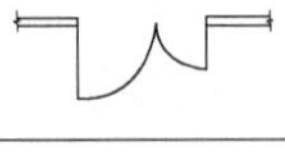	13	老虎窗	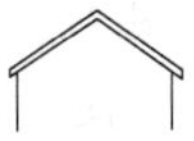
6	四扇门	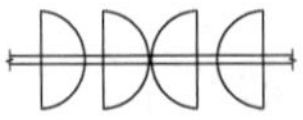	14	上推窗	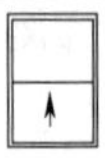
7	感应门		15	双层内外开上悬窗	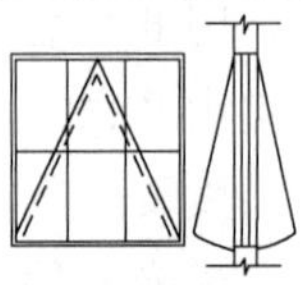
8	折叠门	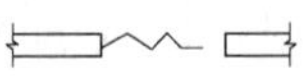	16	落地玻璃窗	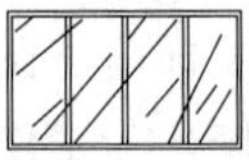

2.4.2 家具、设施图例

家具、设施图例见表 7-2。

表 7-2　　家具、设施图例

序号	名称	图例
1	双人床	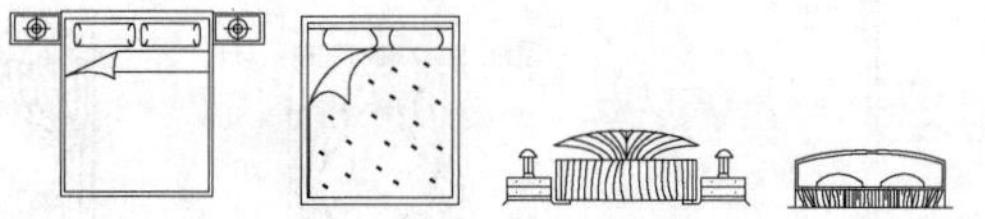
2	单人床	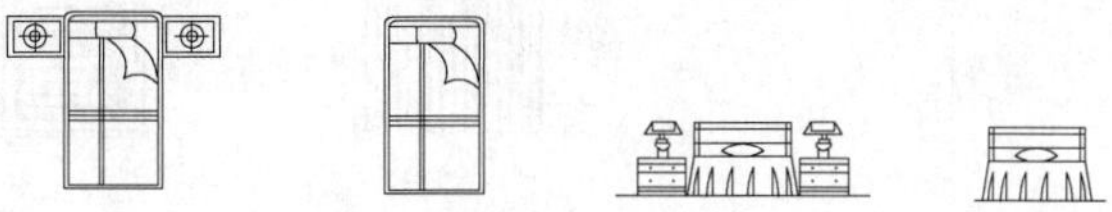
3	沙发	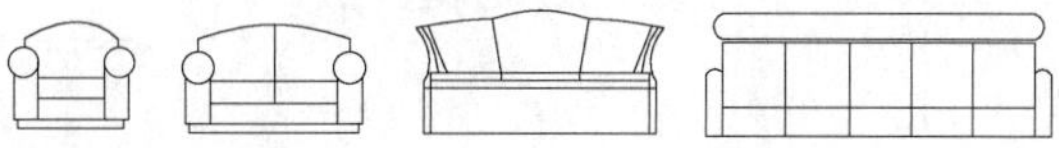
4	椅子	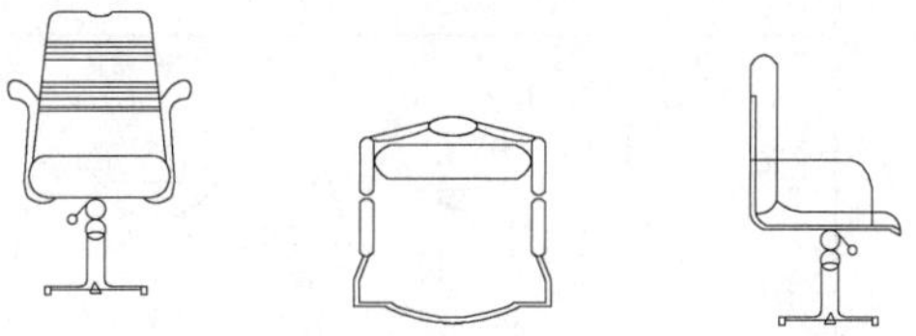
5	餐桌	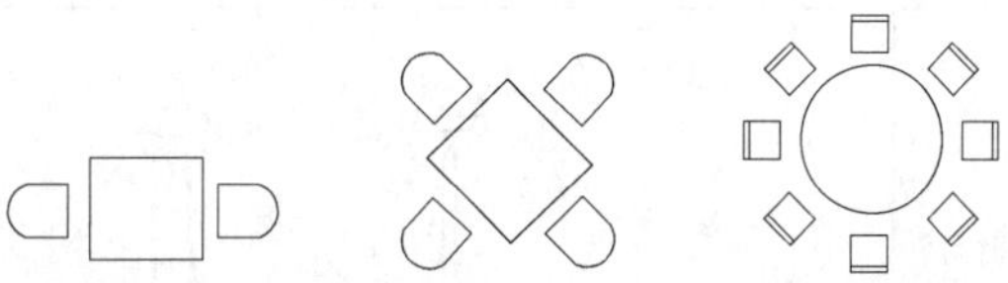
6	柜类	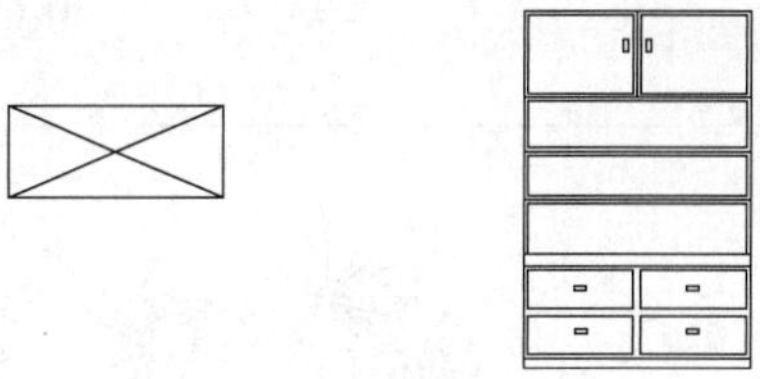
7	厨、卫浴设施	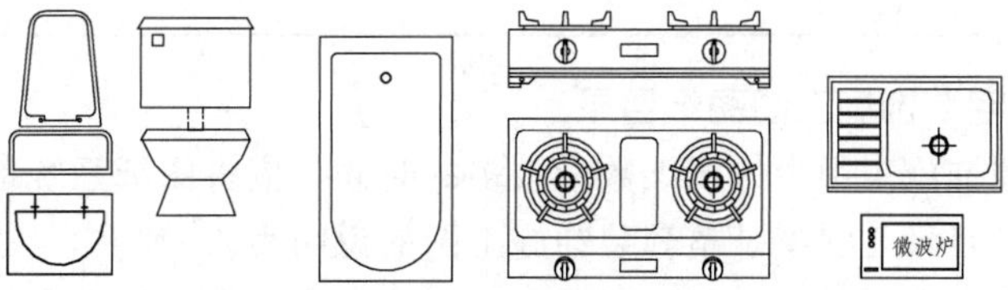
8	家用电器	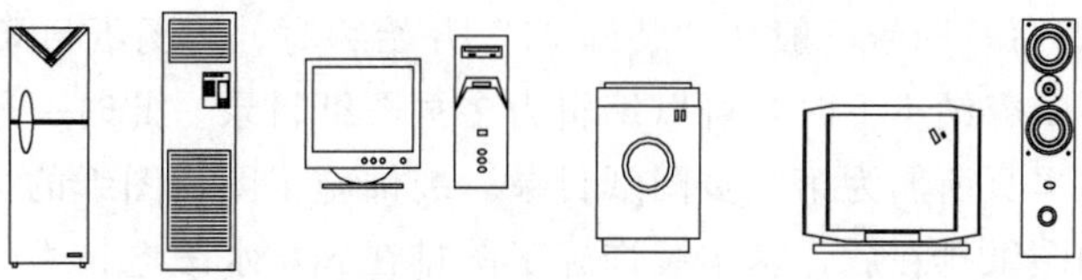

2.4.3 室内陈设图例

室内陈设图例见表 7-3。

表 7-3　　　室内陈设图例

序号	名称	图例
1	窗帘	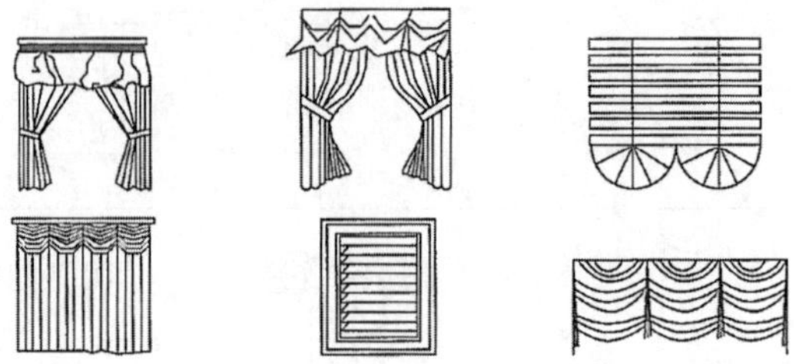
2	台灯	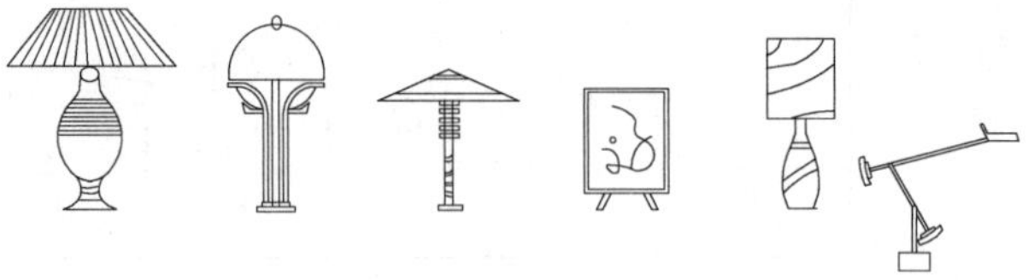
3	壁灯	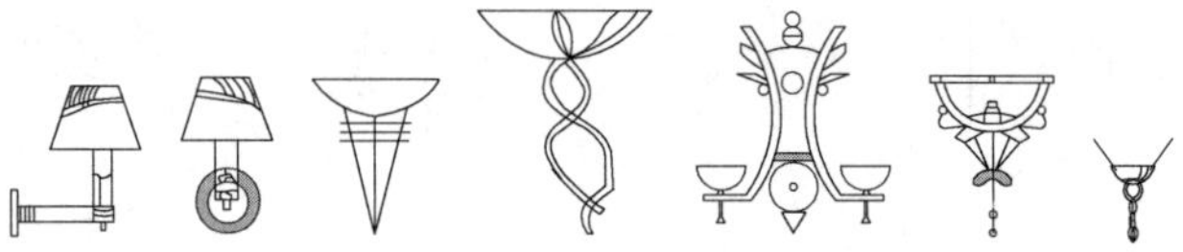
4	落地灯、射灯	
5	植物	

2.5 识读住宅装饰施工图图纸目录

当一套装饰施工图中的图纸数量较多的时候，应将图纸系统地进行统一排序，并根据排序情况总结为工程图纸目录，它将是整套装饰施工图的说明表。

图纸目录中所应出现的各说明项应清楚地说明整套图纸的有关基本信息情况，常见的应出现的说明项目有：标题栏中有关各项序号、图号、图纸名称、图幅比例等内容，如图 7-1 所示。序号一般从“1”开始编写，图号一般从“装施 01”开始编写。当图纸目录中需排序的各张图纸数量较多以至于一张图纸目录容纳不下时，可以编辑为多页图纸目录。此时一般在图纸目录的右下端注明图纸目录一共有几页、本页所属为第几页图纸目录。装饰施工图的图纸的排布顺序原则是：先施工的图纸排在前，后施工的图纸排在后；基本装饰施工图排在先，水暖电技术性施工图排在后；总体施工图说明性图纸在前，分项详细性交代图纸在后，并由此顺序来从大到小安排图序号和图号。

<table>
<tr><td rowspan="6">×××××室内设计工程公司
××××× INTERIOR DESIGN
& CONSTRCTION CO.</td><td colspan="4">图纸目录</td></tr>
<tr><td>工程名称</td><td colspan="3">×××住宅装修改造工程</td></tr>
<tr><td>工程编号</td><td>××××</td><td>专业</td><td>装饰</td></tr>
<tr><td>项目名称</td><td>×××住宅装修工程</td><td>阶段</td><td>施工</td></tr>
<tr><td>专业负责人</td><td></td><td>日期</td><td></td></tr>
<tr><td>填表人</td><td></td><td>日期</td><td></td></tr>
</table>

序号	图 号	修改版次	图纸名称	图幅	比 例
1	装施 01		设计说明	A3	1∶50
2	装施 02		电器说明	A3	1∶50
3	装施 03		住宅原建筑平面图	A3	1∶50
4	装施 04		室内拆、砌墙图	A3	1∶50
5	装施 05		平面布置图	A3	1∶50
6	装施 06		地面铺装图	A3	1∶50
7	装施 07		顶棚平面图	A3	1∶50
8	装施 08		客厅 A 立面	A3	1∶30
9	装施 09		客厅 B 立面、电视墙剖面	A3	1∶30
10	装施 10		客厅 C 立面、衣帽柜详图	A3	1∶30
11	装施 11		厨房 D、E 立面	A3	1∶30
12	装施 12		卫生间 F、G 立面	A3	1∶30
13	装施 13		H 立面图	A3	1∶30
14	装施 14		I、J 立面图	A3	1∶30
15	装施 15		主卧室 K 立面	A3	1∶30
16	装施 16		主卧室 L 立面、卧室床背景墙详图	A3	1∶30
17	装施 17		主卧室 M 立面	A3	1∶30
18	装施 E—01		开关布置图	A3	1∶50
19	装施 E—02		插座布置图	A3	1∶50

填写日期： ×××年 ××月 ××日 A4 绘制比例：1∶1 共 1 页 第 01 页

打印比例：1∶100

图 7-1 图纸目录

3 学习情境（工作任务）

【例 7-1】 识读本例施工图图纸目录，见图 7-1，掌握其中相关内容、信息。

本例施工图图纸目录内容识读如下：

（1）本图纸目录采用立式 A4 图幅，一共编有一页；从图中的标题栏中可以了解到其施工图类型为装饰施工图，施工项目为某某住宅装修工程；图纸目录打印比例为 1∶100。

（2）本套图纸的主要内容有：设计说明、电器说明、住宅原建筑空间平面图、拆砌墙平面图、装修平面布置图、地面铺装图、顶棚平面图、各室内空间有关立面图和剖面图、有关详图等，最后是电器图纸，各图纸对应的图幅、比例详见图。

课题二　建筑装饰施工图平面图的识读与绘制

1 学习目标

了解建筑装饰施工图平面图的识读原理；正确理解建筑装饰施工图平面图中常出现的有关符号的含义；正确识读出建筑装饰施工图平面布置图、地面材料铺贴图中的有关内容；掌握绘制建筑装饰施工图平面布置图、地面材料铺贴图的正确做图步骤；能正确绘制出建筑装饰施工图平面布置图、地面材料铺贴图。

2 学习内容

装饰施工图中的平面图一般可以分为平面布置图和地面铺贴图。当地面装饰材料比较简单、装饰划分较少时可以直接在平面布置图中绘制出地面铺贴图的内容。

2.1 室内装饰施工图平面布置图的主要内容

平面中应根据室内设计原理、人体工程学、用户使用要求等方面要求对空间展开布置，平面布置图应清晰地、布图饱满地表示出以下内容。

（1）用正投影的方法结合平面图的识读原理，将设计中所涉及到的建筑的主体结构、构件（柱、墙、门窗、台阶等）和次要构件（隔断、屏风等）的形式、位置绘制出来。

（2）表示出所涉及的室内空间中的装饰构件、家具、景观植物、电器设备设施等内容的位置、形式。

（3）表示出装饰结构与配套设施的尺寸标注。装饰构件应详细标示出其定位尺寸、定形尺寸。建筑主体结构开间进深尺寸、主要装修尺寸等均应标出。适当的位置要注明界面位置的标高。

（4）建筑规模较小的住宅户型室内项目设计可以省略表示其墙体的定位轴线和轴号，但是在平面图中应表示出对应于某立面的内视符号、可能出现的详图索引符号、剖切符号等内容。

（5）平面图中还应标示出相应的房间名称、必要的名称代号、图例说明等信息内容。个别家具、装饰陈设可做相应的文字说明，复杂装饰构件适当地也要注写出装修要求等文字说明内容。图中要注明图名和比例，首层建筑平面宜表示出指北针和建筑室内空间的主入口位置。

（6）当地面材料的种类、规格、划分等较为简单时，可以在平面布置图中画出地面铺贴图的内容。

2.2 内视符号、尺寸标注的相应要求

为了表示对应于某立面的平面位置，平面图中应该用内视符号注明视点位置、投视方向、立面编号。如图 7-2 所示，一般内视符号所在平面图中的位置即为视点位置，内视符号中字母所在一侧的三角角端的指向为对应立面投视方向。例如图 7-2（a）表示的就是在其位置上侧的立面需要从 A 立面图读取。当如图 7-7（b）所示时，内视符号圆圈中上半圆字母（或阿拉伯数字）表示

立面编号，下半圆中数字表示对应立面所在图纸的图号，则图 7－2（b）表示的是其位置右侧的立面需要从位于 6 图号的图纸中的 B 立面图读取。符号中的圆圈应用细实线绘制，圆圈的直径长度为 8～12mm。

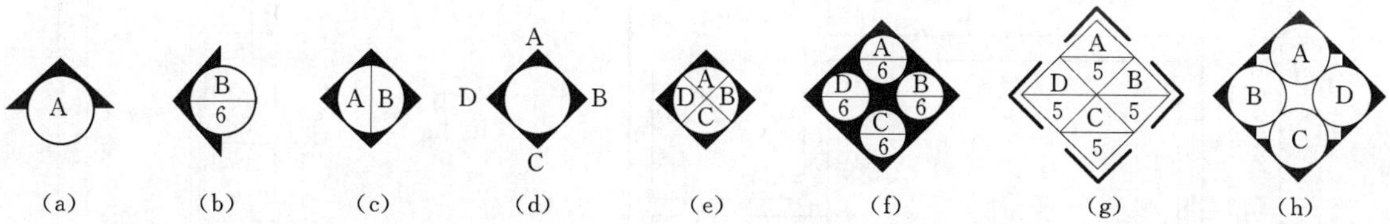

图 7－2　常见的内视符号

图 7－2 为常见各内视符号的形式，图 7－2（a）、图 7－2（b）为单项内视符号，其余的为多向内视符号。

平面图中应标注出各个房间的净尺寸，并标注主要装修构件的定形和定位尺寸、主要的家具设施之间的定位尺寸，而与装修无关的外部尺寸可以不标注。个别构件的尺寸在平面布置图中不便标注，可在后面的立面、详图等中详细标注出来。室内设计图中连续重复的构配件，当不易标明定位尺寸时，在总尺寸的控制下，定位尺寸可以不用注写数值而用“均分”或“EQ”表示，如“EQ EQ EQ EQ”（这样施工技术工人可在实际现场中现场把握）。

2.3　平面布置图的其他画法要求

平面布置图中的家具、装饰材料画法应采用相应的图例的画法要求。

为了表达装饰平面布置图的可读性，有时也可以在家具、设施等构件中加画物体的投影或色彩。

平面图应按照正投影法绘制。个别家具、装修结构构件可以在图中采用“”或“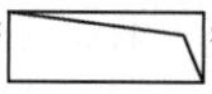”符号省略表示。平面图中涉及到绘制室内家具中的衣柜、吊柜、高窗、空调等高于剖切平面以上的固定设施的内容需用虚线表示。

平面布置图中的门、窗应以《建筑制图标准》（GB/T 50104—2001）中规定的图例表示，数量多时进行编号，有特殊要求时须注明或另画大样图。

2.4　平面布置图的绘制步骤

（1）选择比例，根据比例换算图样大小，确定图幅。

（2）绘制主体建筑结构。

（3）绘制出室内装饰构件的布置形式、位置，如家具、固定设施、电器设备、装饰植物等内容。

（4）标注室内空间主要装饰构件的标注尺寸，注明室内主要的不同的高度界面的标高，注明应出现的内视符号、详图索引符号、图例名称、文字说明、图名、比例等。

（5）加粗整理图线，其中建筑主体结构部分依照《建筑制图标准》（GB/T 50104—2001）应用粗实线表示，台阶、地面材料等可采用细实线绘制，装修构件、设备、家具等可采用中实线表示（当平面图较为简单时可以也用细实线绘制）。

（6）检查整体图纸综合情况，查漏补缺。

3　学习情境（工作任务）

3.1　识读、绘制住宅装饰平面布置图

【例 7－2】 某一套住宅单元（建筑面积约 73.6m^2）要进行装饰装修。如图 7－3、图 7－4 所示，请认真识读该住宅原建筑平面图、室内拆、砌墙图，并全面理解、掌握图中有关信息。做出平面布置图。

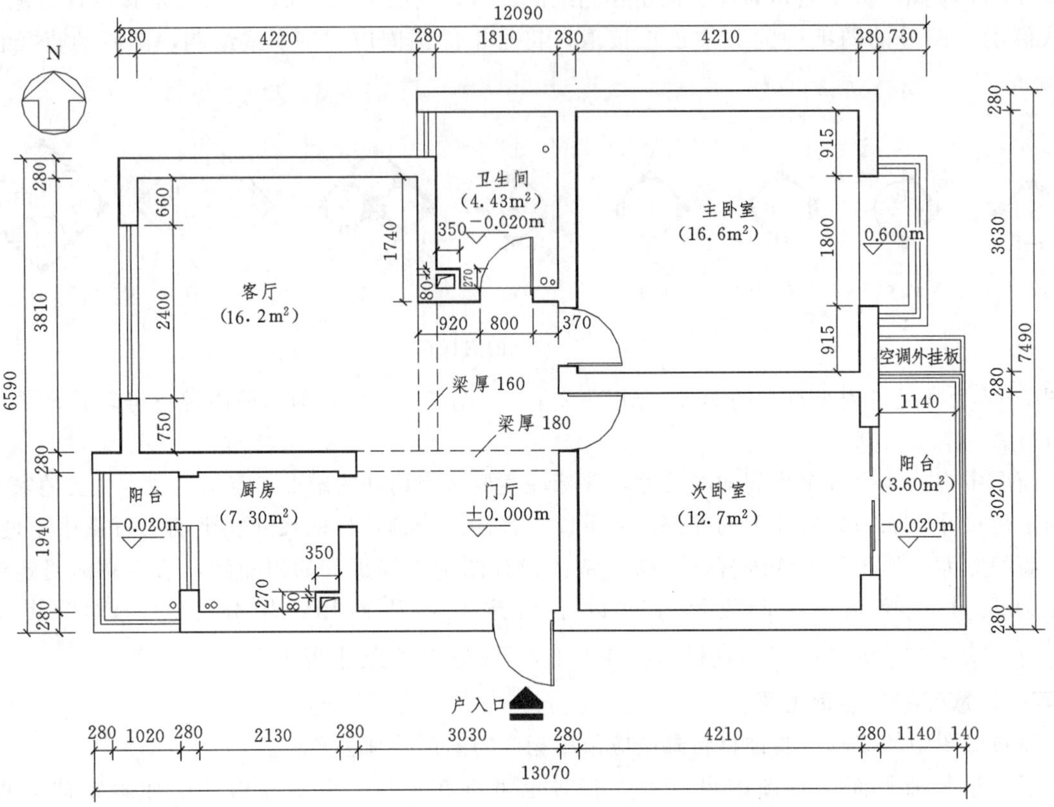

住宅原建筑平面图 1:50

图7-3 原建筑平面图（单位：mm）

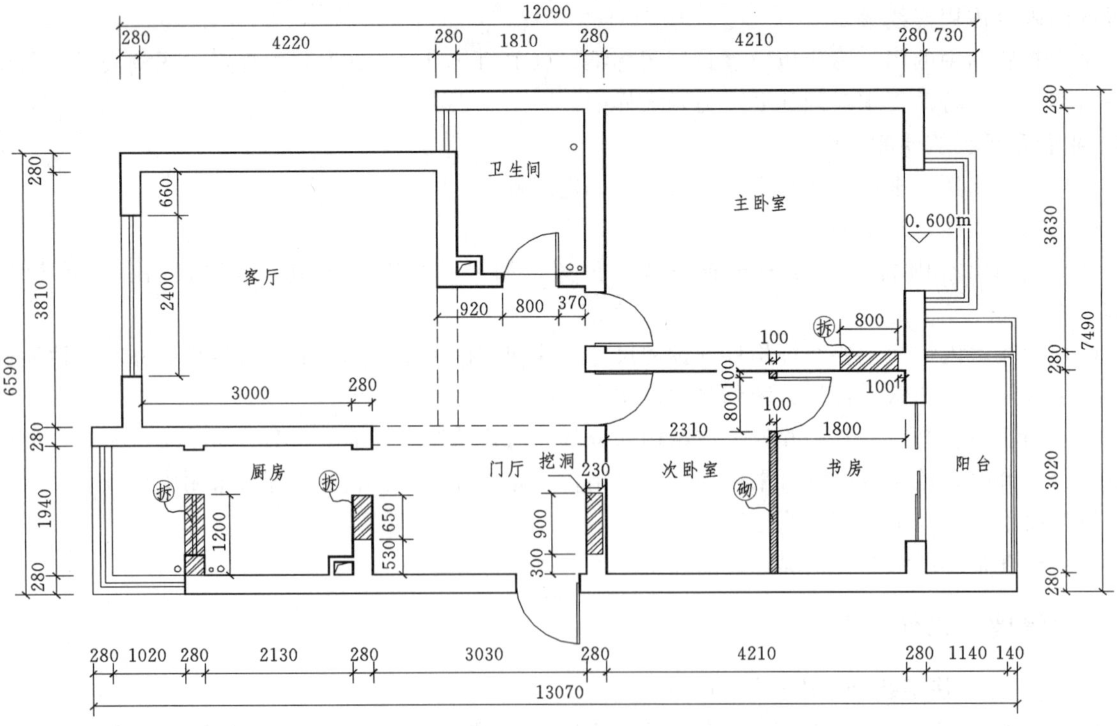

室内拆、砌墙图 1:50

图7-4 室内拆、砌墙图（单位：mm）

正确识读平面布置图需要明确装饰设计平面图的形成方法以及其常见的应表达的主要内容；而要正确绘制出平面布置图需要熟知平面图中内视符号、尺寸标注、家具设备、比例图幅等内容的要求，在正确掌握了绘图步骤之后就可以绘制出平面布置图。

（1）本住宅单元原建筑平面识读如下：本项目住宅建筑空间原含有客厅、餐厅、主卧室、次卧室、厨房、卫生间各一个，其中朝南向采光较好的为两个卧室。主卧室附带有宽约 730mm 的飘窗，窗台高 600mm。次卧室附带带有生活阳台。客厅、厨房空间采光朝向为北向。室内约在客厅与餐厅的顶棚边界处有梁体构件，厚度分别为 160mm 和 180mm，整个建筑结构体系为砖墙承重体系。住宅户内的卫生间、厨房均设有 270mm×350mm 设备管道一个，另外现状中还有给排水管若干。各个房间的使用面积大小、房间的开间和进深尺寸如图 7-3 所示。总体来说，本户型为一套小型面积的住宅建筑来进行装修。

（2）本住宅单元拆、砌墙平面识读如下：根据图 7-4（图中拆除的墙体、砌筑的墙体做了特殊的表示）可以了解到，设计装修时将要把南向采光较好的次卧室的空间（使用面积 12.7m²）用非承重构件的隔墙一分为二，分为其中一个是直接采光的书房，另一个是面积较小的次卧室。砌筑隔墙的厚度为 100mm，相对于靠近阳台的墙体 1800mm，同时隔墙中设有门洞。另外原来在住宅内北侧的起到了分隔阳台和厨房作用的联窗门将被拆除，这样厨房的使用面积将会扩大，对厨房的采光通风效果也很有利。空间的再分隔或打通均是为其后的装修、使用效果奠定了空间基础。

为了加大厨房空间的利用率，厨房门洞也将由原来的 700mm 宽的门洞加宽为 1350mm 的推拉门门洞。另外，主卧室与书房之间也将开通一个宽 800mm、墙垛为 100mm 的门洞。在入户门附近为了设置妥当衣帽柜的位置，所以在墙内预挖洞 900mm（宽）×2300mm（高）×230mm（深）。

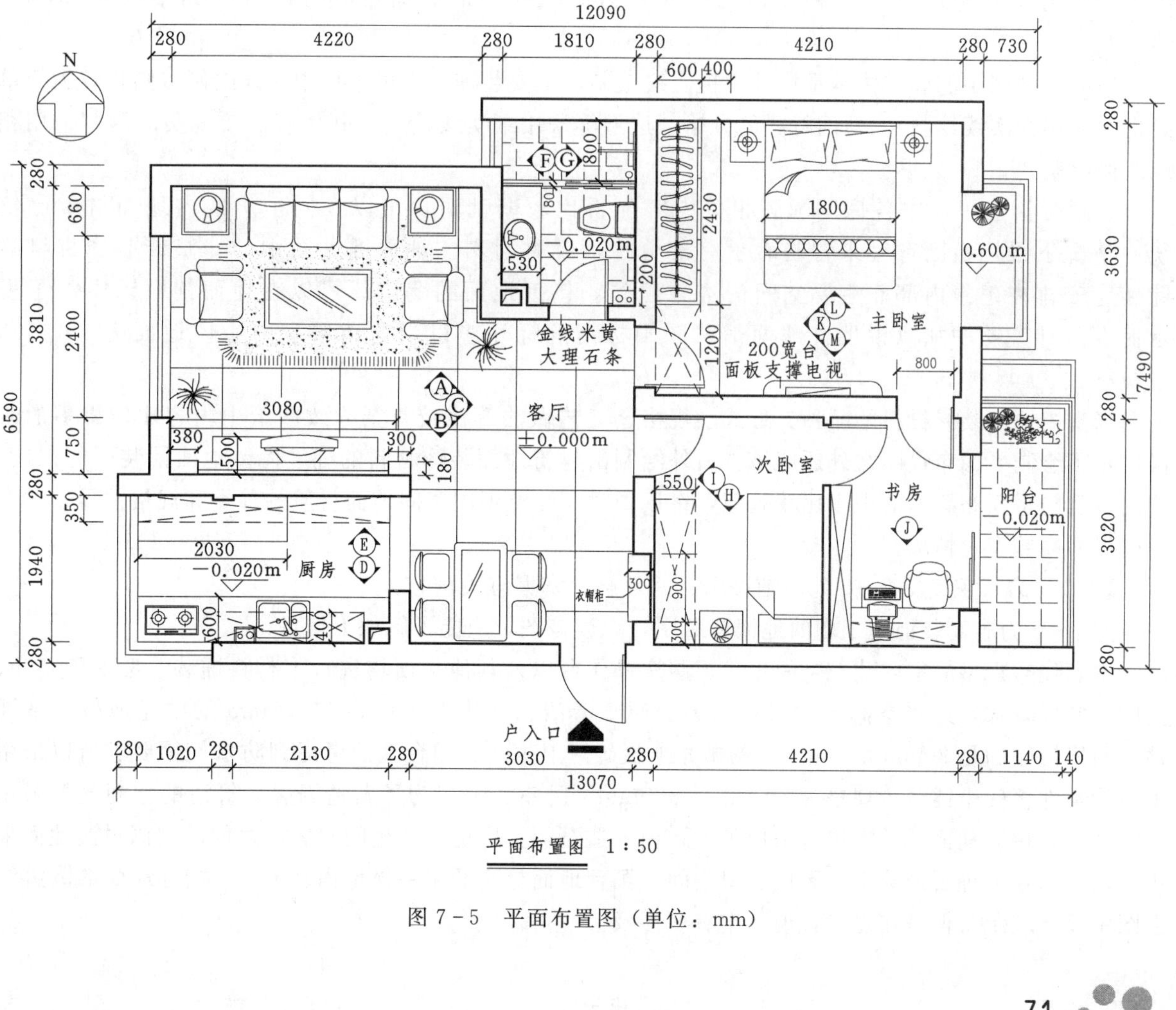

平面布置图　1：50

图 7-5　平面布置图（单位：mm）

正确识读平面布置图需要明确装饰设计平面图的形成方法以及其常见的应表达的主要内容；而要正确绘制出平面布置图需要熟知平面图中内视符号、尺寸标注、家具设备、比例图幅等内容的要求，在正确掌握了绘图步骤之后就可以绘制出平面布置图，如图 7－5 所示。

（3）本住宅单元平面布置图识读与说明如下：图 7－5 为本住宅单元平面布置图，比例 1：50。客厅东侧布置沙发，西侧为电视墙。户型中的卫生间通过宽为 80mm 推拉门隔断分隔出洗浴（设有洗浴喷头）空间和厕所空间。主卧室中布置有固定设施大衣柜（0.6m 宽）、双人床（1.8m 宽）、0.2m 宽台面板支撑电视。次卧室布置有一张沿墙放置的单人床和吊柜，书房中布置有电脑桌椅，空间虽然狭小但是基本满足使用。建筑主入口空间右侧布置有衣帽柜，在厨房和入口空间之间设置有餐桌。厨房、卫生间之中相应地布置有厨卫用具，并且厨房、卫生间、阳台地面均低于主体地面 20mm。建筑空间中除了厨房为推拉门之外，其他门均为平开门。整个住宅户型布置紧凑、适用。

3.2 识读、绘制住宅装饰地面铺贴图

地面铺贴图又称地面装修图、地面材质图等，它是指室内地面材料品种、规格、分格及图案拼花的布置图，其识读原理同平面布置图。地面是使用最为频繁的部位，各个房间根据使用功能、使用条件的不同，对地面材料种类的选择、工艺的要求、尺寸大小、地面的高差等都有着不同的要求。地面铺贴图不但是施工依据，同时也是作为地面材料采购的参考图样。

地面装修图应该主要表示出：不同地面装饰材料的形式、规格；带有地面装饰材料的铺装方式、色彩、种类、施工工艺要求的文字说明；不同地面装饰材料的分格线以及必要的尺寸标注，以表示施工时的铺装方向；需要用详图说明地面做法的地面构造处应标注出剖切符号、详图索引符号。当地面材料的种类、规格等较为简单时，地面铺贴图可以合并到平面布置图中绘制。

地面铺贴图中的墙、柱承重构件用粗实线绘制，主要装饰构件可采用中实线绘制（图样较为简单时也可采用细实线绘制），地面材料的分格、造型等采用细实线绘制，其他有需要说明的内容采用相应图例绘制。

绘制时，当平面中各房间画满相关内容显得比较繁乱时，可以在同一房间内地面材质比较统一情况下采用折断符号来省略表示一部分地面铺贴材料。地面铺贴图中的非整砖装饰材料的铺装应安排在建筑内部非主要空间的边角位置。接近地面的踢脚线可以在地面铺贴图中不予表示而在设计说明中加以说明。地面铺贴图中标高的标注应以当前楼层室内主体地面为±0.000 进行标注。

当室内地面装修材料的品种、形式、规格、工艺做法等比较复杂导致图纸中内容比较繁多的时候，除了绘制平面布置图之外还应该再另外绘制出建筑地面装饰材料的铺装图。地面铺装图的识读、绘制步骤与平面布置图的识读比较近似，在读图时应注意不同房间地面材质的种类和规格差异、注意不同界面高差变化情况。

【例 7－3】 识读图 7－6 地面铺贴图，并理解、掌握有关信息。

图 7－6 为本套装饰施工图的地面铺贴图，识读该图，应能了解如下信息：

本套住宅户型的室内建筑空间中除了厨房操作台以外其他平面均进行了材料铺装。考虑到客厅、门厅公共性较强，这些空间地面采用耐磨、便于清洁、尺寸为 800mm×800mm 的抛光地板砖来铺贴，厨房铺贴的是 300mm×300mm 的抛光地板砖。卫生间、阳台地面考虑到防水使用要求所以采用了防滑类地板砖来铺贴，规格为 300mm×300mm。卧室、书房为了营造温馨、舒适的空间气氛采用了实木地板拼装地面。卧室窗台采用了象牙白人造石板，厨房、卫生间与客厅之间的门洞过渡地面采用了金线米黄大理石来装饰。厨房、卫生间、阳台地面标高低于主体室内 20mm。接近地面的踢脚线在图中没有表示，但是在总设计说明中有所涉及。

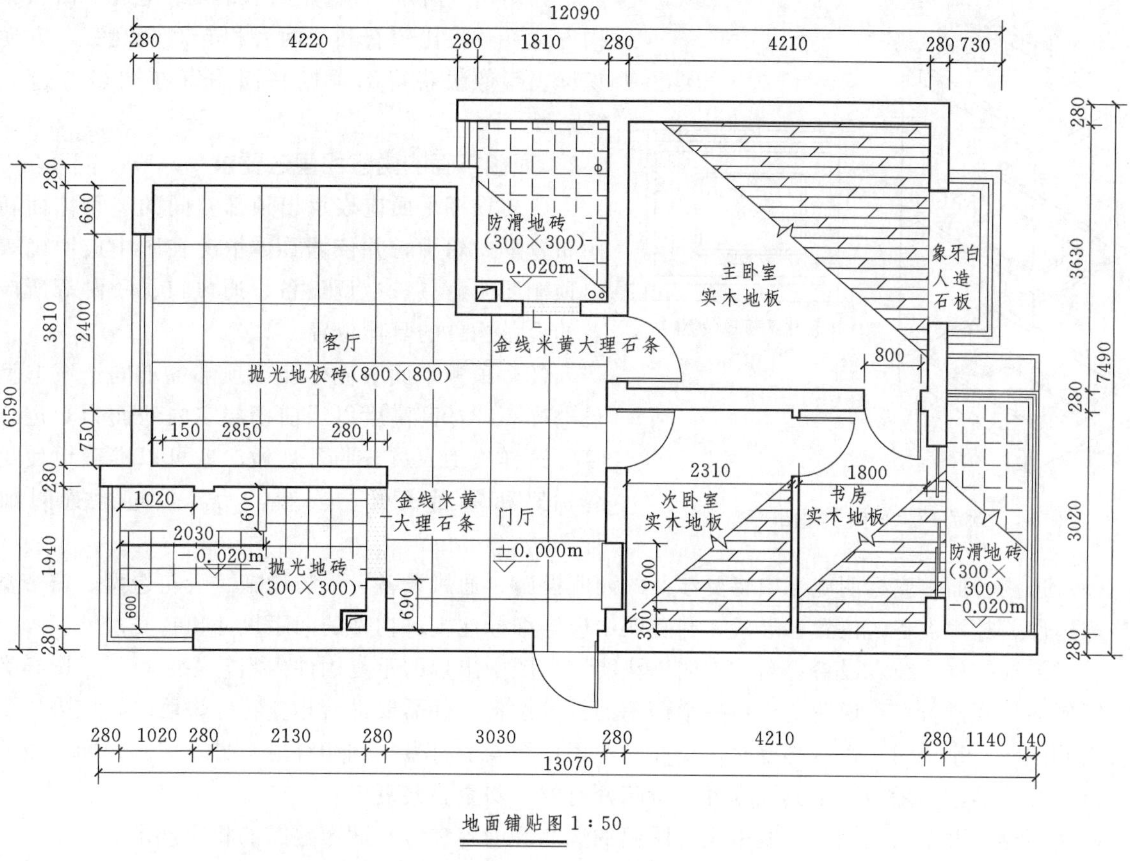

图 7-6 地面铺贴图（单位：mm）

课题三 顶棚平面图的识读与绘制

1 学习目标

了解顶棚平面图的识读原理；明确顶棚平面的主要内容；明确顶棚平面中常出现的符号的含义和要求；掌握顶棚平面的绘制过程；能正确绘制出顶棚平面。

2 学习内容

认识室内空间顶棚平面需要了解建筑顶棚平面的具体布置、顶棚装修构造的层次要求及材料要求等内容。在绘制顶棚平面时，绘图者要注意顶棚所出现的不同装饰（设备）构件、符号、引出线引出的文字说明、相应尺寸标注等内容。

顶棚平面又叫顶棚装饰平面、顶棚装修平面、天花平面图，它是室内空间装修时顶部空间进行不同界面和构件处理的反映结果。顶棚的装修可以分为悬吊式、直接式，悬吊式顶棚造型复杂，所涉及的尺寸、材料、颜色、工艺要求等的表达也较多，造价较高；直接式顶棚是利用原建筑主体结构的楼板、梁进行饰面处理，其造型、工艺做法等也较为简单，造价相对较低。

2.1 顶棚平面的形成（识读原理）

通常顶棚平面是采用镜面投影法获得的镜像图。当顶棚平面形成时，假设承影平面不是一般的水平地面而是一面水平镜子，和平面图一样假设某一高于窗台、低于窗洞上表皮的水平剖切平面对建筑整体进行了剖切，此时顶棚空间状况被投影到镜面上，向下投视的结果就得到了顶棚平

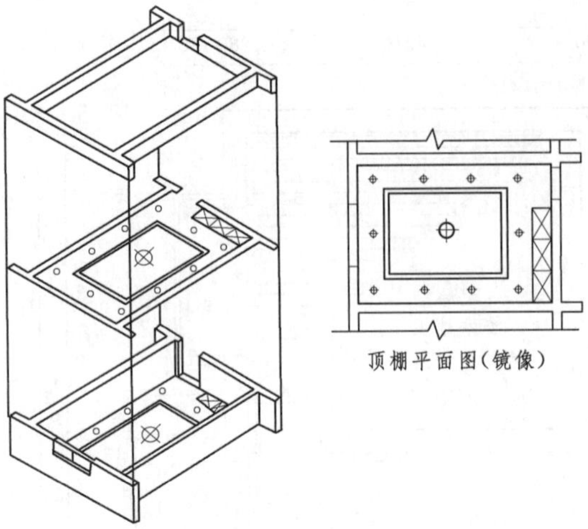

图7-7　顶棚平面图

面，如图7-7所示。顶棚平面图与原建筑平面图的结构方位一致，比较有利于两者相互对照观察，方便了识读。镜像法获得的顶棚平面图宜在图名旁边注明“镜像”字样。

2.2　顶棚平面的内容和画法要求

（1）顶棚平面应表示出顶部空间的造型体面转折的布置形式轮廓，并依据具体情况在图中应明确表示出顶棚照明灯具、空调设备、通风口、喷淋等所应涉及的设备构件的具体位置。

（2）顶棚平面中应标注出顶部各不同迭级造型部位的标高，标高高度以当前楼层室内地面为0进行计算。这样施工人员按照常规做法就可以准确地使用龙骨构架和罩面板就位安装，无需更过地查阅细部详图。

（3）顶棚平面中应标明施工中将要涉及的照明设施、通风设备、消防设施、天花造型、窗帘盒等各装饰构件、技术设备的位置、形式，并且图中应详细标注主体构件的间距尺寸、自身尺寸。

（4）装饰构件、技术设备等名称应明确注明，当图中出现的重复构件内容较多时可以在图样旁边采用图例的形式进行名称说明。当顶棚平面中的技术设备构件需要进行相应特殊说明时，应采用引出线引出并注明文字说明。当有必要时，应在图中用详图索引符号（剖切符号）另外引出说明。说明文字、尺寸标注等应尽量与图中其他内容保持疏密有致，勿重叠繁复。

（5）顶棚平面中的比例、图线采用、图幅的选取等内容参考平面布置图的相应规定。

2.3　顶棚平面的绘制步骤

（1）选择合适的比例，确定图纸图幅。

（2）绘制图中的建筑的主体结构、固定设施和构件，门洞口可以省略表示出其门的形式。

（3）绘制顶棚各层级造型的轮廓线、灯具设施（暗藏灯槽的表示可虚线表示出）、通风设备设施。

（4）绘制图中有关的尺寸标注、文字标注，根据具体情况绘制可能出现的剖切符号、详图索引符号，进行文字说明、图例说明。

（5）加粗整理图线，整合全图情况，并查漏补缺。

3　学习情境（工作任务）：识读、绘制住宅顶棚平面图

【例7-4】　识读图7-8顶棚平面。

本住宅室内空间的客厅、门厅、主卧室顶部均采用了常规的石膏板吊顶做法。原室内空间净高为2.8m，客厅、门厅、主卧室吊顶标高2.580m，则可以得知其吊顶高220mm。次卧室空间吊顶高200mm。厨房、卫生间的顶部采用每条宽为120mm的铝扣板吊顶，高为250mm，阳台采用同样铝扣板吊顶高220mm。客厅吊顶的四周藏有灯带槽，中央顶部设有起到空间统一作用的吊灯，沿窗户位置设有窗帘盒。门厅、餐桌上空吊顶沿墙部位也设置有暗藏灯槽，其距墙空隙200mm。主卧室、次卧室、书房、阳台顶棚中央均设有吸顶灯一个，规格大小和品牌可以由业主自定。主卧室、书房顶棚部分位置也设有暗藏灯槽。卫生间顶棚设有浴霸和排风设备各一个，厨房顶棚设有射灯照明。顶棚空间中各构件详细尺寸如图7-8所示。

【例7-5】　识读图7-8顶棚平面图，并学习绘制顶棚平面图。

确定图纸图幅和绘图比例之后，绘制步骤如下。

步骤一：绘制建筑主体结构，通顶固定家具设施的形式（图7-9）。

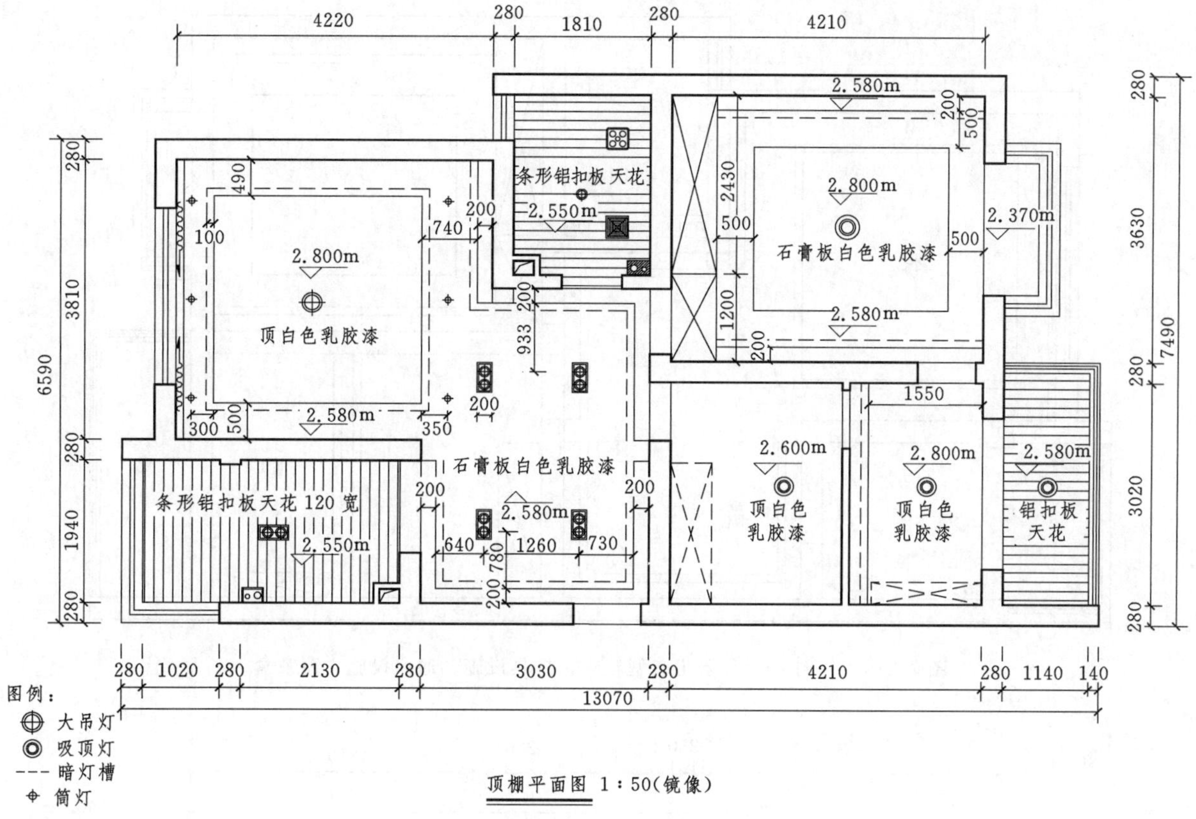

图 7-8　顶棚平面图（单位：mm）

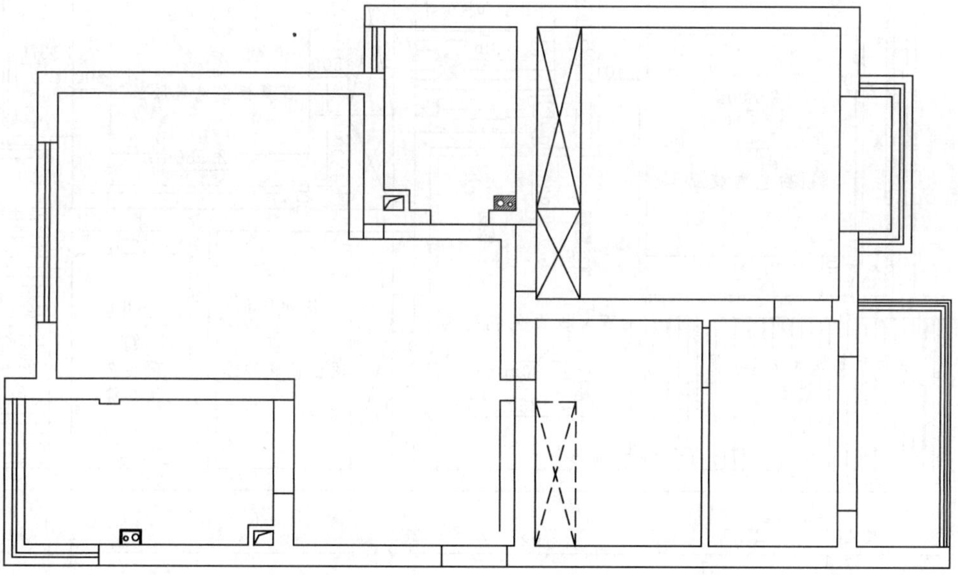

图 7-9　［例 7-5］建筑主体结构

步骤二：绘制出天花造型轮廓、相应的灯具设施、通风设施、窗帘盒（图 7-10）。

步骤三：做相应材料说明，绘制简单材料分格线，绘制出相应的文字说明、图例说明、尺寸标注、标高、相关图例符号，注写图名、比例（图 7-11）。

至此，本项目的平面图、地面铺贴图、顶棚平面图典型工作就基本完成了。由于建筑装饰施工图是一整套系统的装修空间状况表现图纸，其中涉及正投影、构造、相关制图符号和规范的要求的知

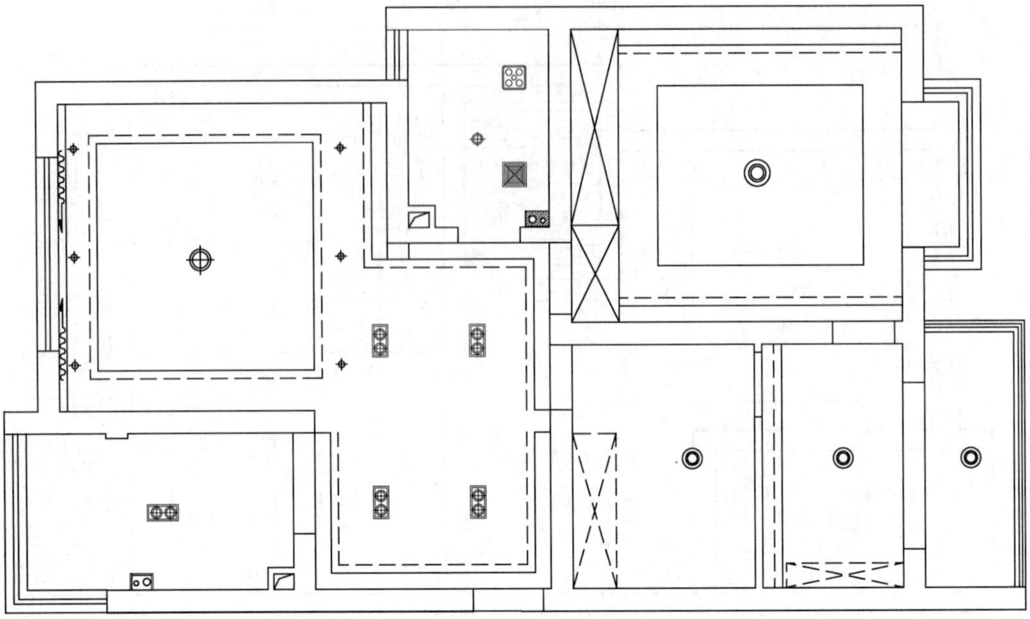

图 7-10　[例 7-5] 天花造型轮廓、灯具设施、通风设施、窗帘盒

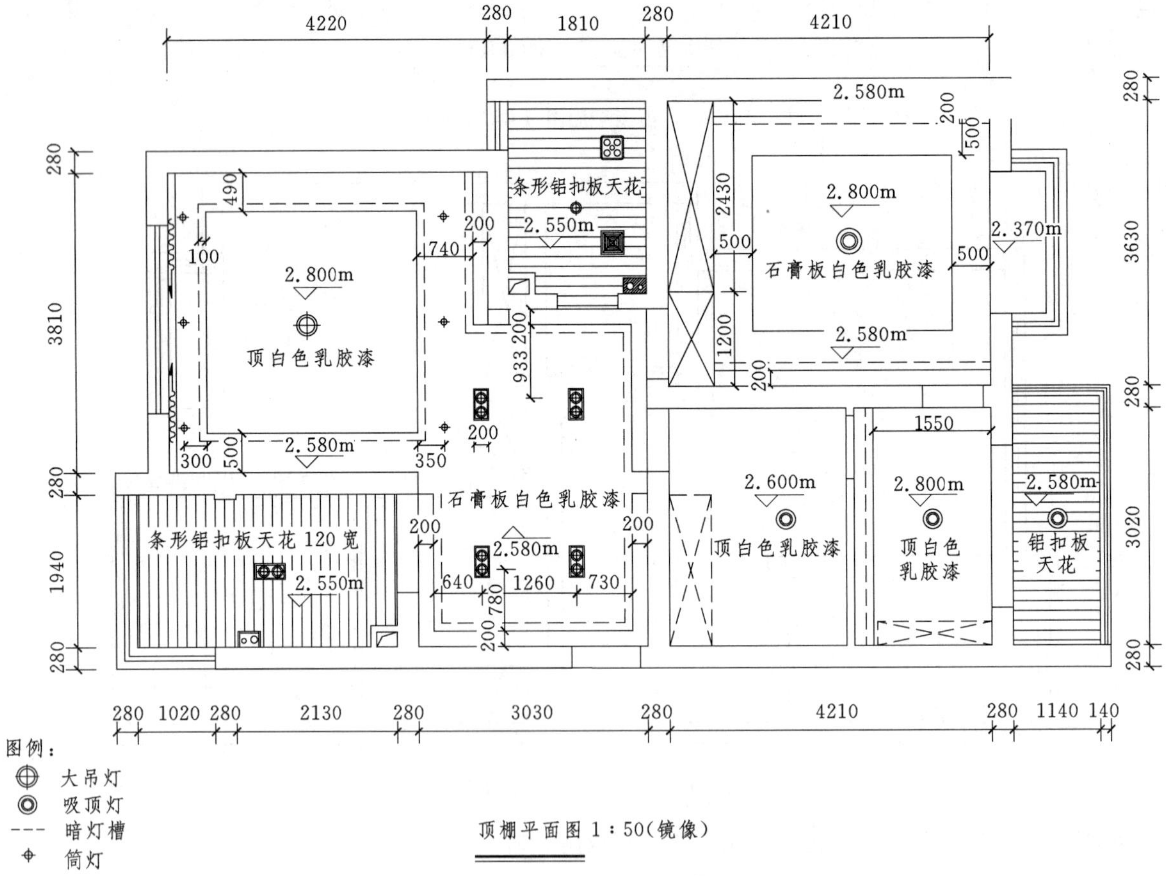

图 7-11　[例 7-5] 顶棚平面图（单位：mm）

识。在进行任务总结的时候，应在注重相关知识的基础上将同一空间中的有关图纸进行相互对照，观察看看各张图纸之间的关联情况如何。

课题四　室内立面图的识读与绘制

1　学习目标

了解室内立面的识读原理；能正确识读室内立面图中的有关内容；掌握常规立面图的画法要求；掌握立面图的绘制过程；能正确绘制出立面图。

2　学习内容

立面图是有关表示某视向方向上墙面界面装饰装修做法的图样。建筑外立面装修往往采用外视立面图表示，而室内装饰施工往往采用内视立面图表示（本项目中的立面均属于此类）。

2.1　立面（剖面）图的识读原理

装饰立面图的作用是反映对应墙面的装饰造型、饰面材料处理等相关内容。室内立面图的实质其实就是建筑内部某墙面向平行于墙面的投影面上所作的正投影图，如图7-12所示。

常见的装饰立面图有三种表示方法。第一种表示的结果其实质是剖立面，即立面中表示有剖切内容；第二种方法是根据绘制的需要省略表示立面中顶棚、左右墙体部分内容，省略内容的构造做法将在设计说明或其他地方进行表示；第三种方法是假想沿室内内墙角依次展开各个墙面的装饰效果，其实质是立面展开图。实际绘制时，可以根据具体情况采用任何一种表示方法表示立面。

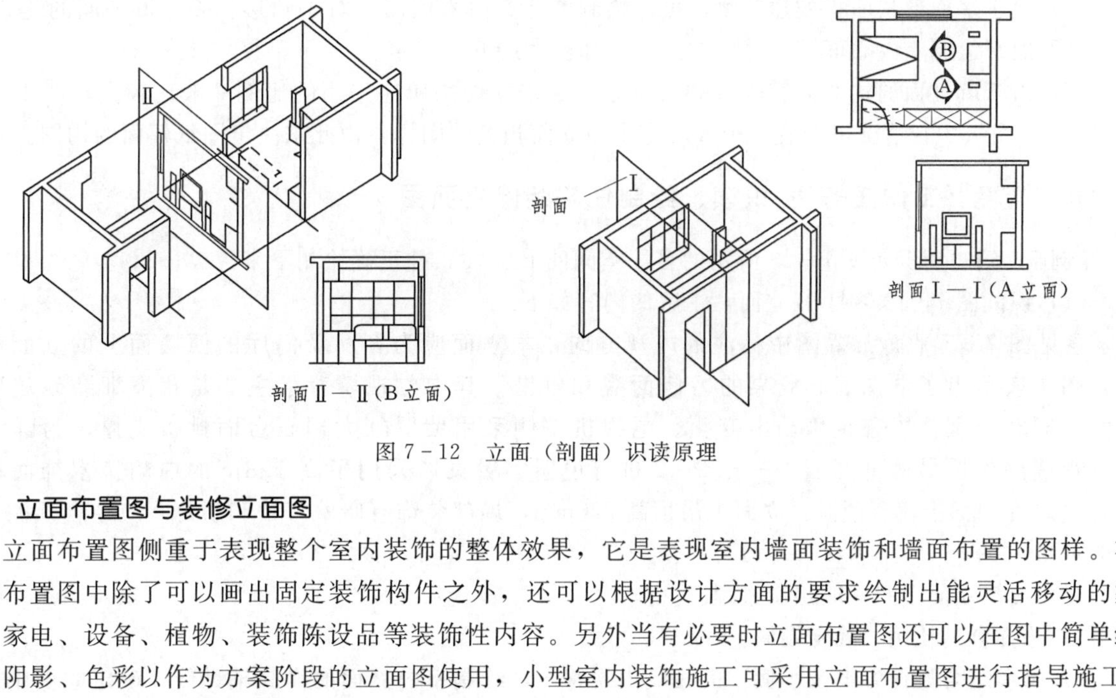

图7-12　立面（剖面）识读原理

2.2　立面布置图与装修立面图

立面布置图侧重于表现整个室内装饰的整体效果，它是表现室内墙面装饰和墙面布置的图样。在立面布置图中除了可以画出固定装饰构件之外，还可以根据设计方面的要求绘制出能灵活移动的家具、家电、设备、植物、装饰陈设品等装饰性内容。另外当有必要时立面布置图还可以在图中简单绘制出阴影、色彩以作为方案阶段的立面图使用，小型室内装饰施工可采用立面布置图进行指导施工，大型室内装饰项目宜采用装修立面图指导施工。

装修（装饰）立面图侧重于表达墙体的固定装饰及其材料的做法方面的内容，它将明确地指导装饰施工。在装修立面图中不宜出现色彩效果、阴影表现等内容。

2.3　立面图的命名与内视符号

装饰施工图中内视符号与立面图密切联系在一起，在平面布置图中出现的对应于某位置、某视向的内视符号将引出相应位置墙面的立面图。

立面图的命名方式较多，应根据具体情况灵活采用一种命名方法。立面图的名称可以根据平面图中内视符号的编号或字母确定。当室内装饰装修工程中绘制有墙体定位轴线、轴号时（一般大型项目常常如此），也可以根据两端定位轴线号编著立面名称，如①～⑦立面图。立面图还可以以某房间为中心的东西南北四面方向来确定名称，如称为客厅东立面图等。另外若墙面上装修有主导装饰构件或承担某主要功能的立面，其立面可以直接以功用性名称来命名，如客厅电视墙立面图、客厅沙发墙立面图等。

2.4 立面图一般所包含的内容及要求

装修立面图应清晰、明确、内容大小合适地表达出装修施工的有关各项内容，其详细规定有以下几项。

（1）室内立面图应包括投影方向上可见的室内轮廓线和装修构造、门窗、构配件、立面墙面材质、固定家具、灯具、必要的尺寸和标高及主要的非固定家具、灯具、装饰物件等。

（2）立面图中应画出投影方向上墙面装饰装修构件的设计形式、划分、装修层面转折等内容，并需在有必要时用引出线和文字注明装饰构件的名称、工艺施工要求等内容。立面中多种装修构件、装修材料的注明引出线的画法可以参考剖面中多层构造公用引出线的画法。

（3）小型装饰项目中立面图应表明墙、柱建筑结构与顶棚吊顶的连接构造，吊顶高度，及其造型构造的尺寸关系。室内立面图的顶棚轮廓线可以根据具体情况只表达吊平顶或同时表达吊平顶和结构顶棚。

（4）立面图中应标明相应装修构件的定位尺寸、定形尺寸。

（5）对于立面图中需要进行详细表达的局部装修构件、构造断面处，应表示出详图索引符号、剖切符号，并另外局部放大绘制。

（6）对于平面形状曲折的建筑物，可以绘制展开室内立面图。对于圆形、多边形平面的建筑物，可以分段展开绘制室内立面图，并应在图名后加注“展开”二字。

（7）由于墙柱面的构造内容较多和较复杂，装修立面图所应采用的比例一般比较大，如1：50、1：30等。图纸中视情况可布置一个或者多个与立面相关的图样，由此来决定图纸幅面的构图。

3 学习情境（工作任务）：识读、绘制住宅装修立面图

【例7-6】 请识如图7-13所示的客厅空间的B立面，并正确绘制下来。

（1）识读图7-13客厅B立面，了解的内容如下。

参见图7-5平面布置图中标注的内视方向，本立面应为客厅及门厅的西墙面上的立面布置图，图中表示出了电视墙、餐桌的装修面貌和效果。其中电视墙背景主要是背漆细磨砂玻璃做界面，同时个别位置有装修凸出变化。电视机下侧采用紫罗红大理石台面挑板支撑，为详细交代电视墙的构造另通过剖面1—1、2—2进行说明。餐桌墙采用了高1.3m的白胡桃木饰面板装饰，同时在墙面上留有凹洞。立面中吊顶高220mm，局部装饰有暗藏灯槽和射灯，应结合顶棚平面详细对照。

（2）装修立面图的一般绘制过程。

1）选择合适比例、确定图幅。

2）参考结合设计方案及平面中的相应内视符号，绘制室内立面的净高辅助线，确定立面中应该表达出的上下之间、左右之间的界定。

3）在图中绘制立面中应投影出现的装饰构件，如墙面上的装修界面轮廓和分格、固定设施、灯具位置等内容。

4）标注必要的构件位置尺寸、自身尺寸、标注必要的详图索引符号或者详图剖视索引符号、引出线、说明文字等。

5）注写图名、比例，加粗整理整图图线，做查漏补缺工作。

（3）本例客厅B立面主要绘制过程。确定图纸图幅和绘图比例之后，绘制步骤如下。

步骤一：绘制本立面原净高2800mm、左右墙面间6310mm控制辅助线，在图中画出电视墙和餐

桌相邻墙面装饰构件结构、踢脚线、墙洞、窗帘盒、顶棚构造层次等的投影轮廓线，如图 7－14 所示。

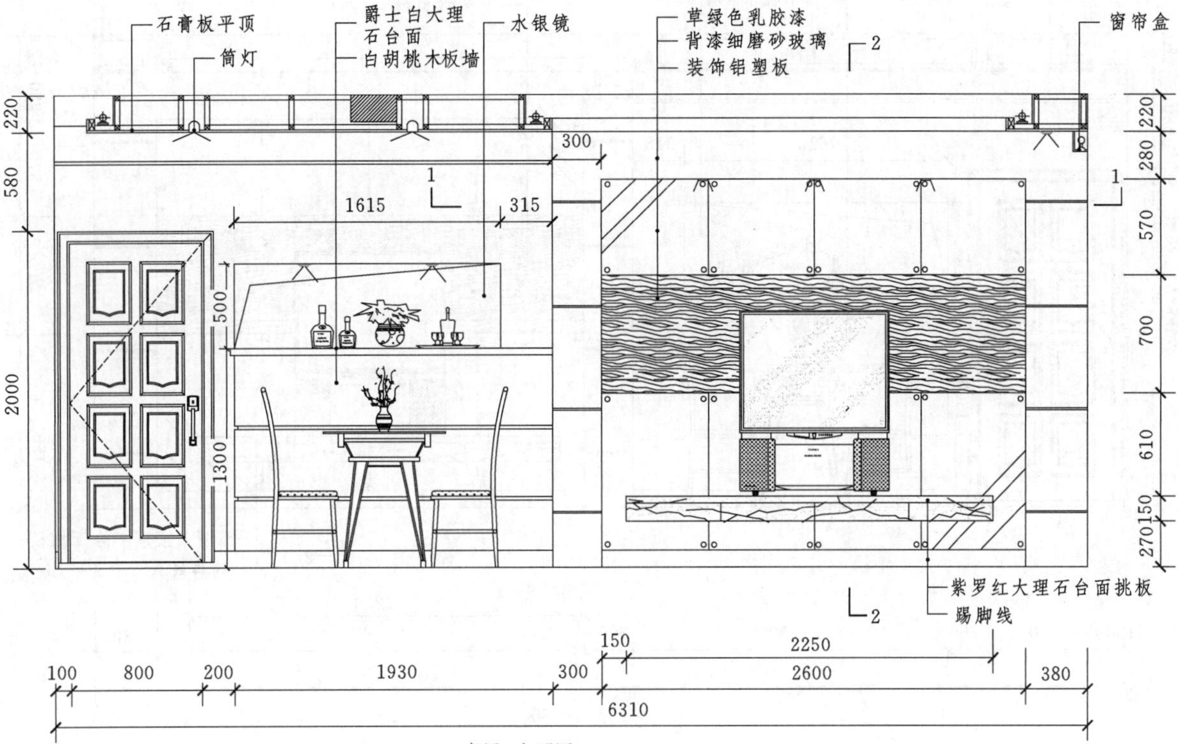

客厅B立面图 1：30

图 7－13　客厅 B 立面图（单位：mm）

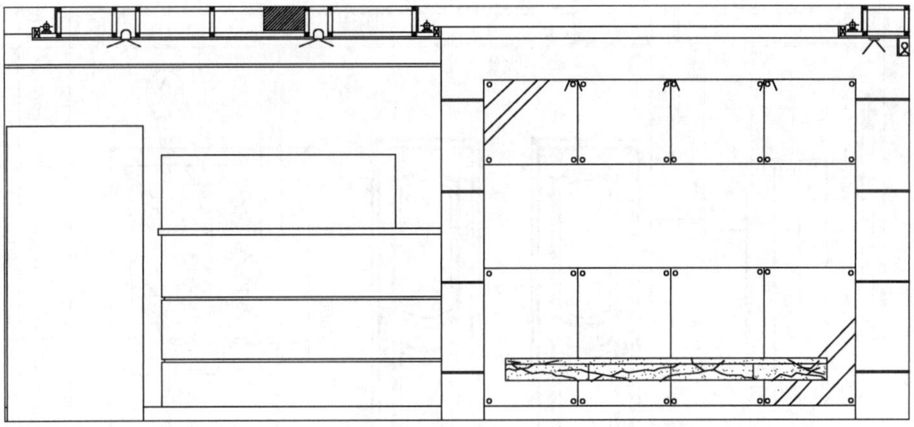

图 7－14　［例 7－6］客厅 B 立面绘制步骤一

步骤二：表示必要的材质分格、引出线引出文字说明，做出装修尺寸标注，画电视墙的相关剖切符号。绘制出家具、灯具、陈设等内容。

步骤三：注写图名、比例，整理图线，把握整体立面图情况，做查漏补缺。如图 7－15 客厅 B 立面图（放大）所示。

（4）按［例 7－6］步骤和方法，试完成客厅 C 立面图，参考图示如图 7－16 所示。

请将图 7－13、图 7－16 与图 7－8 顶棚平面图、图 7－5 平面布置图进行认真对照，看看能否在统一建筑装饰空间中将各图统一起来，并想象、理解建筑装饰空间中的实际装修效果在立面图中的反映。

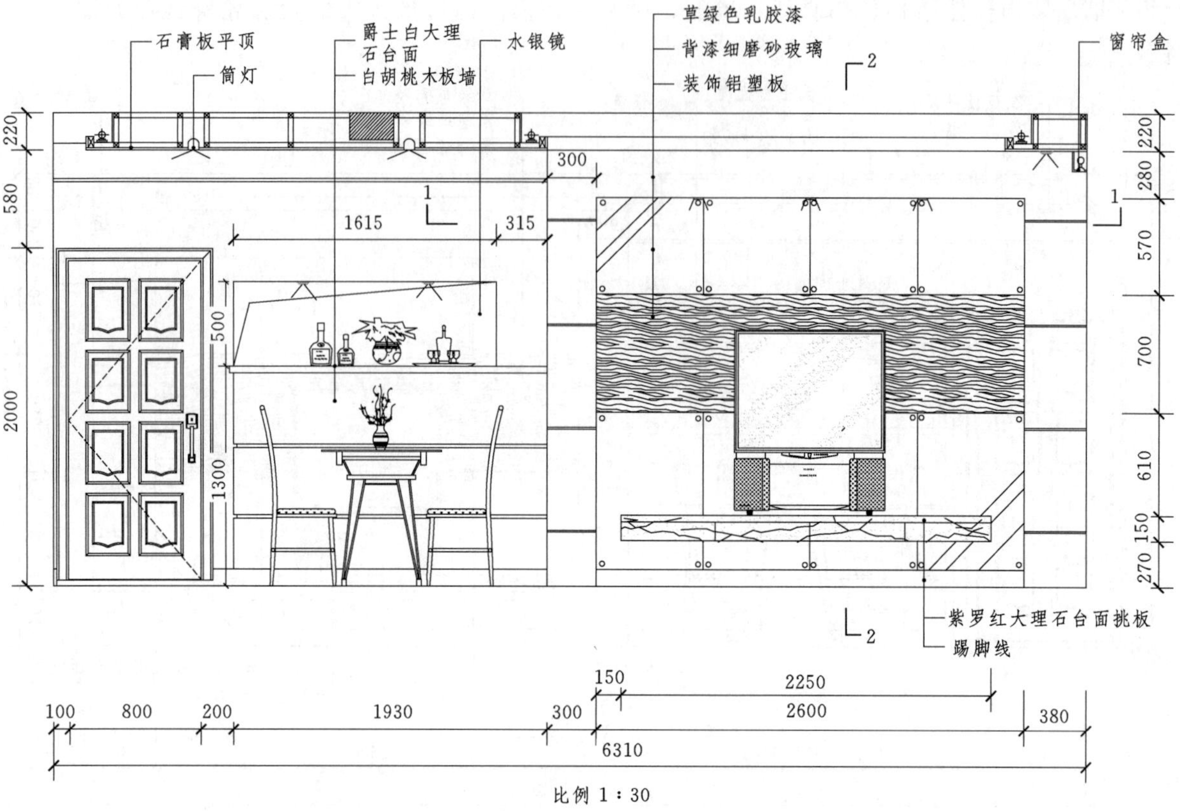

图 7－15　客厅 B 立面图（放大）（单位：mm）

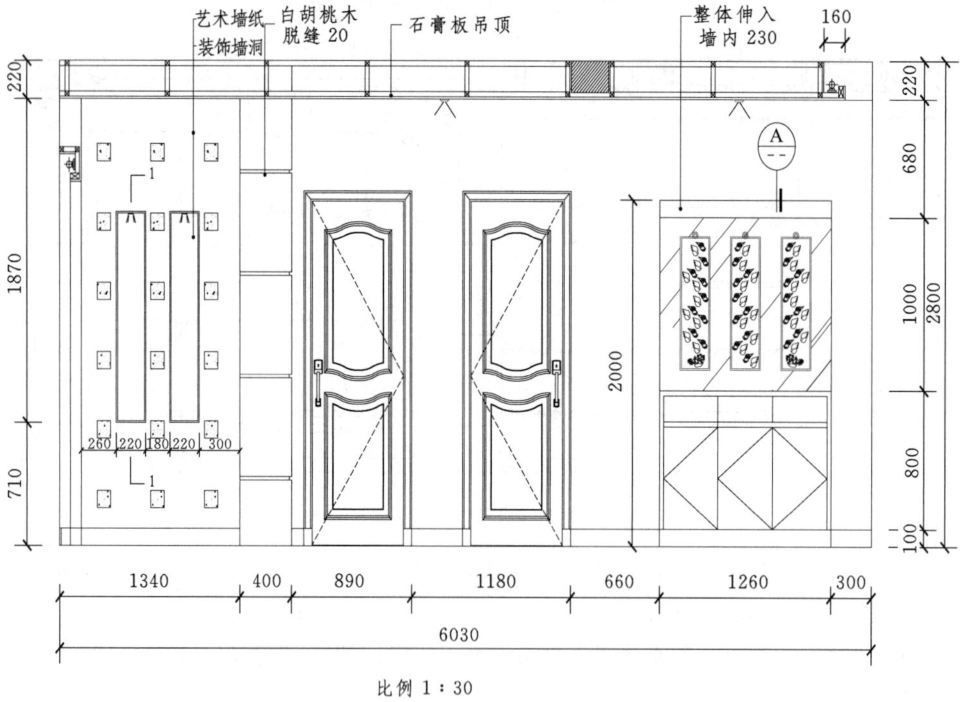

图 7－16　客厅 C 立面图（单位：mm）

课题五　室内剖面图的识读与绘制

1　学习目标

了解室内剖面的识读原理；能正确识读室内剖面图中的有关内容；掌握常规剖面图的画法要求；掌握剖面图的绘制过程；能正确绘制出剖面图。

2　学习内容

装饰剖面图的原理是用假想平面将室内某装修空间垂直剖切开而得到的正投影。剖面可以是剖视图，也可以是仅表示剖切内容的图样。剖面应以表达装饰断面层次上的装修层次构造、材料为主要目的。

2.1　剖面图的主要内容及要求

（1）图中应表示出剖切到的建筑构件、装饰构件的基本结构层次，应表明装修结构与建筑结构、结构材料与饰面材料之间的构造关系。

（2）剖面图应标注出主体结构、装修层次的有关尺寸或标高。

（3）剖面中应以图示或引出文字说明方式标明装修结构与主体结构之间的衔接尺寸和连接方式，并应标明装修结构上设备安装方式或固定方法，应说明装修构件名称及特殊工艺做法。

（4）剖面中应标明剖切空间内可见实物的位置、形状。

（5）剖面中不易表达的详细构造应另用索引符号引出节点详图表示。

（6）剖面中顶棚构造内容若另有详图能说明或文字说明则可以简单表示，非主要表达的剖面内容也可用折断线符号省略表示。

（7）剖面图往往同相关立面、详图一起布置在图纸中，其所应采用的比例、图幅可视具体情况而确定。

2.2　剖面图的绘制过程

一般来讲，剖面图的绘制过程如下。

（1）对照相关图样，准备绘图环境，选择合适比例。

（2）绘制出剖面主体结构、装修构件的构造层次、投影轮廓。

（3）标注装修构件尺寸、标高，并用引出线、注明文字说明需进行施工交代的重要的剖面层次的构造，表示出相应的材料，标注必要的图例、符号。

（4）注写图名、比例，整理图线，做绘图总体检查工作。

3　学习情景（工作任务）：识读、绘制剖面图

【例 7－7】 请识读如图 7－17 所示的电视背景墙剖面图，并正确绘制下来。

（1）识读图 7－17 中的剖面 2—2 可了解如下信息。

本剖面主要表现客厅电视墙装修构件层次，剖切位置详见图 7－13。从剖面 2—2 中可以看出放置电视机的大理石台面板出挑 500mm，高于地面 420mm，厚度为 40mm（以伸入墙内 $\phi12$ 的钢筋支撑），下设可以放置杂物的抽屉，抽屉的饰面也采用了紫罗红大理石质地的饰面板，总高 150mm。电视机背景墙主体采用 10mm 厚背漆磨砂玻璃装饰并以广告钉固定装饰到墙面上，凸出于背漆玻璃装饰面的是高约 700mm 且带有 9 厘板基层的装饰铝塑板，其厚度为 160mm，且内暗藏灯带。悬挂式吊顶顶棚空间设有暗藏灯带及射灯，石膏板吊顶有 220mm 高，其他详细尺寸和装修界面

详见图中。

（2）参考绘制图 7－17 中剖面 2—2 步骤。

步骤一：确定绘图比例为 1：15，准备绘图环境。

步骤二：根据客厅 B 立面中 2—2 剖切符号的指向大致判断出剖面中左侧应为墙体、右侧应画出电视墙装饰装修构件。绘制被剖切到的建筑墙体主体结构、绘制被剖切到的顶棚和墙面上装修构件的构造层次，绘制宽约 180mm 的装饰柱板投影轮廓，如图 7－18 所示。

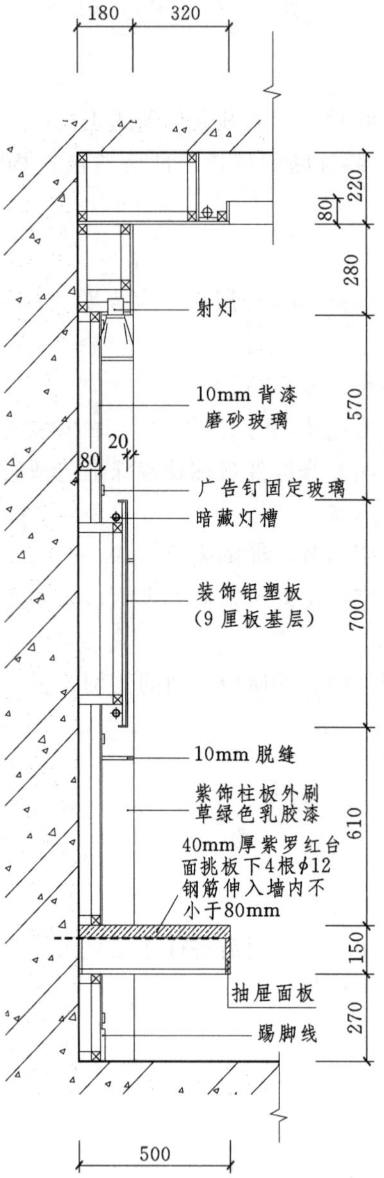

图 7－17　剖面 2—2（单位：mm）

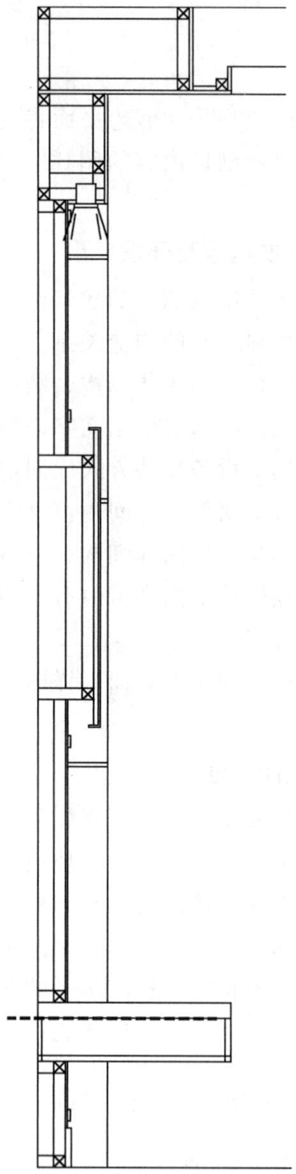

图 7－18　［例 7－7］电视背景墙剖面图绘制步骤二

步骤三：绘制剖面构造细部，用引出线引出必要的装修构件名称、施工做法文字说明，标注主要装饰构件定位控制尺寸或标高、必要的符号，如图 7－19 所示。

步骤四：表示出必要的材质。如图 7－20 所示。

步骤五：注写图名、比例，整理图线，做查漏补缺工作。

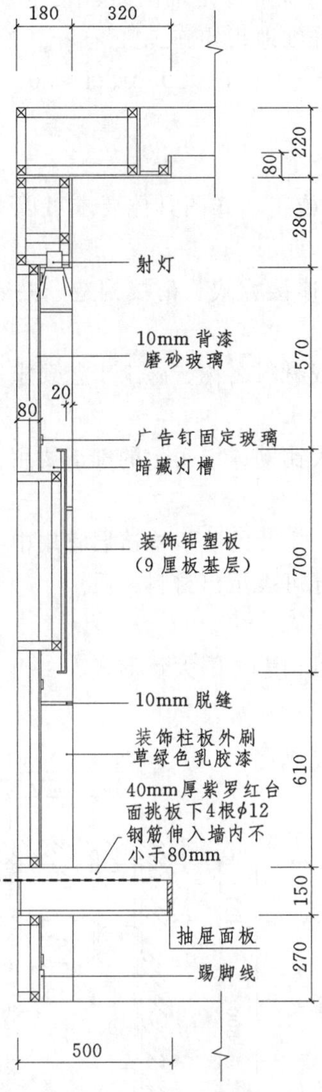

图 7-19 ［例 7-7］电视背景墙
剖面图绘制步骤三（单位：mm）

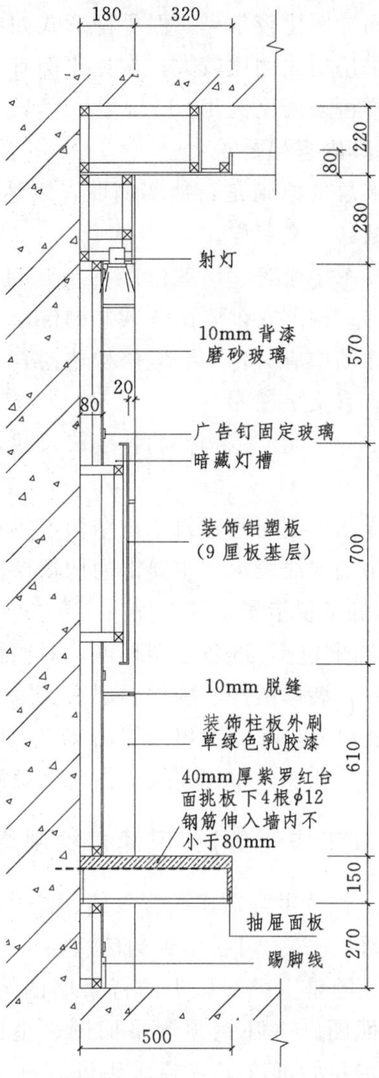

图 7-20 ［例 7-7］电视背景墙
剖面图绘制步骤四（单位：mm）

课题六 详图的识读与绘制

1 学习目标

理解详图的意义；明确装饰施工图中详图的要求、基本内容；掌握详图符号的画法要求；掌握一般详图的绘制过程；能正确绘制出一般的装饰施工图中的详图。

2 学习内容

2.1 详图的意义和形式

在装修立面图、剖面图中，有时由于受到图纸幅面、比例或投影方向的限制，无法详细、清楚地表达装饰构件、装修细部、特殊位置节点等内容。为了不给施工带来交待不清楚的问题，需要以另外再放大的形式来绘制细节的图样，即装修详图。

详图可以包括墙面装饰详图、顶棚详图、节点详图、装修构配件详图、地面装饰详图等类型。详图从形式上来看可以是平面图、立面图、剖面图、断面图，也可以是轴测图、大样图、构造节点图。诸多形式中剖面详图比较常见，但不论形式如何都是为了详细地指导施工。

详图一般采用的比例比较大。常见比例有 1∶5、1∶10、1∶15、1∶20、1∶30、1∶50 等，一些节点详图、大样可采用比例 1∶1、1∶2。

2.2　详图的基本内容和要求

对详图要求总的原则是：翔实简明，表达清楚，满足施工。详图具体要求可以总结为“三详”，即图形详、数据详、文字详。

（1）剖面详图中应表示出装修结构与建筑结构之间的连接方式、衔接构造，并表示出各装修层面、装修造型的结构形式，画出各装修构件。

（2）剖面详图中应对各主要装修构造层表示出其材料或材料名称、施工工艺要求等，必要处用引出线引出，并应有文字说明。

（3）详图中应标明装修构件的各装修尺寸，需再次放大比例详细表示的细部要用详图索引符号引出详图。

（4）剖面详图中剖切到建筑主体结构宜用粗实线表示，主要的装修构造层宜用中实线表示，其他投影轮廓线应用细实线表示。主要剖切构造层次视比例情况可表示出材料材质。

2.3　绘制详图的主要步骤

（1）确定详图比例，准备绘图环境，对照详图索引符号构思详图大致形式。

（2）绘制主要装修结构、构件的层次。

（3）作必要尺寸标注、引出线引出文字说明。

（4）注图名、比例，整理图线，做查漏补缺工作。

3　学习情景（工作任务）：识读、绘制详图

【例 7－8】 识读主卧室床头背景墙详图并学习绘制。

（1）识读图 7－21，可了解到的信息如下。

本详图表示的是主卧室床头的背景墙的装饰构造内容，结合主卧室平面图、主卧室顶棚平面图、主卧室床头墙立面等有关图样，我们可以了解到床头设有高 900mm、宽为 200mm 且含有暗藏灯槽的以胡桃木饰面的装饰构件。背景墙材料主体采用带有基板的浅米色亚麻布进行软包装饰，厚度为 40mm，其中每隔 500mm 以钢砂压条固定。卧室的顶棚采用石膏板吊顶吊高 220mm，其他详细尺寸如图中所示。

（2）参考绘制图 7－21 的步骤如下。

步骤一：准备绘图环境，确定绘图比例为 1∶15，对照主卧室顶棚平面、平面布置图、有关立面构思大致详图形式。

步骤二：绘制建筑墙体、顶棚、墙面装饰构件的层次，如图 7－22 所示。

步骤三：标注装修尺寸、用引出线引出并注写文字说明，表示出必要的材质，画出要另见详图的详图索引符号，如图 7－23 所示。

步骤四：注图名、比例，整理图线，做查漏补缺工作，如图 7－21 所示。

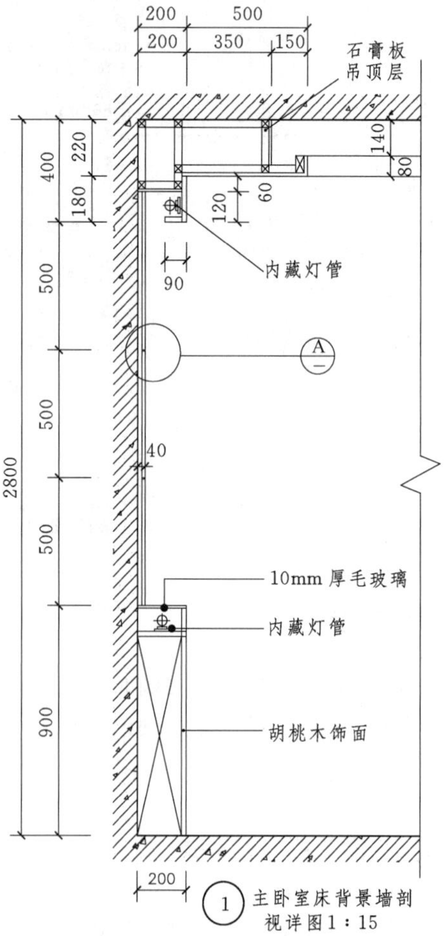

图 7－21　主卧室床头背景墙详图（单位：mm）

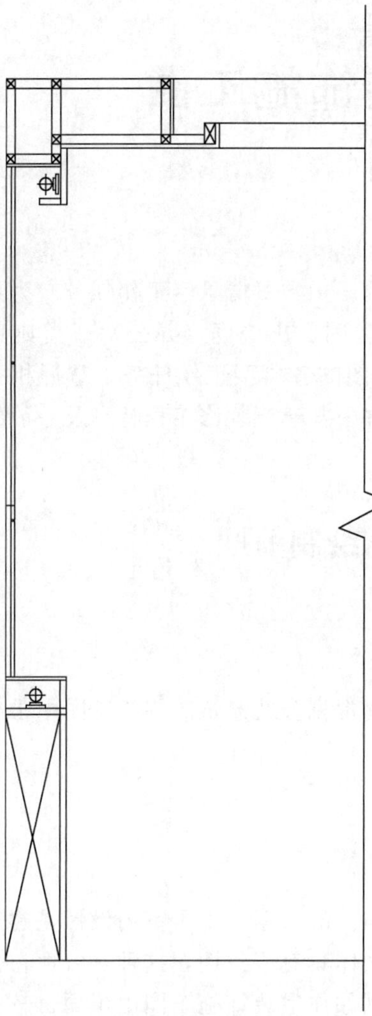

图 7－22　［例 7－8］主卧室床头背景墙
详图绘制步骤二

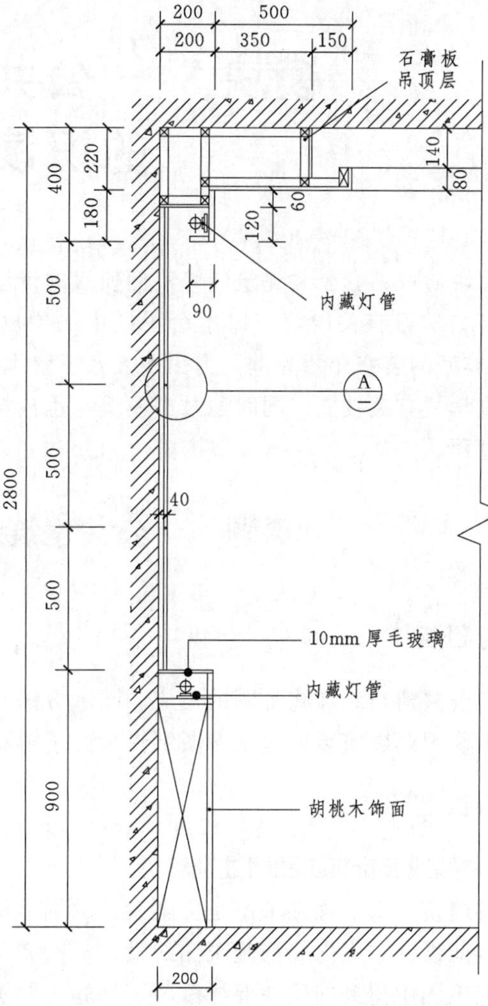

图 7－23　［例 7－8］主卧室床头背景墙
详图绘制步骤三（单位：mm）

模块8　公共建筑装饰施工图的识读与绘制

本模块通过一套公共建筑装修实例项目的识读介绍，以课题——学习情景（工作任务）为组织方式展开组织学习有关内容，以本套图纸中的中庭（大堂）、卫生间、小法庭（办公）三类典型房间（空间）类型的装修介绍为例，力图使大家了解本装修项目施工图的各典型工作任务，掌握相关知识点并侧重学习有关技能。同时通过本模块，也让学习者初步了解公共建筑装修工程特点及一般的施工图绘制过程。

课题一　公共建筑装饰施工图绘制前期

1　学习目标

了解公共建筑装饰施工图的组成、图示方法和特点；能识读常见公共建筑装饰施工图中常出现的图例；正确识读建筑装饰施工图图纸目录并了解相关内容信息。

2　学习内容

2.1　公共建筑装饰施工图概述及特点

公共建筑装饰工程施工图是方案设计的细节深入，是指导施工的依据。由于室内设计是建筑设计的二次空间设计，室内装饰施工图的设计与绘制与建筑施工图大体具有一致性，这种一致性在公共建筑装饰施工图中得到的反映要比家装装饰施工图更明显一些。例如住宅装饰施工图由于项目较小，其施工图的绘制量也往往少于大中型公共建筑装饰施工图，所以一些子专业（如水、暖、电、园林）类型图纸可以一起汇总到住宅装饰施工图中去。但是公共建筑装修涉及的装修内容繁多，同建筑施工图类似，公共建筑装饰施工图宜按照装饰、电器设备、给排水等专业分类来进行施工图的分项绘制和表示。

在设计装饰施工图时应注意其严肃性、复杂性、精确性、逻辑性的总体特点。公共建筑室内装饰施工图在绘制时还应注意以下几个特点：施工图表现的对象均应按照投影的绘制原理进行绘制，室内装饰施工图以内视方向进行投视；当公共建筑装修面积大、房间多、柱网较为复杂时，宜在图中标明主要位置的柱网编号；当需要室内标注标高时，标高应以装修完毕之后当前楼面为±0.000；装饰施工图中的常规家具设施、灯具位置、及某些细节尺寸不必详细标注，因为这些可由施工人员根据施工经验现场定夺。其他绘制特点可参考家装施工图。

2.2　公共建筑装饰施工图一般主要内容

2.2.1　正规的装修施工应包含的相关文件

装修工程招投标文件及委托协议书、装修工程项目清单及工程预算书、装修材料清单及使用说明、装修等级风格及装修要求说明。这些基本文件是装修设计的依据，也是必不可少的技术资料。

2.2.2　装饰施工设计中的基本工程图样

建筑装饰专业工程施工图应按照《建筑制图标准》（GB/T 50104—2001）、《房屋建筑制图统一标准》（GB/T 50001—2001）绘制，其应包括的内容有：图纸目录、设计总说明、装饰材料表、建筑装修平面图（其中按照工程具体情况可以分为平面布置图、地面铺装图、顶棚平面图等类别）、立面图（按照工程具体情况又可以分为立面布置图、立面装修图、立面展开图等类别）、剖面图（按照工程具体情况又可以分为剖立面、局部剖面图、断面图类别）、装修详图（按照工程具体情况又可以分为节点构造详图、顶棚详图等类别）等。

其他有关专业设备工程图有：电气设备工程图，包括照明用电布线图、控制开关及插座布置图等；给水排水设备工程图，包括给水排水管网图、消防图等；供热、制冷及燃气设备图，包括管网系统图及相关设备装修工程图；室内景观工程图，根据具体工程包括室内绿化工程图、室内水体工程图等。这部分内容，本书不作叙述。

2.3　公共建筑装饰施工图常见图例

常见门窗图例及家具、设施图例见表7-1、表7-2，其他各类公共建筑部分常见图例见表8-1。

表8-1　　各类公共建筑图例

序号	名　称	图　例
1	桌子、组合家具	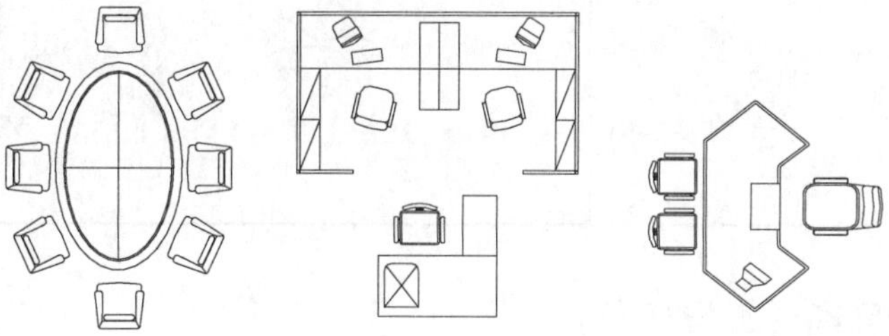
2	坐椅、坐凳	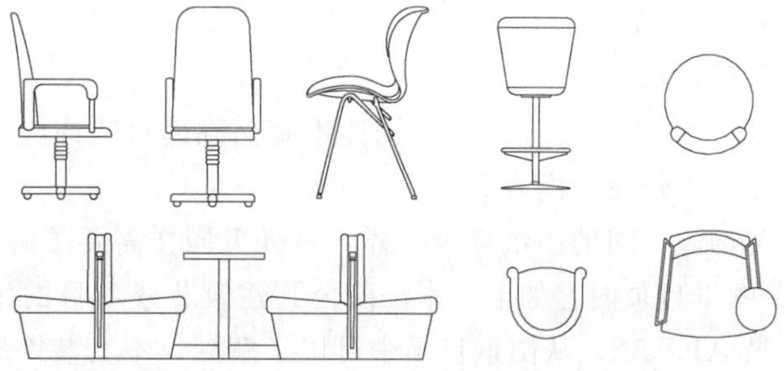
3	灯类	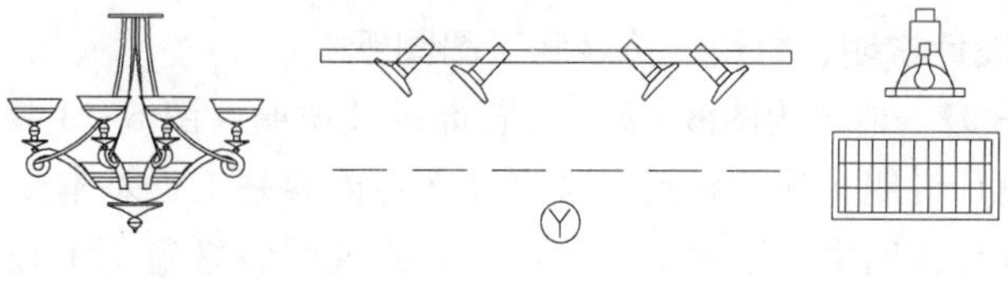
4	孔洞、检查孔、送风口	
5	柜类	

续表

序号	名　称	图　例
6	地面拼花	
7	公共标徽	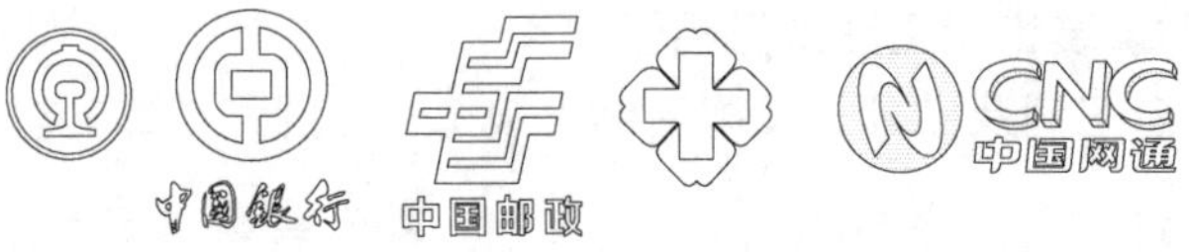
8	植物	

3　学习情景（工作任务）

本项目实例为某法院室内装饰施工图，其室内进行装修的建筑面积约 2080m²，楼层分上、下两层。

3.1　识读图纸目录

【例 8－1】 如图 8－1 所示，请识读本套法院建筑装饰施工图图纸的图纸目录，并了解其中有关的知识，读懂图纸目录的内容。

同住宅装饰施工图的图纸目录一样，本任务同样需要了解图纸目录中有关各张图纸的详细信息。识读图 8－1 图纸目录内容如下：本法院公共建筑装修项目的施工图图纸目录一共 2 页，图纸 45 张，图幅基本上是 A1、A2。从图纸目录中可以了解到，本套装饰施工图将要绘制的装饰图纸涉及的房间（空间），依照重要程度依次有大法庭、中庭（门厅）、中法庭、男女卫生间及更衣室、A 和 B 小法庭、一层和二层走廊等，要进行装修的建筑内部空间有两层，内容较为繁多。

3.2　识读设计说明、材料一览表施工图图纸

【例 8－2】 请识读图 8－2 中的装饰设计说明、图 8－3 装饰材料一览表，了解其内容和意义。

装饰设计说明、施工材料一览表等文字内容是工程基本图样的有利说明。

装饰设计说明中，采用文字叙述的方式说明装修施工工程中将要涉及的普遍性的施工工艺作法。设计说明的详细内容可以包括设计依据、设计概况、室内楼面施工作法介绍、墙面施工作法介绍、吊顶做法说明、踢脚线说明、装饰门窗说明、油漆、消防等内容。另外，根据工程具体情况可以做出备注说明，指明装修施工图设计的严肃性及设计方与业主之间的协议责任关系等内容。装饰设计说明是正式施工图图样的补充介绍和有利说明，例如在设计说明交代踢脚线的做法和位置等内容之后，其后的平面布置图可省略表示踢脚线。一套建筑装饰施工图需交代的设计细节、施工细节繁多，设计说明中应根据具体情况说明必要的内容。

装饰材料一览表中列出的是各楼层中的各个房间对应的地面、墙面、顶棚或某特殊构件节点所用装饰材料的说明，其中重点介绍各种装饰材料的名称、规格尺寸、厂商、材料用量情况等内容，它是施工计划书的依据之一，也是施工之前的施工材料准备阶段需参看的内容，如图 8－2、图 8－3 所示。

×××××室内设计工程公司 ××××× INTERIOR DESIGN & CONSTRCTION CO.	图纸目录			
	工程名称	×××		
	工程编号	××××	专业	装饰
	项目名称	××××	阶段	施工
	专业负责人		日期	
	填表人		日期	

序号	图　号	修改版次	图纸名称	图幅	备注
1	01	A	装饰设计说明	A2	
2	02	A	装饰材料一览表	A2	
3	03	B	一层平面图	A1	
4	04	B	一层顶棚装修平面图	A1	
5	05	B	二层平面图	A1	
6	06	B	二层顶棚装修平面图	A1	
7	07	A	大法庭平面、顶棚平面图	A2	
8	08	B	大法庭立面	A1	
9	09	A	一层、二层卫生间平面、顶棚平面	A2	
10	10	A	一层男卫生间立面	A2	
11	11	A	一层女卫生间立面	A2	
12	12	A	二层男卫生间立面	A2	
13	13	A	二层女卫生间立面	A2	
14	14	A	二层男更衣室立面	A2	
15	15	A	更衣室平面顶棚平面中法庭C天花图、二层走道天花	A2	
16	16	A	一层走道 1 立面图	A2	
17	17	B	一层走道 2 立面图	A2	
18	18	A	一层走道 3、4 立面图	A2	
19	19	A	二层走道 1 立面图	A2	
20	20	B	中庭 1、4 立面图	A1	
21	21	B	中庭 2、3 立面图	A1	
22	22	A	A 中法庭平面图、顶棚平面图	A2	
23	23	A	A 中法庭 1、2 立面图	A2	
24	24	A	A 中法庭 3、4 立面图	A2	
25	25	A	大法庭 A、B、C 详图	A2	
26	26	A	大法庭D、E详图及一层女卫生间E详图	A2	

填写日期：××× 年 ××月 ××日　　　　共 2 页 第 01 页

(a)

×××××室内设计工程公司 ××××× INTERIOR DESIGN & CONSTRCTION CO.	图纸目录			
	工程名称	×××		
	工程编号	××××	专业	装饰
	项目名称	××××	阶段	施工
	专业负责人		日期	
	填表人		日期	

序号	图　号	修改版次	图纸名称	图幅	备注
27	27	A	一层厕所 A、B 详图	A2	
28	28	A	C 中法庭顶详图、卫生间 C、D 详图	A2	
29	29	A	二层走道 A、B 剖面详图	A2	
30	30	A	二层男更衣室 A、B、C 剖面详图	A2	
31	31	A	A 小法庭平面、天花布置图	A2	
32	32	A	A 小法庭立面图	A2	
33	33	A	B 小法庭平面、天花布置图	A2	
34	34	A	B 小法庭立面图	A2	
35	35	A	A、B 小法庭天花剖面详图	A1	
36	36	A	小法庭①②详图	A1	
37	37	A	小法庭③④⑤详图	A1	
38	38	A	小法庭⑥⑦详图	A1	
39	39	A	A 中法庭⑪⑫⑬详图	A1	
40	40	A	A 中法庭⑭⑮详图	A1	
41	41	A	吊顶栏杆，楼梯踏步剖面详图	A1	
42	42	A	中庭立柱立、剖面图	A1	
43	43	B	门表	A2	
44	44	B	门节点图 A、E、F	A2	
45	45	B	门节点图 B、C、D、G	A2	

填写日期：××× 年 ××月 ××日　　　　共 2 页 第 02 页

(b)

图 8-1　本套施工图图纸

(a) 图纸目录第 1 页；(b) 图纸目录第 2 页

装饰设计说明

一、设计依据

1. 原始建筑图纸
2. “××市××区人民法院”方案设计批准（图纸）文件
3. 国家现行执行的有关建筑装饰设计及施工验收规范

二、设计概况

本工程设计范围1层、2层共两层室内装饰设计。

三、设计标高

本工程设计标高±0.000相当于各楼地层终饰地坪标高。

各楼地层标高相对独立，并以符号区别。

四、室内装饰设计用料作法

1. 楼地面作法

a. 大理石地坪作法（主要在大堂部位）：20mm厚大理石铺地600mm×600mm，15mm厚1:2水泥砂浆干黏结层，15mm厚1：2水泥砂浆找平层。拼色，拼花详见平面图。

b. 青石板地坪作法（主要在各层厕所）：300mm×600mm青石板，20mm厚1:2水泥砂浆（掺适量107胶水）黏结层。

c. 塑胶地板：12mm厚塑胶地板，专用胶水。

d. 复合地坪作法：18mm厚复合地板，带衬垫。

2. 内墙隔断作法

本工程设计卫生间位置隔墙为240mm砖砌墙体，其他均为轻质墙体材料。

轻钢龙骨竖向间壁作法：C75型竖向轻钢龙骨，双面纸面石膏板复面，内填矿棉板，乳胶漆饰面。

3. 室内墙面作法

a. 大理石（微晶石）墙饰面作法：大理石板材（同色和顺磨边）600mm×600mm湿挂，1：2水泥砂浆灌浆，在墙体上。

b. 乳胶漆内墙饰面作法：内墙高级乳胶漆喷涂，5mm厚油性腻子批嵌，15mm厚1：1：6混合砂浆找平，在墙体上。

c. 木制墙饰作法：装饰夹板面上，亚光清水饰面，木制龙骨基层（防腐、防火处理），在墙体上。

d. 其他墙饰作法：拼色、拼花详见饰施图。

4. 吊顶作法

a. 轻钢龙骨纸面石膏板（暗架）吊顶乳胶漆饰面：C50U型轻钢龙骨基层，内置设备管线，纸面石膏板（龙牌），乳胶漆饰面。

b. 喷砂玻璃做法：12mm厚喷砂玻璃暖黄色中颗粒机理，ϕ25不锈钢吊杆，钛金广告钉装饰。

c. 其它装饰吊顶做法：见饰施施工图。立面中普通悬挂式吊顶做法省略表示。

5. 踢脚板

a. 大理石踢脚。

b. 木踢脚，油漆。

6. 装饰门

详见饰施图门详图。

7. 油漆

a. 隐蔽木基层均作防腐、防火涂料处理。

b. 露明木装饰除注明外，均为亚光清水。

c. 露明金属装饰除注明外，均为防锈漆一道，调和漆二度。

8. 消防

本工程设计全部隐蔽工程必须经过严格防腐、防火处理。

全部建筑装饰材料必须满足消防及环保要求。

9. 其他

本工程设计全部终饰面材均为统一品牌，统一品质，统一产地，规格区别详见饰施图。

六、备注

a. 本工程需严格按图施工，施工前必须按照现场情况仔细放样，准备，方可备料，施工。

b. 本工程设计如有重大矛盾或不明及未尽详细之处，由建设方通知设计单位作必要的更正和说明。

c. 本工程设计全部终饰材料须经过建设方、设计单位、施工单位共同确定认可，方可落实批量定货，施工。

d. 本工程设计一般不明之处可按国家现行装饰施工验收规范执行。

序号	日期	修改说明
建设单位	×××	
设计单位	××××	
工程名称	×××	
工程编号	×××	
项目名称	×××	
审核		日期
校对		日期
工程负责人		日期
专业负责人		日期
设计		日期
绘图		日期
图纸名称	装饰设计说明	
专业	装饰	设计阶段 施工
图号	01	修改版次 A
出图签章（未盖本公司出图签章一律无效）		

图8-2 装饰设计说明

装饰材料一览表			
一层	地面	墙面	天花
大堂	中国黑大理石	西班牙米黄大理石	纸面石膏板
	世茂金花	壁雕	喷砂玻璃
	罗马刚石	樱桃木锯齿条	透明玻璃
	400×400石雕		白色涂料
楼梯	花岗石抛光		钛金广告钉
	花岗石烧毛		
柱子	西班牙米黄大理石		
	中国黑花岗石		
栏杆	彩釉玻璃		
	不锈钢杆		
	不锈钢广告钉		
大法庭	塑胶地板	美式樱桃木装饰贴面	金箔墙纸
		8mm宽不锈钢嵌条	米色涂料
		50mm宽锯齿条面刷黑灰漆	喷砂玻璃
		海洁布（暖灰色）	钛金广告钉
		浅色乳胶漆涂料	乳白色灯胶片
		樱桃木踢脚	
		8mm宽樱桃木线脚	
		钛金广告钉	
小法庭A	塑胶地板	12mm厚钢化玻璃	
		美式樱桃木装饰贴面	樱桃木格子
		人造石材(浅米色)	乳白色灯胶片
		米色乳胶漆涂料	米色涂料
		织物软包(深灰色)	
小法庭B	塑胶地板	米色涂料	米色涂料
		织物软包(深灰色)	喷砂玻璃
		美式樱桃木装饰贴面	乳白色灯胶片
		人造石材	

装饰材料一览表			
一层	地面	墙面	天花
卫生间	青石板	中国黑花岗石	米色涂料
		白镜玻璃	
		装饰铝板	
		300mm×300mm进口瓷砖	
		米色乳胶漆涂料	
		进口马赛克	
		鹅卵石	
更衣室		装饰洞石	
		鹅卵石	
		白镜玻璃	白色乳胶漆
		中国黑花岗石	
	塑胶地板	8mm宽不锈钢嵌条	
		水曲柳黑色手刷漆	
		海洁布蓝灰色涂料	
		白色涂料	
		进口马赛克	
		鹅卵石	
走道	塑胶地板	米色乳胶漆涂料	米色乳胶漆涂料
		中国黑花岗石	美式樱桃木装饰白贴面
中法庭	塑胶地板	米色乳胶漆	金箔墙纸
		米黄大理石	米色涂料
		石膏线条	喷砂玻璃
		海洁布饰面	钛金广告钉
			乳白色灯胶片

序号	日期	修改说明

建设单位 ×××

设计单位 ××××

工程名称 ×××

工程编号	×××		
项目名称	×××		
审核		日期	
校对		日期	
工程负责人		日期	
专业负责人		日期	
设计		日期	
绘图		日期	

图纸名称 装饰材料一览表

专业	装饰	设计阶段	施工
图号	02	修改版次	A

出图签章（未盖本公司出图签章一律无效）

图 8-3　装饰材料一览表

课题二　公共建筑装饰施工图平面图的识读与绘制

1　学习目标

针对公共建筑特点学习，理解其装修平面布置图、顶棚平面图的特点；能根据任务实例正确读取平面布置图、顶棚平面图中有关信息；明确整体平面图的各房间装修布局情况，能绘制出整个建筑中某一个房间或空间的平面布置图、顶棚布置图。

2　学习内容

在本课题中，有关平面图的形成原理、平面中相关图线和符号的画法及规定不再赘述，本课题将重点介绍本项目实例的3个典型空间装修特点、介绍各任务的识读情况，并介绍各任务的主要绘制过程。

2.1　了解公共建筑装饰施工图平面图的形成

（1）应注意识读建筑基本结构的轴网及编号，定位各房间在总体平面中的位置。公共建筑中采用框架建筑结构体系的往往较多，框架结构建筑的结构特点是框架柱和框架梁承重。在建筑施工图中为了指导施工定位应在平面图中绘制出平面轴网和轴号，而建筑装饰施工中同样是为了便于指导施工也应在平面中绘制出定位轴网，所以看图时应注意观察建筑主体结构及其轴网及编号。

（2）应注意识读平面布置图中各个房间（空间）的室内装修布局的平面形式。应注意识读平面中涉及到的装修构件、家具、植物、陈设品等的定位尺寸、定形尺寸，并通过平面初步了解空间的使用功能情况。

（3）应注意根据内视符号的含义观察、理解平面中某具体位置的内视符号的视点、视向、立面编号等信息。还应注意识读平面图中对应于某剖面的剖切符号、详图和通用配件等的位置和编号。

（4）应注意识读平面中有关的地面材质的名称、类型、工艺要求等文字说明信息。画地面铺贴图时，如地面材质比较简单、地面铺贴材料种类较少，可以将地面材料的表达汇总到平面布置图中去。平面图中表达地面材质时，可以将地面材料的名称统一进行编号表示，在图样下侧的图例中应进行材料编号说明。

（5）识读平面图中的标高时应注意它是以装修施工结束之后室内主体地面为±0.000进行标注的。

2.2　平面布置图的主要内容和绘制特点

（1）图中应绘制出柱、墙、楼梯等原建筑基本结构构件，并标注出主要尺寸。

（2）图中应画出装修结构构件、家具、设施等的平面位置，并作必要的定位、定形尺寸标注。

（3）应表示出地面铺贴材质的划分、铺贴方式、材质说明，并做必要的文字说明和尺寸标注说明。

（4）根据设计具体要求情况，图中应绘制出必要的内视符号、剖切符号、详图索引符号、地面材质编号、门窗编号等内容。

（5）图中应注明各房间名称或编号、注明图样的比例、图名、图例、备注等内容。

（6）图中相关内容应根据《建筑制图标准》（GB/T 50103—2001）规范制图。

2.3　多向内视符号的常见画法和表示意义

公共建筑的装修往往需要表达的内容较多，平面图中也常常需要用多向内视符号来表示立面与平面的对应。图8-4为一些常见的多向内视符号例子。内视内视符号中，表示立面编号的字母或数字注写在圆圈的内侧或外侧都可以，内视符号圆圈中上半圆字母（或阿拉伯数字）表示立面编号，下半圆中数字表示对应立面所在图纸的图号。

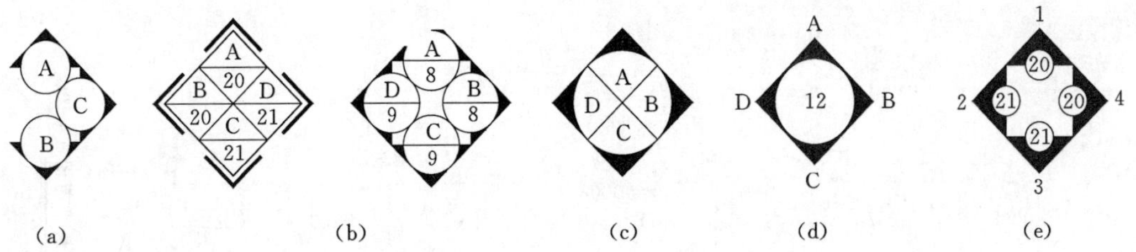

图 8-4　多向内视符号

当平面图中绘制的地面铺贴、家具、装饰内容较繁多无处画出多向内视符号时，应采用引出线在图样旁边引出内视符号，以便使平面图的绘制内容繁简适度、绘制清晰。

2.4　平面布置图的绘制步骤

（1）确定比例、明确绘制目标，准备绘图环境。

（2）绘制出建筑主体墙、柱等主体结构，注明各房间名称。

（3）绘制出室内装饰构件的布置形式、位置，绘制出主要的家具设施的布置。

（4）对主要装饰构件进行尺寸标注，注明主要不同高度界面的标高，注明必要的符号、引出线引出文字说明。

（5）加粗整理图线，注写比例、图名、图例、备注等内容。

（6）检查图纸整体综合情况，查漏补缺。

2.5　顶棚装修平面应表达的图示主要内容及绘制步骤

建筑室内的顶棚平面是采用镜面投影法得到的，其应表达的主要内容、绘制步骤可参考模块 7 中“顶棚平面的识读与绘制”课题的相关内容。公共建筑室内装修顶棚空间常常涉及到喷淋、出入风口、空调、灯具等内容，绘制时应注意表达。

3　学习情景（工作任务）

3.1　识读总体平面布置图、顶棚平面图

【例 8-3】　图 8-5 为某法院装修项目的一层装修总体平面布置图，图 8-6 为一层顶棚装修平面图，请认真识读有关内容，要求能总体把握一层建筑空间中的地面布置、顶棚装修基本情况，要求能读懂图、并能与相关图纸进行相互联系。

2000m^2 左右的公装项目其涉及到的各房间类型有一定的覆盖程度，识读观察本任务平面布置图时应根据平面图识读原理和其他有关知识注意重点了解各个房间在总体平面中的位置，注意对房间类型进行分类，注意各装修界面的有关符号的表达。

识读本任务顶棚平面时，应注意结合图中标高等内容观察顶棚装修界面的形式变化、高度变化，并理解公共建筑中常见的有关符号、图例的含义。

识读图 8-5 和图 8-6 了解的内容如下。

图 8-5 为整体装修项目的室内一层平面布置图，整体一层平面建筑面积总和约 1100m^2 的框架结构，其中除卫生间围合墙体为 240 墙外，其他墙体均为隔墙。一层分布的房间有：405m^2 的中庭兼门厅一个、108m^2 的大法庭一个、76m^2 的中法庭 A 一个、70.5m^2 的中法庭 B 两个、小法庭三个，另外还设置有男女卫生间、交通环形交通走廊空间等，一层的各个房间基本上围绕中庭空间展开布置。一层室内地面高差变化不大，中庭内有宽约 3m 的主楼梯连接至二层平面，男卫生间左侧有宽约 1.3m 的楼梯通往地下室。各房间地面材料铺贴详见本课题其他任务或图 8-5。

图 8-6 为一层顶棚平面图：中庭顶棚天花平面将于省略或在另外图样中读取；大法庭、A 中法庭的顶棚装修风格类似；B 中法庭和 A 小法庭、走廊的顶棚装修各有特点。各房间的顶棚详细内容请从本课题其他任务中了解。

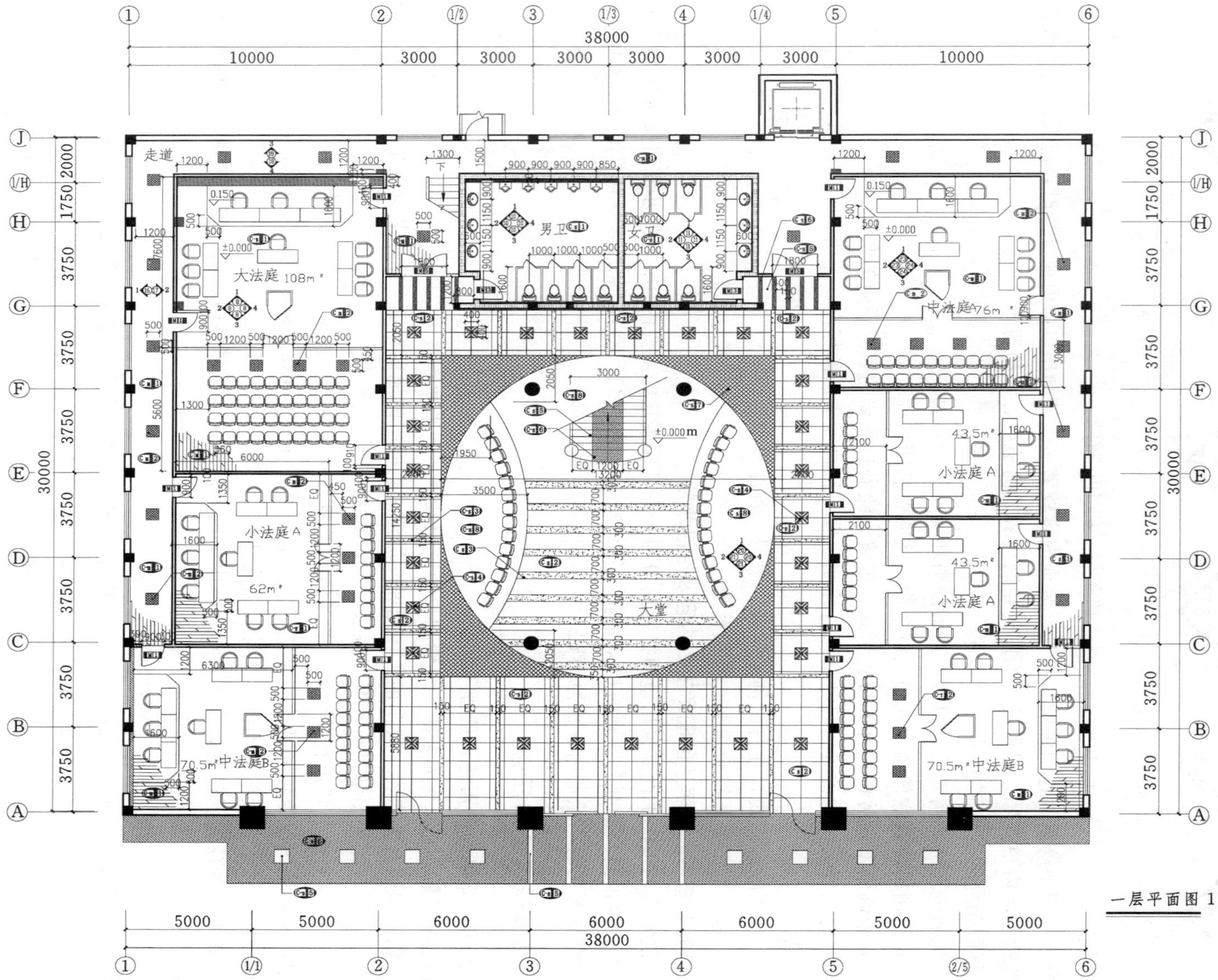

地面材料说明：

黑灰色弧线形青石板
世茂金花
中国黑花岗石
400 mm×400mm石雕
花岗石抛光
花岗石烧毛
火烧板
罗马刚石
塑胶地板（地板色）
塑胶地板（石材色）
复合地板

一层平面图 1：100

图 8－5　一层平面布置（单位：mm）

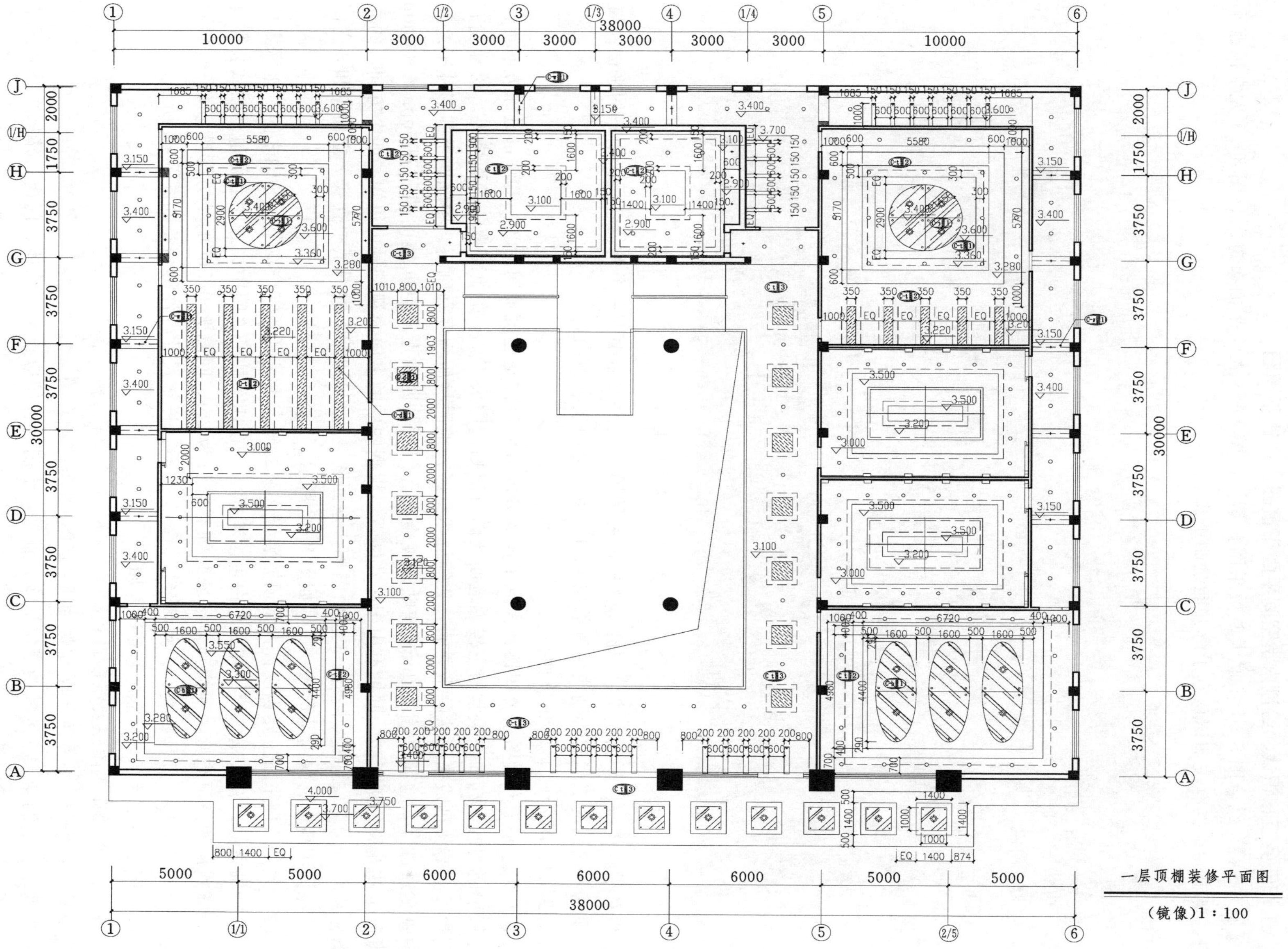

图例：

	金属吊杆
	内置黑色灯带
	ϕ200 筒灯
	ϕ300 筒灯
	ϕ50 射灯
	花饰吊灯选样
	300×1200日光灯
	喷砂玻璃
	透明玻璃
	白色灯胶片
	金箔纸
	浅米黄涂料
	白色涂料
	美式樱桃木
	镂空木格

图 8-6　一层顶棚平面图(单位:mm)

3.2 工作任务二：识读、绘制大堂空间平面布置图、顶棚平面图

【例 8-4】 结合图 8-7 中庭大堂效果图，请识读图 8-8 大堂平面布置图、图 8-9 大堂顶棚平面图，要求能根据有关知识认真了解并能绘制下来。

图 8-7 大堂效果图

相对于整体一层平面来说，中庭空间的研究范围已经大大缩小为一个单位空间。中庭的平面布置图、顶棚平面图的识读与绘制应注意的相关知识可参考前述有关内容。

图 8-8、图 8-9 内容识读如下。

（1）大堂平面布置图主要识读：大堂平面的开间方向定位是建筑轴网的②～⑤轴，进深方向定位是建筑轴网的Ⓐ～Ⓖ轴。大堂的主楼梯地面花岗石铺贴，中央 1.2m 宽地面为防滑而烧毛。楼梯左右两侧为设置有排列成弧形状的坐凳的公共等待休息区，地面材质为罗马刚石。中庭四个圆形柱子之间为中央交通过厅，地面每隔 300mm 铺贴世茂金花。门厅、四周走廊空间地面铺贴 800mm×800mm 的世茂金花花岗岩地板砖，间铺有中国黑花岗石。根据图中的多向内视符号可得知，四个方向上的立面图应从图号为 20 的图纸中查找 1 立面图和 4 立面图，从图号为 21 的图纸中查找 2 立面图和 3 立面图。其他详细地面材料铺贴形式、尺寸如图 8-8 所示。

（2）大堂顶棚平面主要识读：大堂顶棚装修区域的确定也是开间定位在②～⑤轴之间，进深定位在Ⓐ～Ⓖ轴之间。在大堂顶棚主体采用白色涂料做法，在四个柱子之间中央过厅上部顶棚区域装饰有方形间椭圆形的吊顶造型，顶棚其他区域装饰有边长为 2m、间隔为 0.5m 的正方形喷砂玻璃吊顶。顶棚其他叠级造型、灯具种类、暗藏灯带、标高、材质、详细尺寸标注等信息如图 8-9 所示。

（3）图 8-8、图 8-9 绘制主要过程如下。

1）大堂平面布置图主要绘制过程。

步骤一：确定大堂平面图的比例为 1∶100，准备绘图环境。

步骤二：绘制图大堂区域的定位轴线、轴号，绘制出各相应柱子、墙体、门窗、楼梯主体建筑结构的位置（图 8-10）。

步骤三：根据设计内容、采用投影法绘制地面材质铺装的位置、划分分格，作出装修地面标高，画出凳子家具，如图 8-11 所示。

步骤四：表示出必要的地面材质、地面材质编号，注写房间名称（图 8-12）。

步骤五：画出尺寸标注、注写图名、比例、作出图例说明，加粗图线，最终如图 8-8 所示。

步骤六：检查图整体情况，查漏补缺。

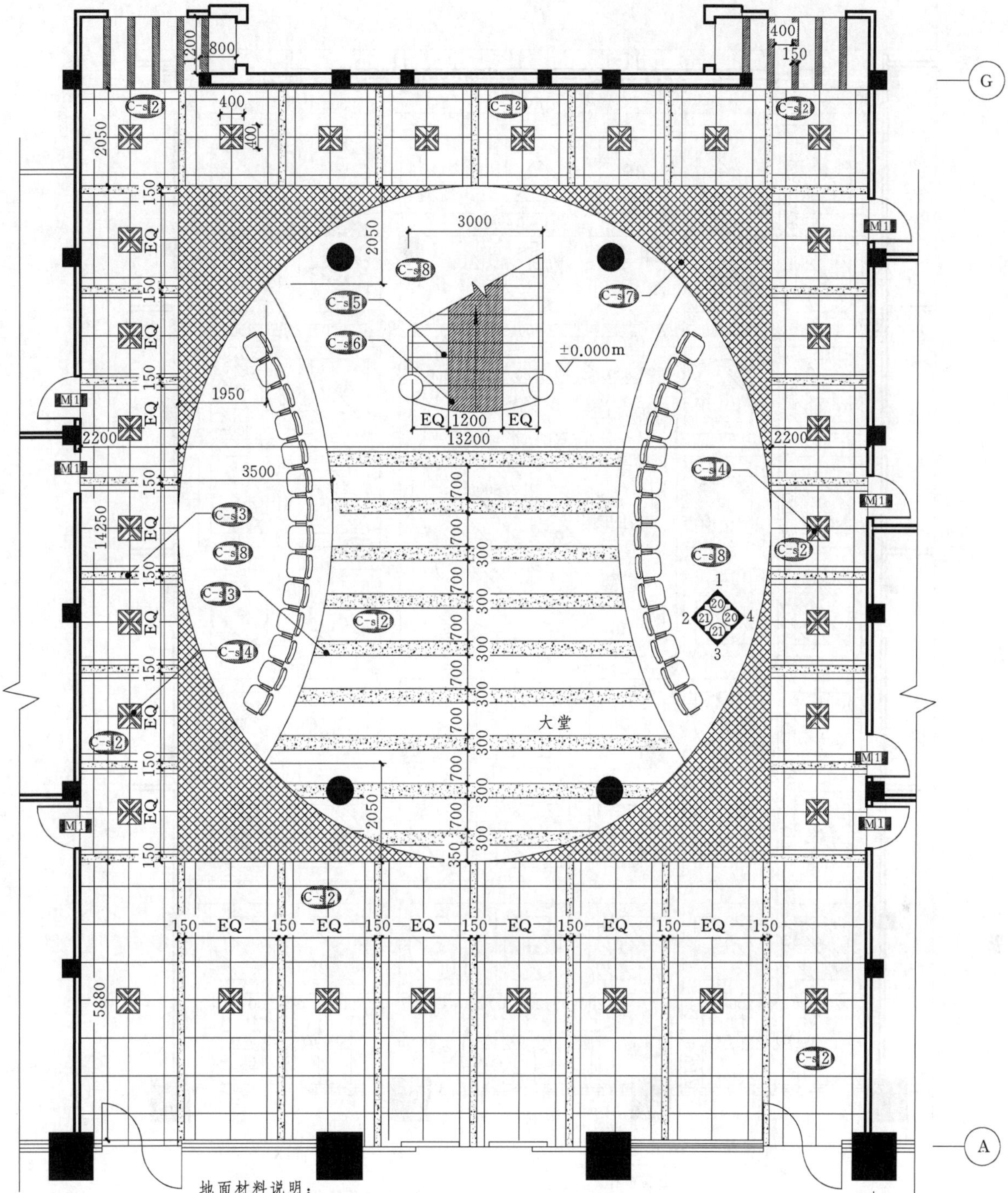

地面材料说明：

C-s2	世茂金花
C-s3	中国黑花岗石
C-s4	400mm×400mm石雕
C-s5	花岗石抛光
C-s6	花岗石烧毛
C-s7	火烧板
C-s8	罗马刚石

大堂平面布置图 1：100

图 8-8　中庭（大堂）平面布置图（单位：mm）

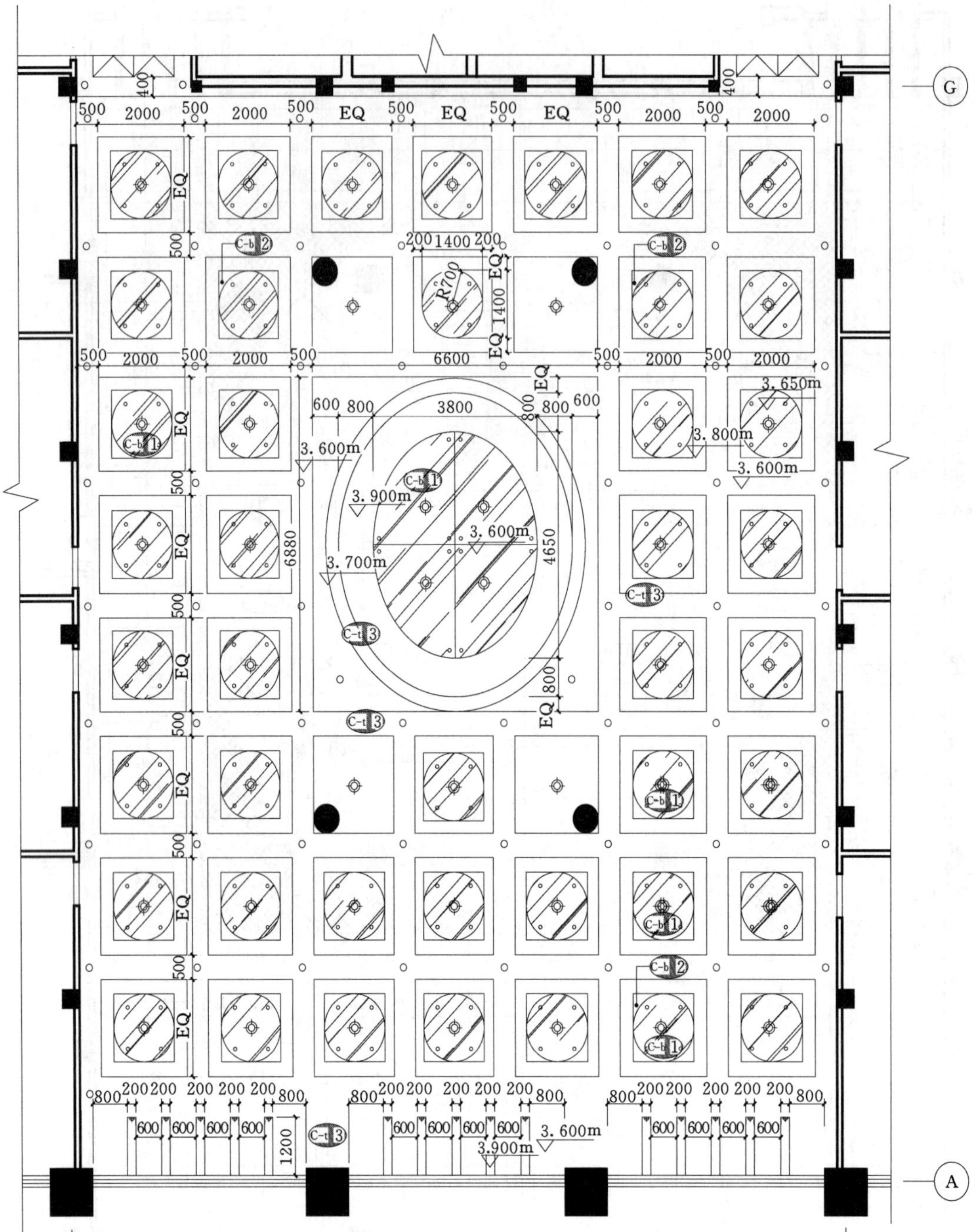

大堂顶棚平面图 1∶100

图例：

·	金属吊杆
——	内置暖色灯带
○	ϕ200 筒灯
◎	ϕ300 筒灯
+	ϕ50 射灯
	花饰吊灯选样
C-b 1	喷砂玻璃
C-b 2	透明玻璃
C-t 3	白色涂料

图 8－9　大堂顶棚平面图（单位：mm）

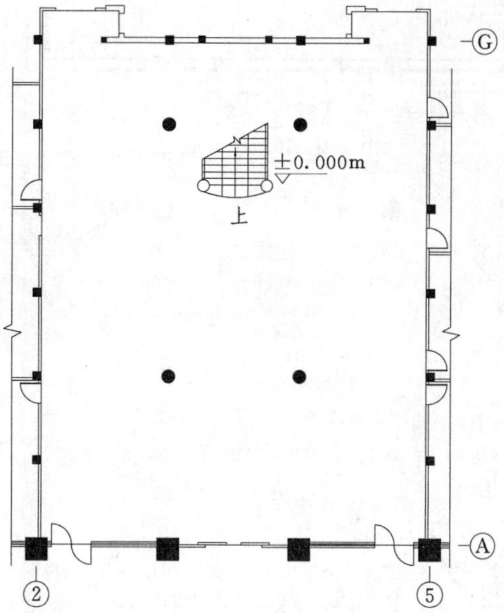

图 8-10　大堂顶棚信息识读

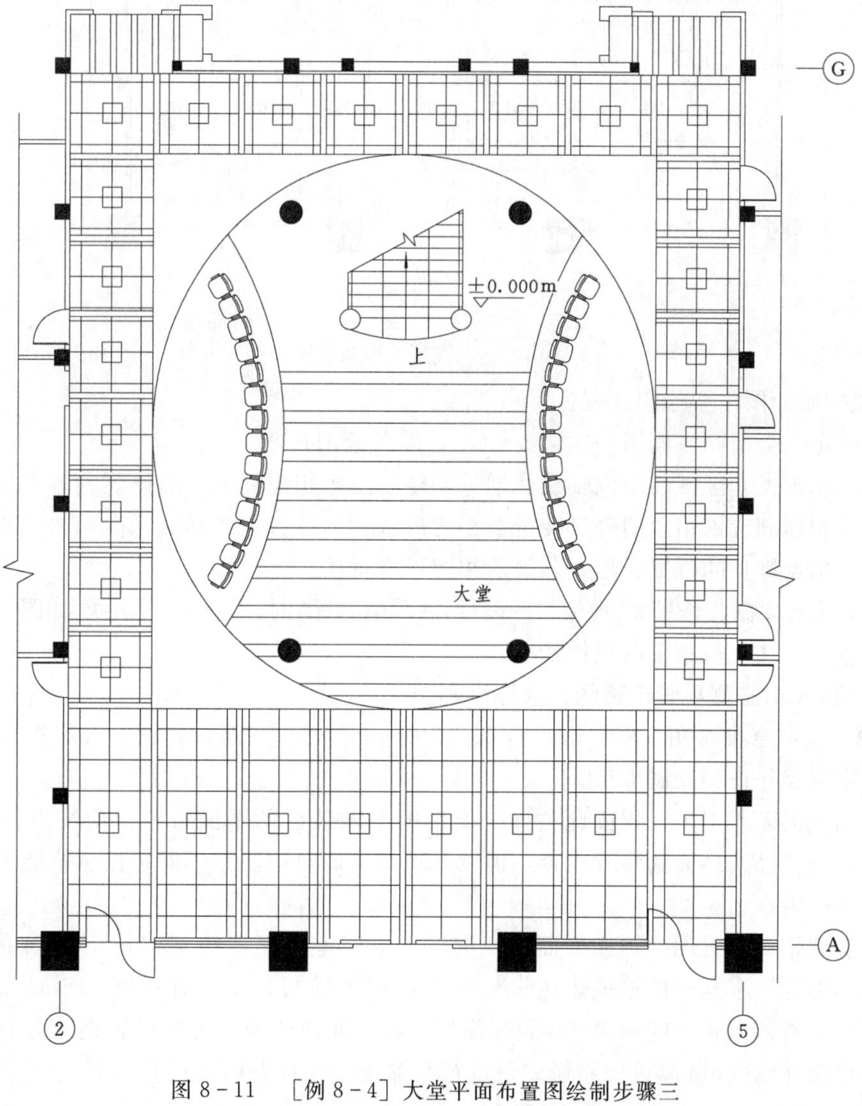

图 8-11　［例 8-4］大堂平面布置图绘制步骤三

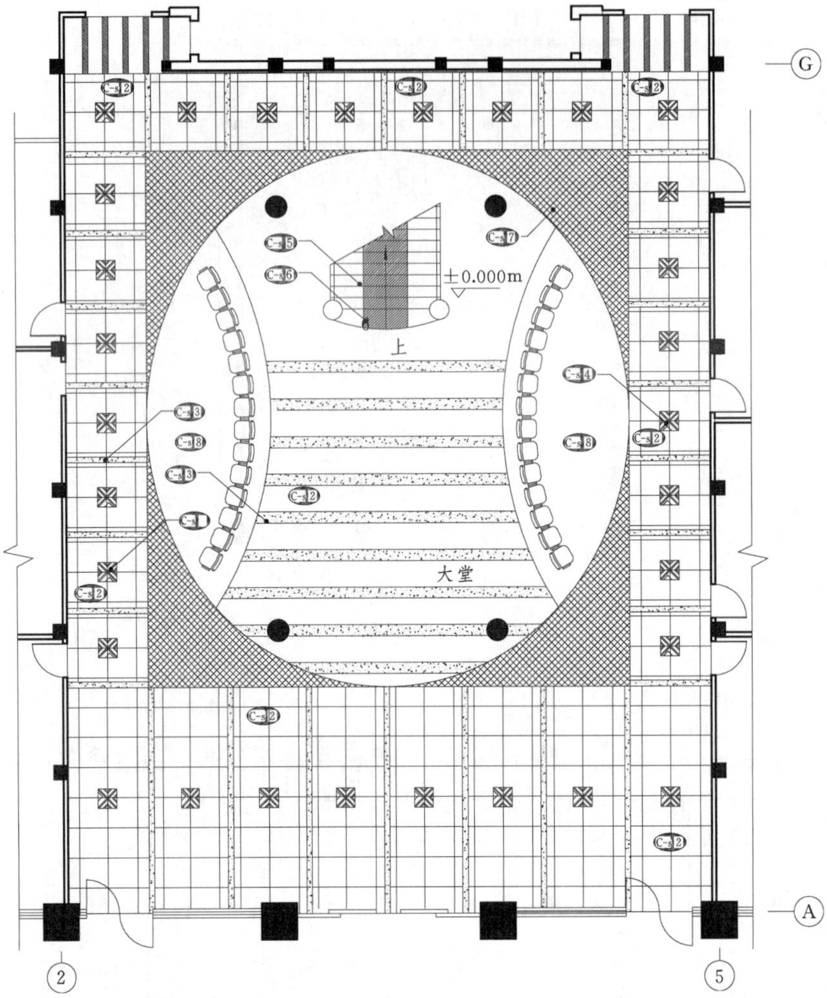

图 8-12 [例 8-4] 大堂平面布置图绘制步骤四

2) 大堂顶棚平面图主要绘制过程。

步骤一：确定大堂顶棚平面图的比例 1∶100，准备绘图环境。

步骤二：绘制图大堂区域的定位轴线、轴号，绘制出各相应柱子、墙体等主体建筑结构。

步骤三：绘制顶棚装修吊顶的叠级转折造型的形状、标注各主要界面标高，如图 8-13 所示，根据设计内容画出顶棚灯具的位置、形式，表示相应顶棚材质。

步骤四：画出各顶棚装修尺寸、顶棚材料编号，注写图名、图例、比例，加粗图线，如图 8-9 所示。

步骤五：查漏补缺，检查图的整体情况。

3.3 识读、绘制 A 小法庭平面布置图、顶棚平面图

【例 8-5】 请结合参考图 8-14 识读图 8-15 的 A 小法庭平面布置图、天花布置图，要求能理解其中有关装修内容并正确绘制出来。

A 小法庭的室内面积不大，识读此类办公类型的空间装修的平面布置图应注意查看平面中地面高差的变化、内视符号、地面铺装等内容，识读其顶棚平面时应注意了解顶棚装修造型的变化和详图索引、尺寸标注等内容。

(1) A 小法庭平面布置图、顶棚平面的识读。本空间室内面积约 43.5m^2，家具布置如图 8-14 所示。由平面图可得知本空间内地面采用 80mm 宽的枫木地板，室内有一宽 1.6m、高 180mm 的平台。室内上下两侧墙体布置有间隔 1.2m 的装饰柱。本空间顶棚中央为矩形轻钢龙骨石膏板造型，内设有暖色暗藏灯带并以 2mm 厚镜面不锈钢条进行装饰统一。顶棚四周设有筒灯。

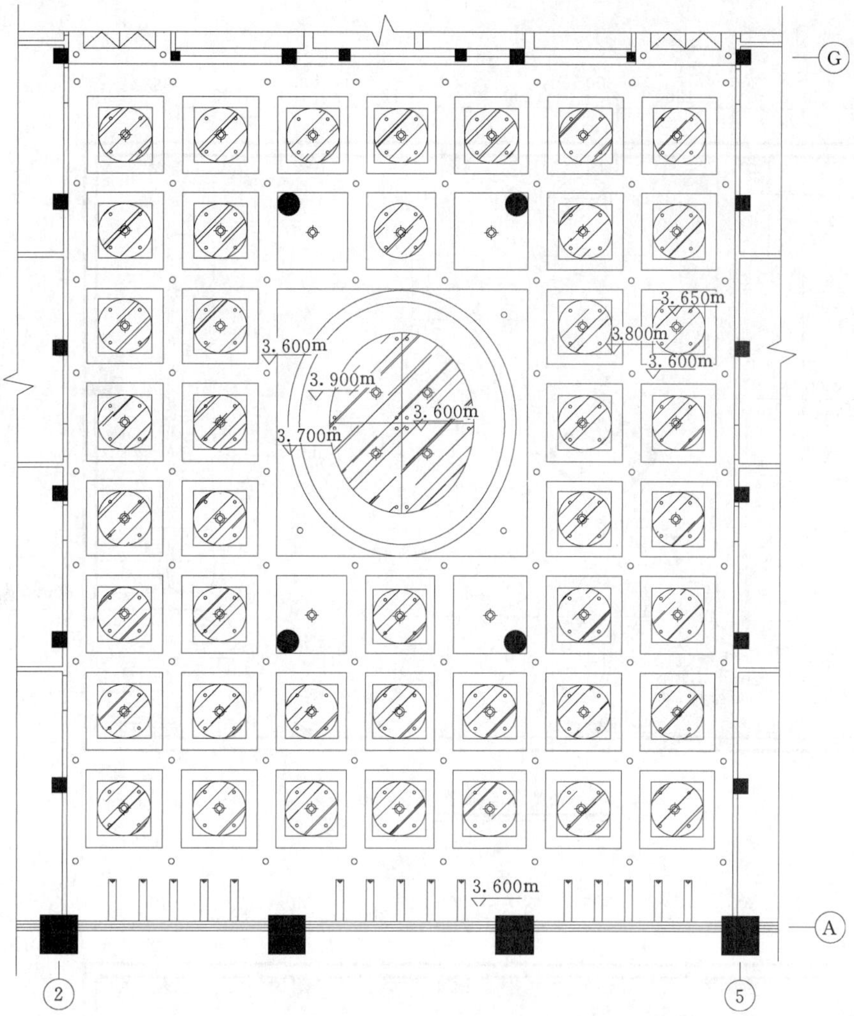

图 8－13 ［例 8－4］大堂顶棚平面图绘制过程（单位：mm）

图 8－14 A 小法庭效果

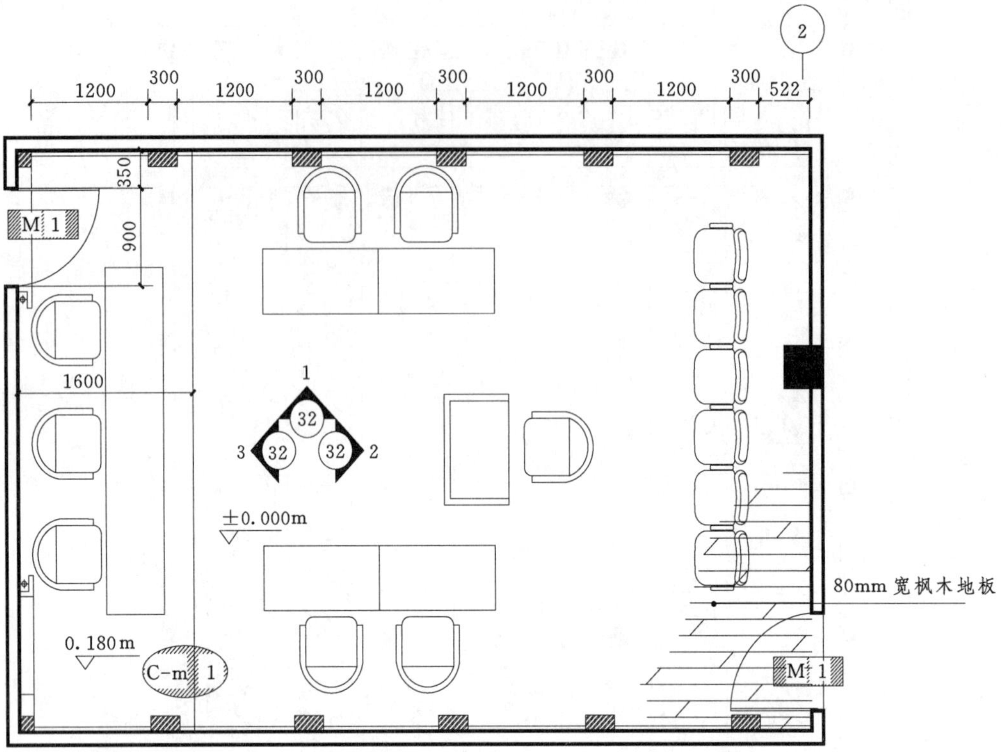

A 小法庭平面布置图 1∶50

(a)

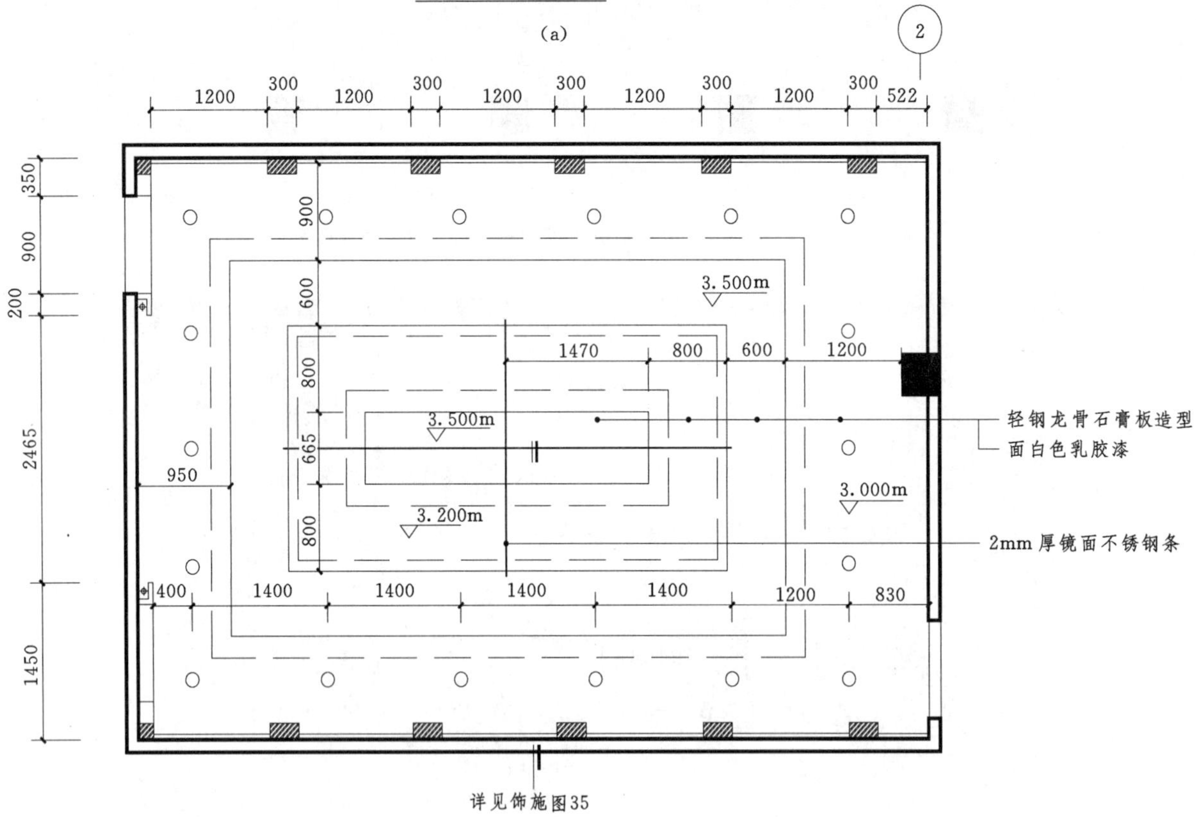

A 小法庭天花布置图 1∶50

(b)

图 8-15　A 小法庭平面布置图、顶棚平面图（单位：mm）

(2) A 小法庭平面布置图的主要绘制过程（图 8-15）。

步骤一：确定比例为 1∶50，准备绘图环境。

步骤二：绘制 A 小法庭参考定位轴号（可不画）、主要墙体和门洞的位置、高差台面轮廓线和标高（图 8-16）。

步骤三：画出装饰柱、门套等装饰构件的位置、形式，画出桌椅家具布置（图 8-17）。

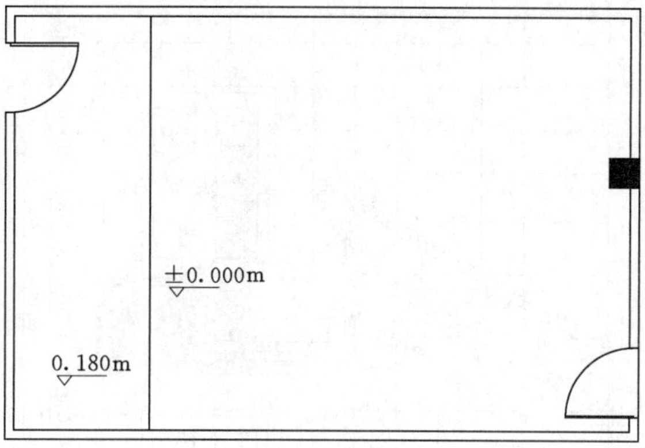

图 8-16　A 小法庭平面布置图绘制步骤二

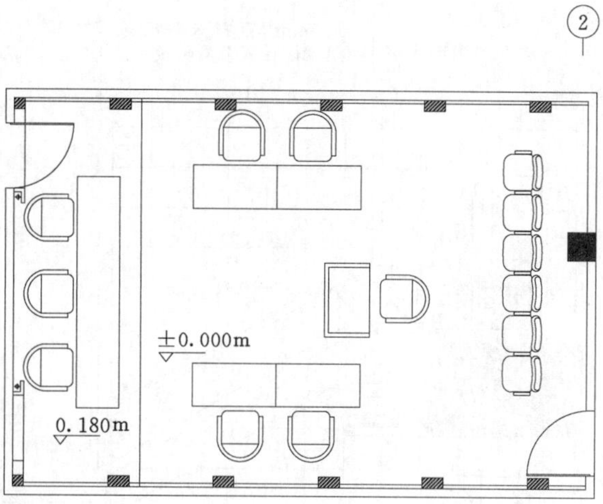

图 8-17　A 小法庭平面布置图绘制步骤三

步骤四：画出尺寸标注、内视符号、文字标注、图名、比例等内容，并加粗整理图线，如图 8-15（a）所示。

步骤五：查漏补缺，检查图的整体情况。

课题三　公共建筑装饰施工图立面的识读与绘制

1　学习目标

针对公共建筑特点掌握其立面图与相应平面布置图、顶棚平面图的关联关系；能正确读取某房间内的某方向上立图有关墙面、顶棚的装修信息；能根据立面图并进一步明确某房间（空间）内装修状况；能绘制出某房间（空间）的装修立面图。

2　学习内容

装饰施工图中的立面图是继平面图之后的又一重要类型图样。立面图可以分为装修立面图、立面布置图，本课题中的立面图均为装修立面图。立面图的识读原理、立面的命名与内视符号、立面图的主要内容、一般绘制步骤等内容在本课题中不再赘述，相关知识参见模块 7 中有关知识点。本课题将重点结合项目实例的典型空间（大堂、A 小法庭）装修状况作识读情况说明，并介绍各任务的主要绘制过程。

3　学习情景（工作任务）

【例 8-6】 识读、绘制大堂装修立面图。结合大堂中庭的平面图、顶棚平面图、效果图等进行综合理解空间装修状况，识读图 8-17 大堂立面图。

由识图了解到本装饰项目的一层建筑层净高 4.5m，二层净高 3.6m，中庭大堂空间高度跨两层建筑高度，大堂净高为 8.1m。

立面中吊顶顶棚剖切省略表示，中庭各立面主要墙面装饰材料为600mm×600mm西班牙米黄墙面砖，中庭跨两层高，装修净高8.1m。中庭1立面中央设置有合上双分式楼梯，楼梯休息平台处墙面装饰为大型装饰壁画。中庭两侧空间设置有下部带装饰线脚的走廊（走廊饰面为1.8mm厚的金属铝板），走廊栏板设置为拉丝不锈钢栏杆镶嵌钢化栏板玻璃。各房间入门环列于走廊一侧，其他详细形式、装饰尺寸如图8-18、图8-19所示。

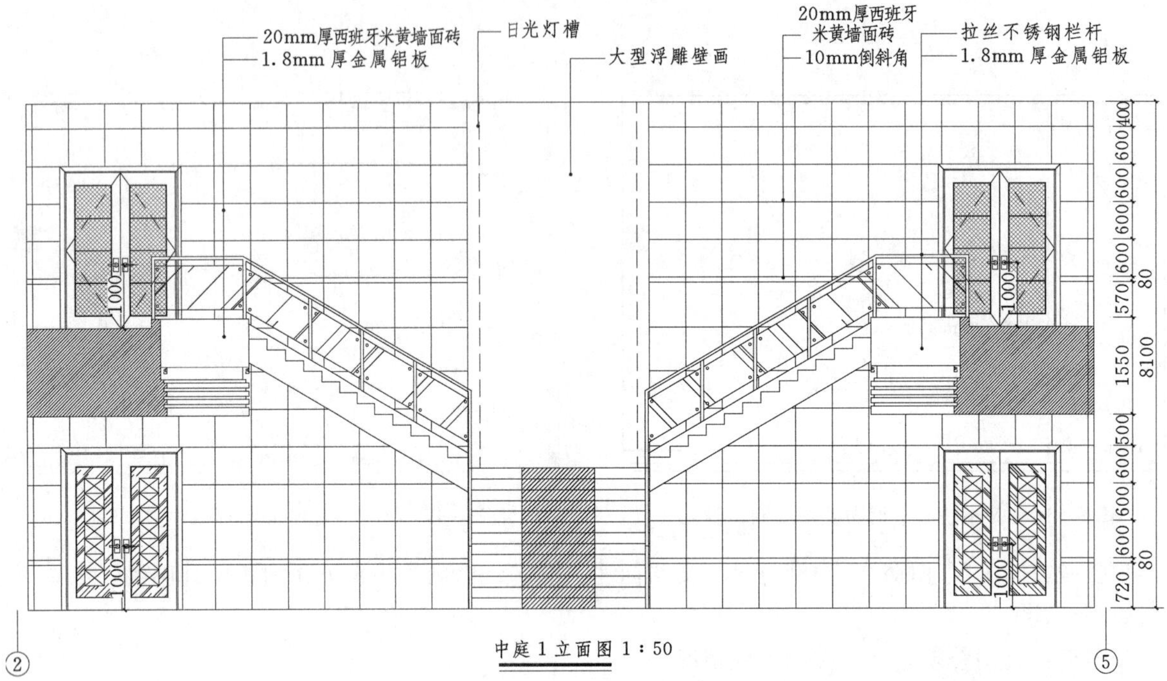

(a)

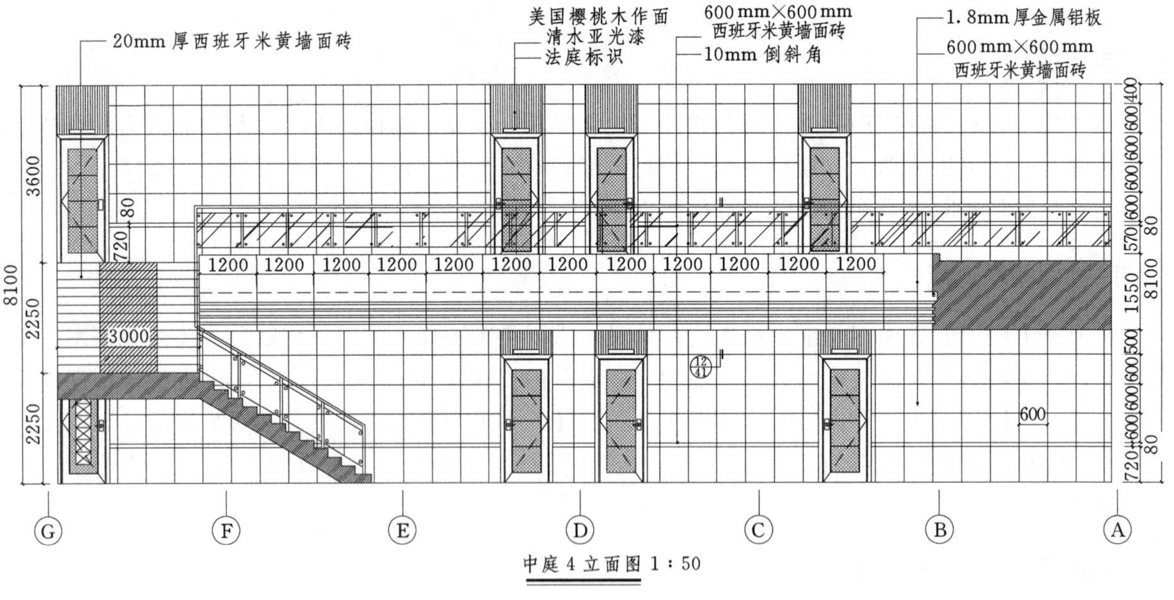

(b)

图8-18 大堂1、4装修立面图（单位：mm）

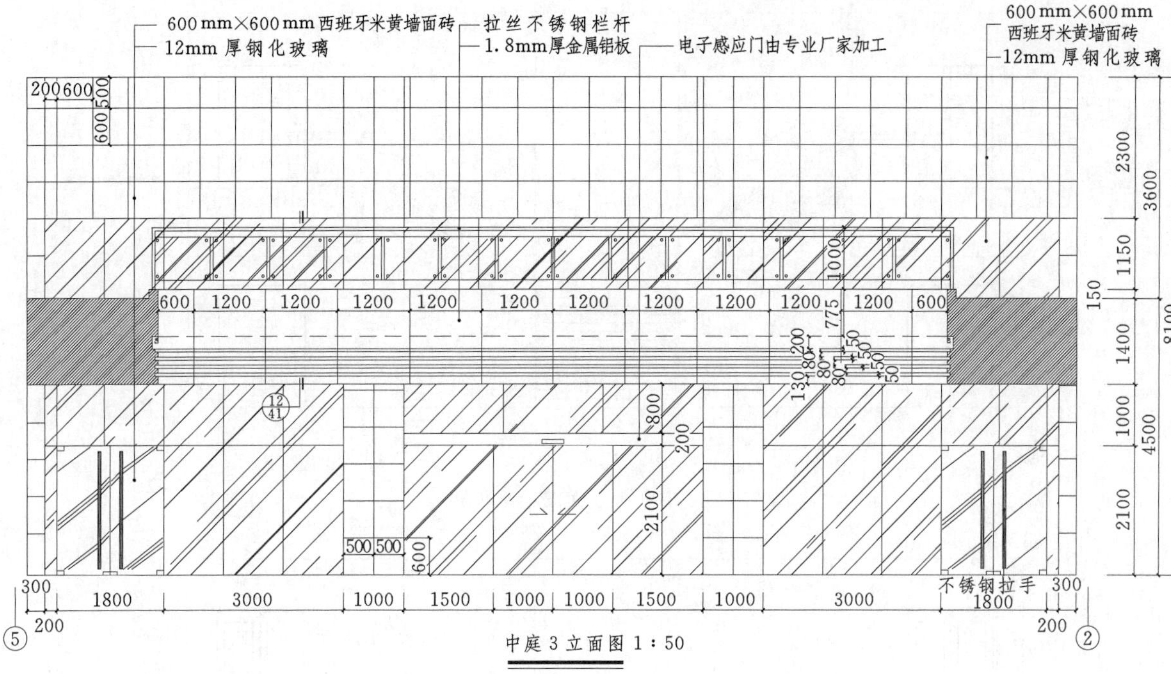

(a)

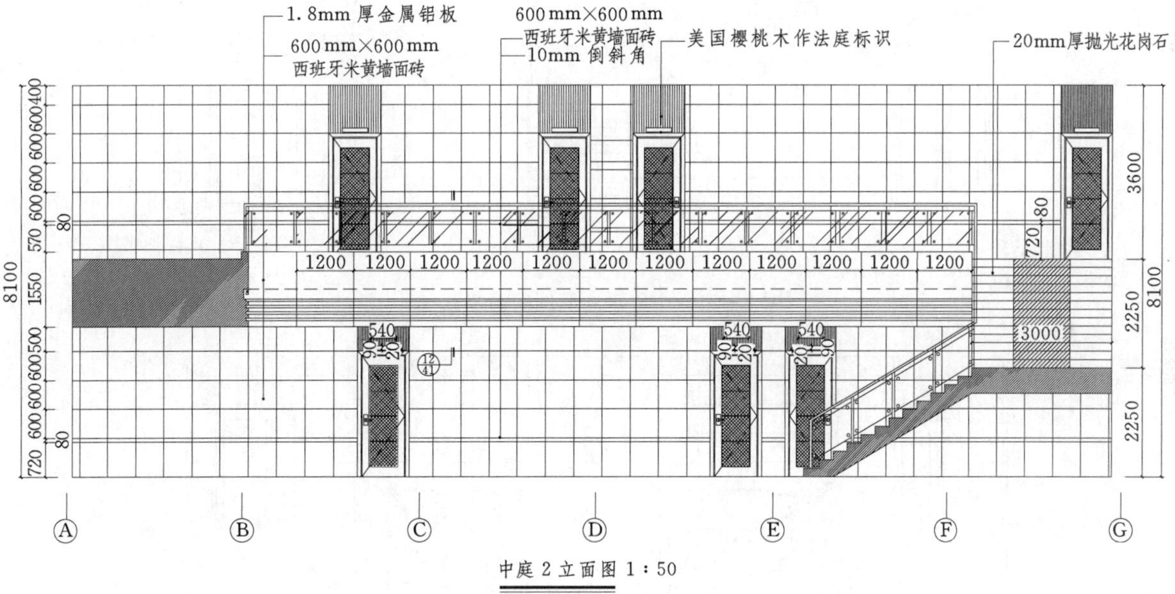

(b)

图8-19 大堂2、3装修立面图（单位：mm）

(1) 中庭1立面图绘制主要过程（其他立面图绘制过程略）。

步骤一：确定比例为1∶50，准备绘图环境。

步骤二：顶棚剖切省略表示，按照比例绘制出4.5m一层层高控制线、3.6m二层净高控制线、②轴和⑤轴控制位置，绘制出1立面中门洞位置、楼梯台阶、栏板的投影，绘制出剖切到走廊及其线脚，如图8-20所示。

步骤三：绘制墙面线脚位置、浮雕壁画装饰灯带，如图8-21所示。

步骤四：绘制墙面砖分格线（图8-22）。

步骤五：引出线引出各主要部分材料说明，进行材墙面料表示和剖面填充，注写图名、比例，如

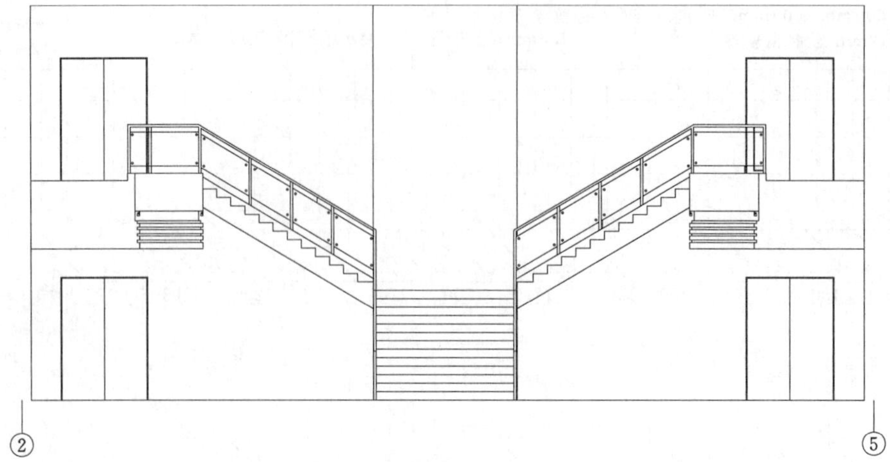

图 8－20　中庭 1 立面图绘制步骤二

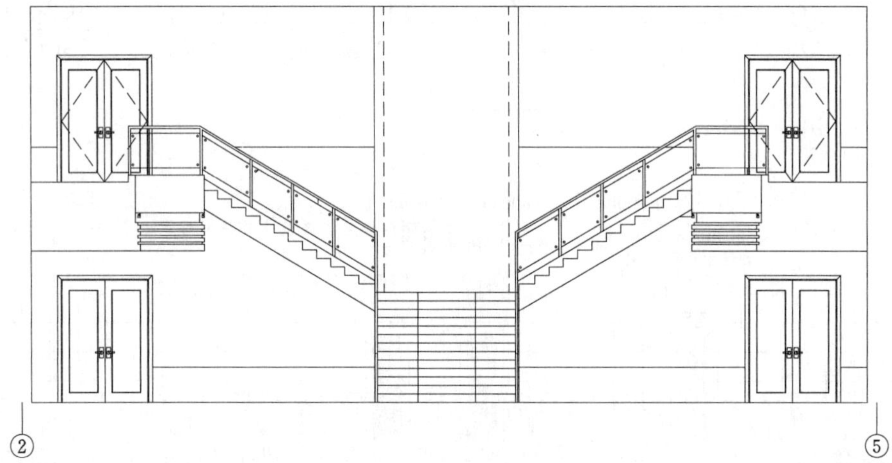

图 8－21　中庭 1 立面图绘制步骤三

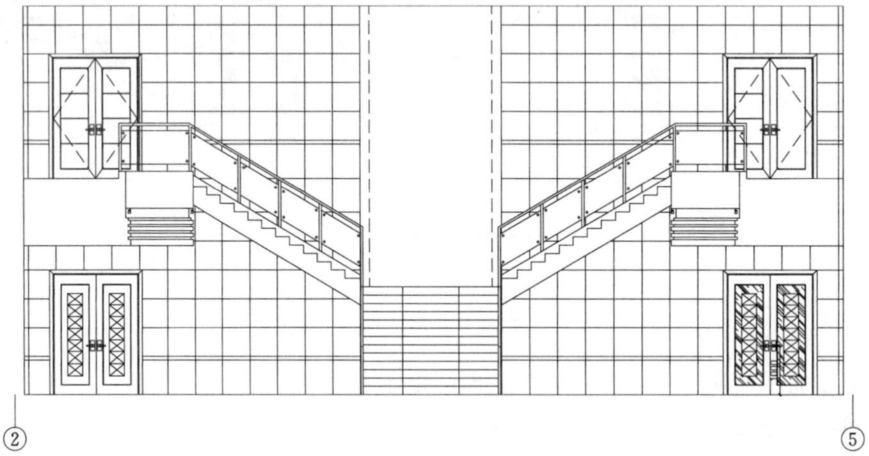

图 8－22　中庭 1 立面图绘制步骤四

图 8－18（a）所示。

步骤六：查漏补缺，检查图面综合情况。

【例 8－7】 识读、绘制 A 小法庭装修立面图。结合小法庭平面、顶棚平面、效果图综合理解空间的装修状况，识读图 8－23 中的 A 小法庭 1、3 装修立面图，并正确绘制下来。

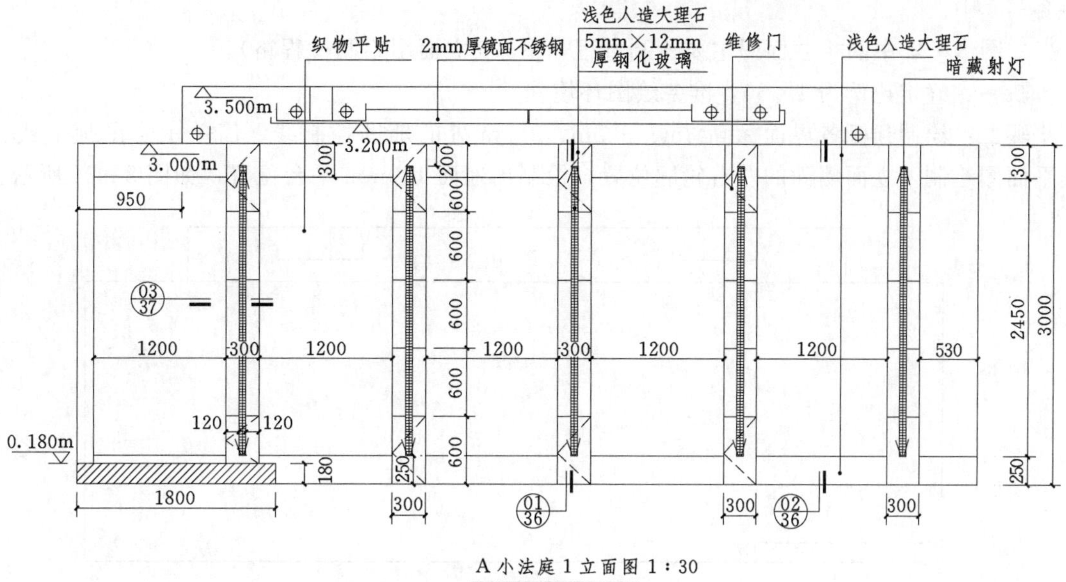

(a)

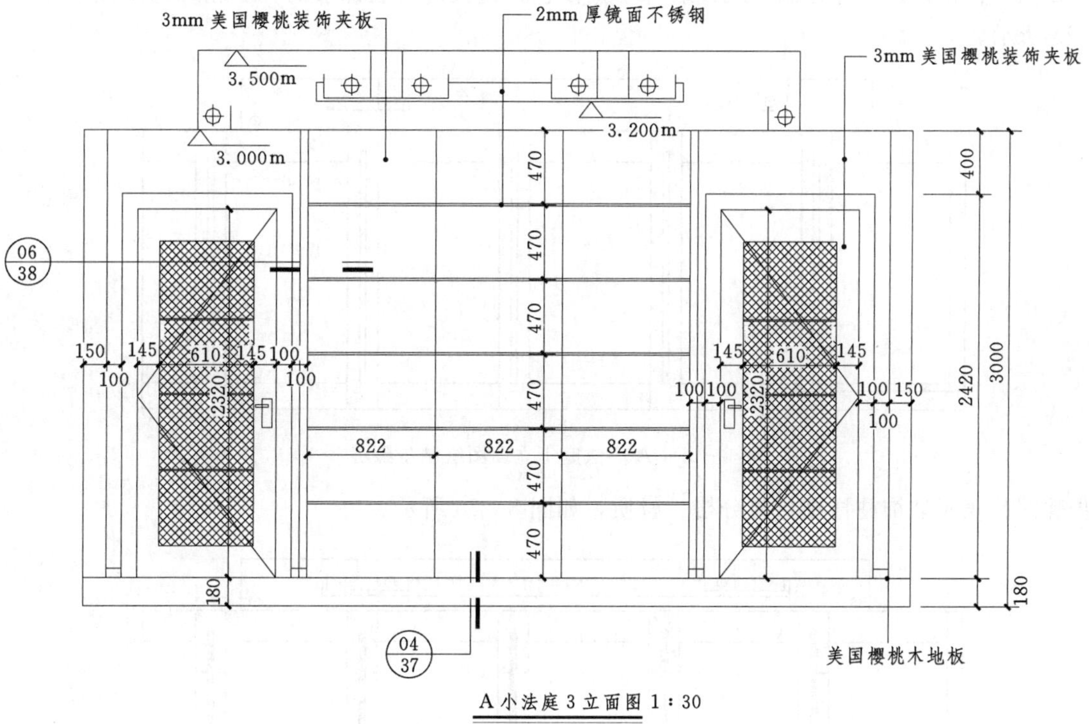

(b)

图 8-23　A小法庭1、3装修立面图（单位：mm）

(1) A小法庭各立面图识读如下：各立面中顶棚部分均进行了示意性的简单表示，其中顶棚3.2m标高界面为“口”字形区域的石膏板吊顶，最高吊顶界面距地面3.5m，顶棚设有暗藏灯带。1立面中墙面主要为织物平贴间装饰柱效果，墙的上下部位分别贴300mm、250mm高浅色人造大理石，详细详图见施工图36中的②详图。墙面中装饰柱300mm×3m，上下设有可开启的检修门，详图见施工图36的①详图和施工图37的③详图。

3立面的墙面主体为樱桃木装饰夹板材料，其中竖向上每隔470mm镶嵌有2cm厚镜面不锈钢条。墙面的下部设有高180mm木地板平台，其详图见37图的④详图。其他详细装修分格和内容、尺寸详见图 8－23 中。

(2) 图 8－23 中的 1 立面图主要绘制过程如下（3 立面图绘制过程略）。

步骤一：确定比例为 1∶30，准备绘图环境。

步骤二：绘制顶棚各界面标高 3m、3.2m、3.5m 处的辅助控制线，简单示意吊顶形式、位置，根据平面图绘制 1 立面墙面的左右轮廓位置，绘制出地面 180mm 平台位置，如图 8－24 所示。

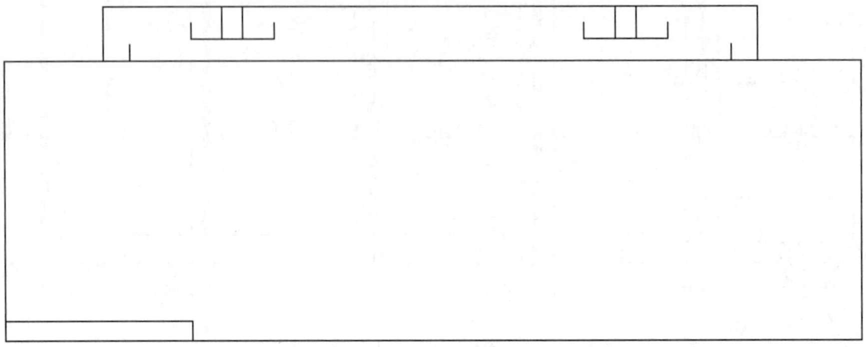

图 8－24　A 小法庭 1 立面图绘制步骤二

步骤三：根据设计尺寸绘制出墙面装饰柱、浅色人造大理石装饰板的投影轮廓以及顶棚灯具，如图 8－25 所示。

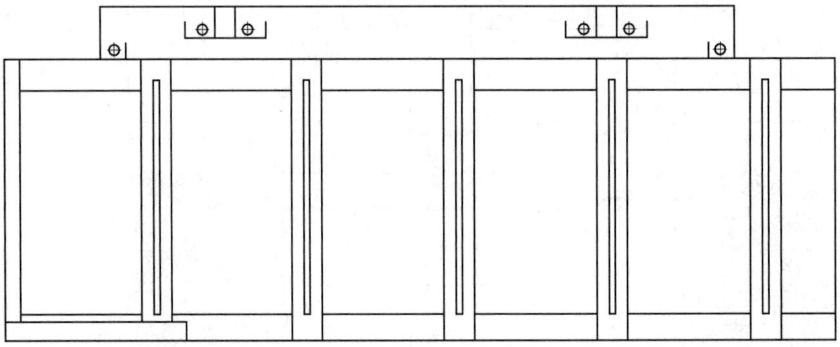

图 8－25　A 小法庭 1 立面图绘制步骤三

步骤四：表示装饰柱详细材料分格、材质，如图 8－26 所示。

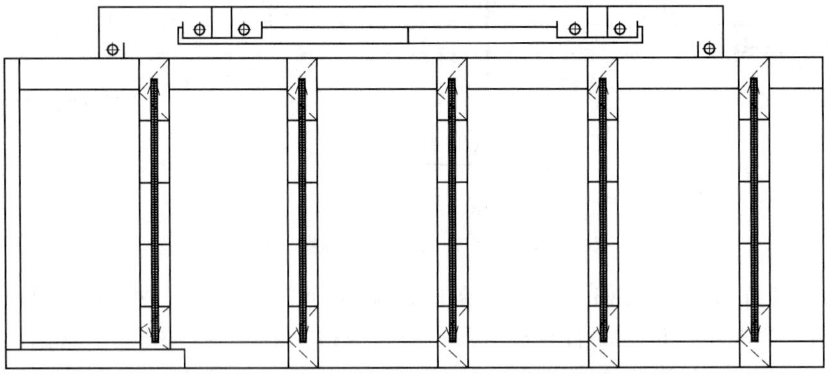

图 8－26　A 小法庭 1 立面图绘制步骤四

步骤五：标注装修尺寸、标高，引出线引出相关材料说明，画出相应剖视详图索引符号，注写图名、比例，如图 8－22（a）所示。

步骤六：查漏补缺，检查图面综合情况。

模块9 室内设备施工图的识读

课题一 室内给水排水施工图的识读

给水排水施工图表达的是建筑给水和排水工程配置的内容。本课题主要讲解室内给水排水施工图的识读，并通过情境教学，使学生初步掌握室内给水排水施工图的绘制。

1 学习目标

给排水工程是室内装饰装修工程中比较重要的工程之一，无论是家装还是公装都会涉及这个项目，常见的工程有卫生间、厨房、公共浴室等的给排水施工改造与安装等。掌握相应的知识能够为从事建筑装饰类工作带来较大的裨益。

2 学习内容

2.1 给排水施工图的组成

给排水施工图一般由4部分组成：设计说明、平面布置图、系统图、详图。

2.2 识读给排水施工图

2.2.1 熟悉图例

绘制给水排水施工图一般采用统一的图例，识图者应首先对这些图例有所了解。表9-1为室内给排水设计安装施工常用图例。这些图例符号只是示意性地表示相应的设备和器具，并不完全反映实物形状，其大小可以适当地按比例缩放，也可根据使用位置旋转适当角度，以方便制图。

表9-1 给排水施工图常见图例

名称	图例	名称	图例
给水管	J	洗脸盆	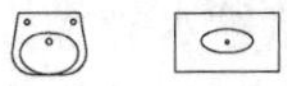
排水管	P	浴盆	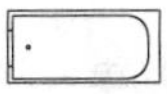
污水管	W	污水池	
管道交叉		蹲式大便器	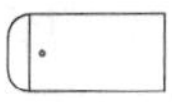
三通连接		坐式大便器	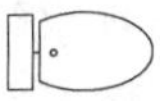
四通连接	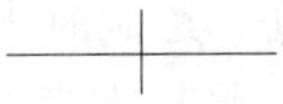	小便槽	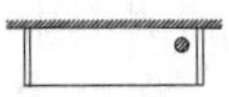
管道立管	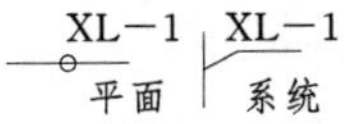	小便斗	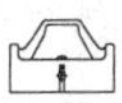
放水龙头		双槽洗菜盆	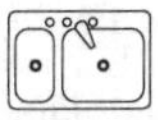

续表

名　称	图　例	名　称	图　例
存水管		自动冲洗水箱	
圆形地漏	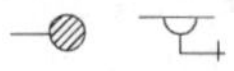	淋浴喷头	
截止阀	 DN>=50　DN<50	通气帽	
水表		阀门井、检查井	
消火栓		化粪池	 HC　HC

2.2.2　识读室内给排水平面图

室内给排水平面图是给排水施工图的重要图样，主要反映建筑物内部的管道与用水设备的布置。与建筑施工图一样，把管道与设备布置相同的楼层绘制在一个平面图，称为标准层平面图，底层平面图因要表示引入管和排出管的位置，因此必须单独绘制。在管道平面图中，不论管道在楼层上面还是在楼层下面，给水管道用粗实线表示，排水管道用虚线表示。

给水施工图的识图一般是先底层后上层，按进水方向的顺序识读，即：引入管→干管→主管→支管用水设备。

排水施工图的识读顺序正好和给水施工图相反，即：用水设备→存水弯→排水横管→排水主管→排水管→检查井→化粪池。

2.2.3　识读室内给排水系统图

室内给排水系统图主要表示室内给排水管网和设备的空间联系以及管网设备与房屋建筑的相对位置、尺寸等情况的立体图样，系统图是用正面斜等测图绘制的，比例与平面图相同，与平面图对照阅读，能了解室内整个给排水的管网情况。

识读给水系统轴测图时可按以下的流向进行：引入管→水表井（或阀门井）→干管→立管→支管→用水设备。

2.2.4　识读室内给排水工程安装详图

建筑给水排水工程详图常用的有：水表、管道节点、卫生设备、排水设备、室内消火栓等详图。看图时可了解具体构造尺寸、材料名称和数量，详图可供安装时直接使用。

3　学习情景

无论是读图还是绘制给排水施工图，其基本绘制原则都是：给水排水管道无论在地面上或地面下，在图上均画成可见，并按其图例绘制。位于同一平面位置的两根或两根以上的不同高度的管道，为图示清楚，习惯上画成平行排列的管道。管道无论明装还是暗装，平面图中的管线仅示意其安装位置，并不表示其具体平面定位尺寸。但若在墙内暗装管道，管道线应画在墙身断面内，并加以说明。当给水管与排水管交叉时，应连续画出给水管，断开排水管。

画系统图时，管径一般用公称直径 DN 表示，以 mm 为单位。图中应标注相对标高，并应与建筑图一致。轴测图中标高符号的画法与建筑图的标高画法相同。绘制时先确定立管位置，再画各层平面上的横管，然后画管道系统上相应的附件、器具等的图例，最后在适当位置注写管径、坡度、标高、编号，以及必要的文字说明等。

3.1　住宅厨房、卫生间给排水施工图的识读

【例 9-1】　识读某住宅厨房、卫生间给排水施工图（图 9-1），并学习绘制。

在识图之前，可查阅一下给排水常用图例，对于图纸内容有一个基本了解。由于只是单独取建筑

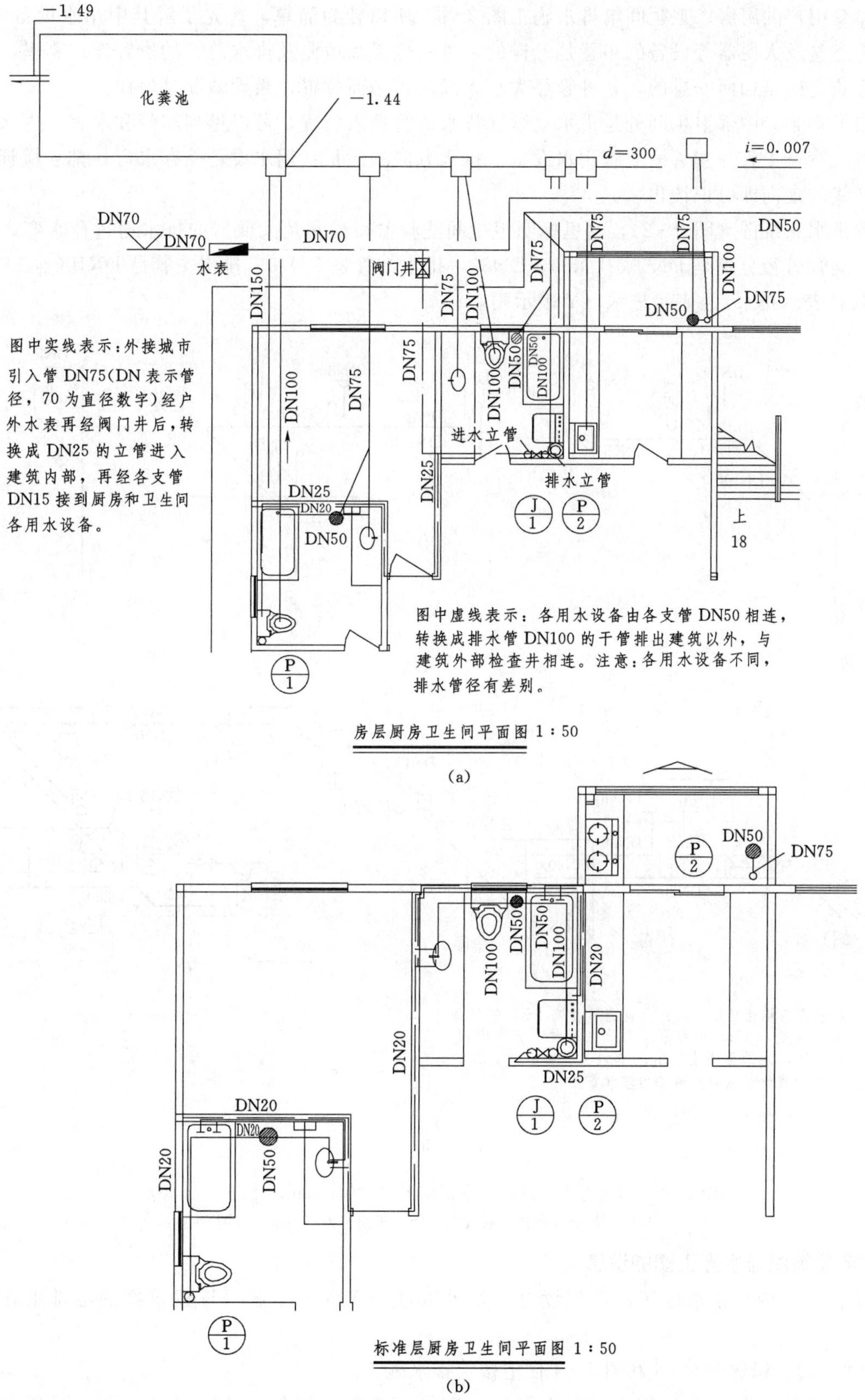

图 9－1 厨房卫生间给排水平面施工图

(a) 底层厨房卫生间平面图；(b) 标准层厨房卫生间平面图

物内部一套用户的厨房、卫生间给排水施工图来看，所以较为简单，首先了解其中用水设备如水池、洗脸池、浴盆及大便器等设备的布置是怎样的，进水位置和地漏及排水总管的位置设在哪里，给水管和排水管的走向是如何安排的，各种管径大小，以及其平面位置，敷设情况是怎样。

看图了解到，中部卫生间处是进水立管和排水总管接入位置，可以见到阀门和水表。进水方向顺序是：引入管→干管→主管→支管用水设备。排水方向顺序是：用水设备→存水弯→排水横管→排水主管。管线的走向即可识读出来。

再看排水系统图（图 9-2），这里标明卫生间洗脸盆，浴盆及大便器的排水通过存水弯，排入总排水管，支管管径分别是 DN50、DN50、DN32，排水横管是 DN75，排水主管是 DN100。

图中 P 表示排水，J 表示进水，Y 表示雨水。

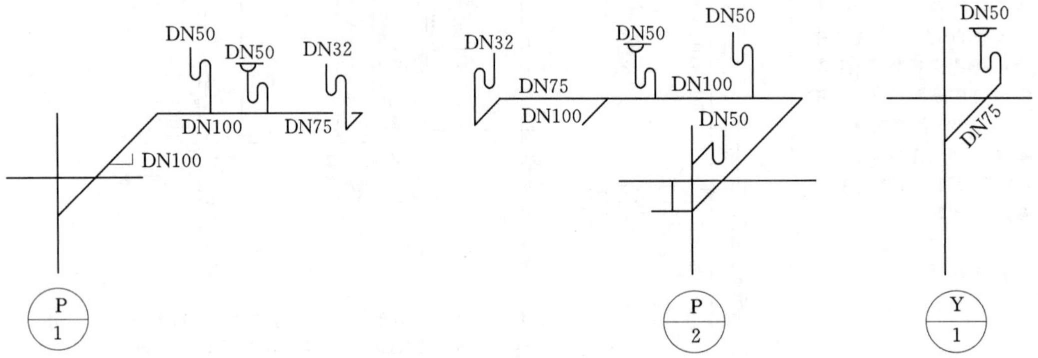

(a)

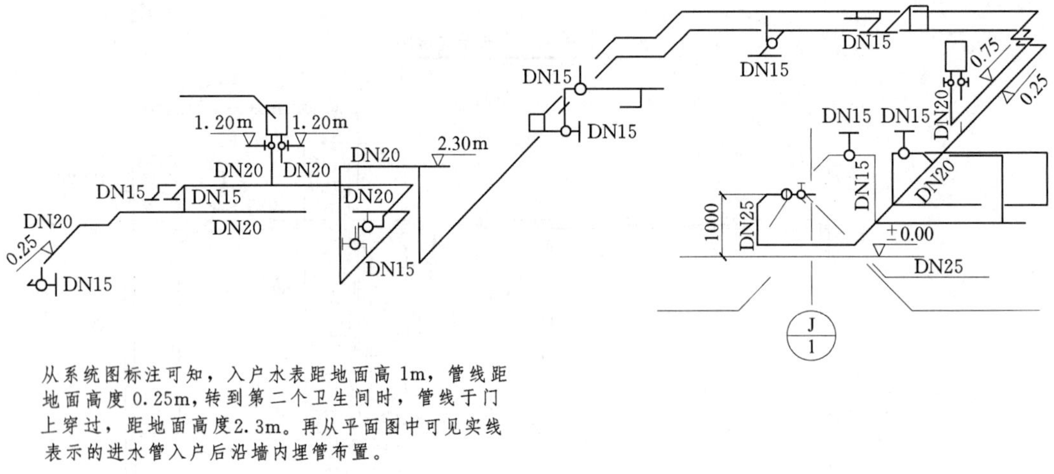

(b)

图 9-2 厨房卫生间进水排水系统图（单位：mm；比例：1∶50）
(a) 厨房卫生间排水系统图；(b) 厨房卫生间给水系统图

3.2 住宅建筑给排水施工图的识读

在掌握了套内给排水施工图的识读之后，可以进一步深入了解一栋建筑物的给排水施工图的识读。

【例 9-2】 识读图 9-3 和图 9-4 住宅楼给排水施工图。

(1) 先查阅给排水常用图例，对于图纸内容做一个基本了解。从底层平面图上可以看到以下内容。

1) 给水总管和排水总管的走向、埋深位置、阀门井、检查井、化粪池的位置。

2) 给水与排水的主管、干管、支管的管径大小，以及其平面位置。

3）建筑物内部的用水设备的布置，如洗脸池，水池、浴盆及大便器等设备布置。

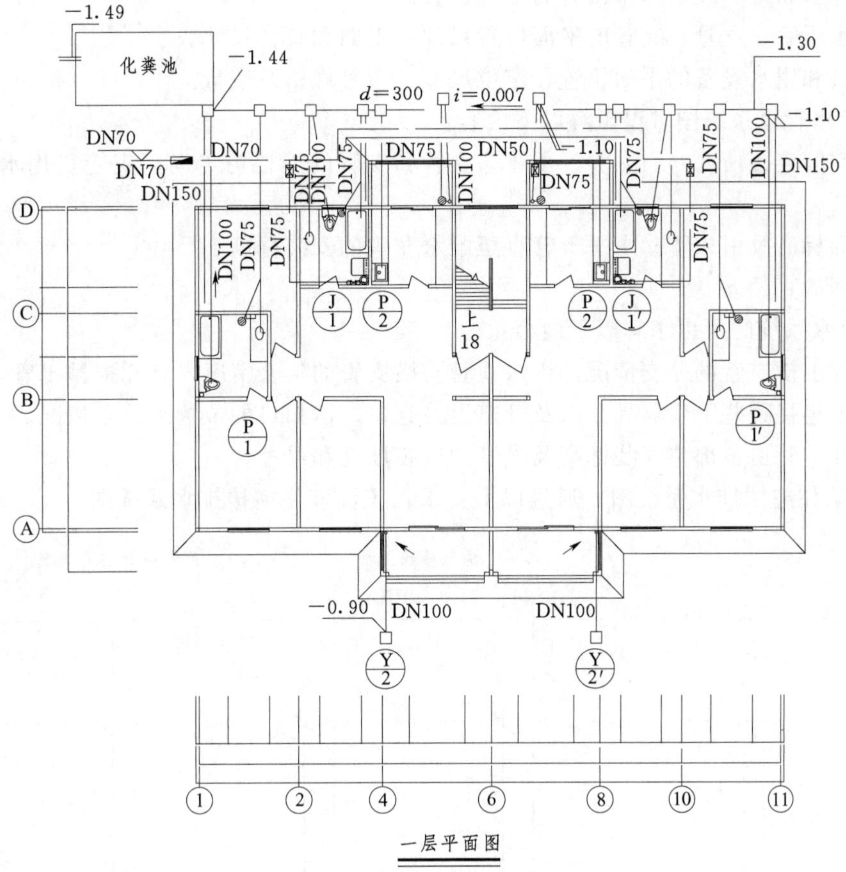

图 9－3　住宅楼一层给排水平面图

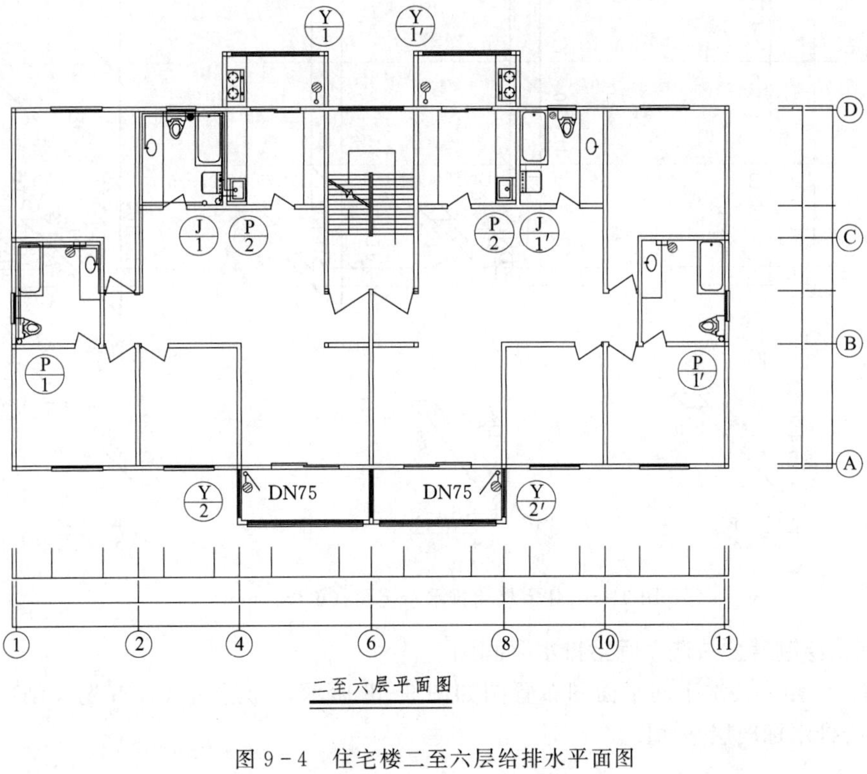

图 9－4　住宅楼二至六层给排水平面图

（2）从标准层平面图你可以看出以下内容。

1）给水进户管和污（废）水排出管的平面位置。

2）给水排水干管、立管、支管的平面位置尺寸、走向和管径尺寸。

3）卫生器具和用水设备的平面位置、定位尺寸、型号规格及数量。

（3）识读给水管道系统图可以了解以下内容。

1）管网的空间连接情况，引入管、干管、立管和支管的连接与走向，支管与用水设备的连接与分布情况。

2）楼层地面标高及引入管、水平干管直至配水龙头的安装标高。

3）整个管网的直径。

（4）识读排水系统图可以了解以下内容。

1）排水立管上横支管的分支情况，排水立管与横支管的汇合情况，有几根排出管，走向如何。

2）横支管上连接哪些卫生器具，以及管道上检查口、清扫口的位置和分布情况。

3）管径尺寸、管道各部位安装标高及横管的安装坡度和尺寸。

图 9－5 为某住宅楼排水系统图，通过以上要求，识读该住宅楼排水系统图。

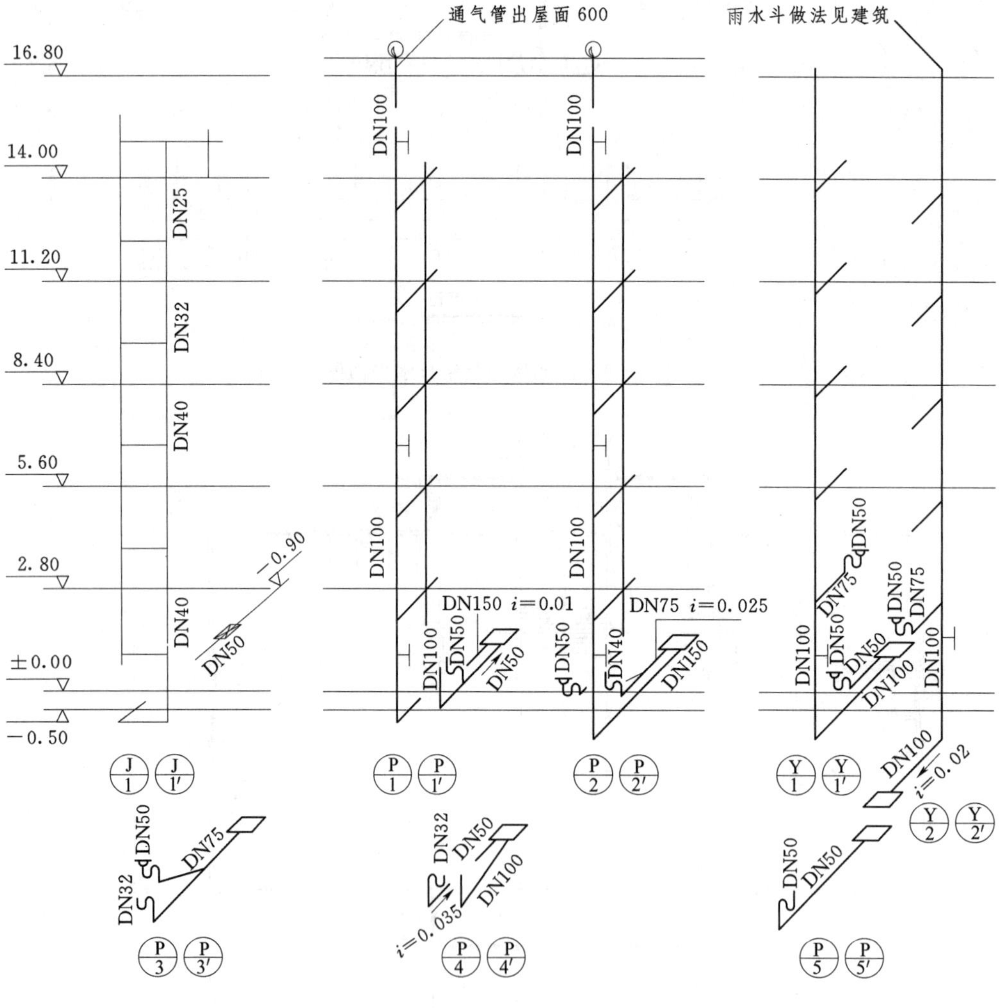

图 9－5　住宅楼给排水系统图（单位：mm）

3.3　拓展训练：绘制某公共洗手间给排水平面图

【例 9－3】 已知公共洗手间平面图布置图如图 9－6 所示，通过图纸，首先详细了解图纸内容，绘制该图纸的给排水标准层平面图。

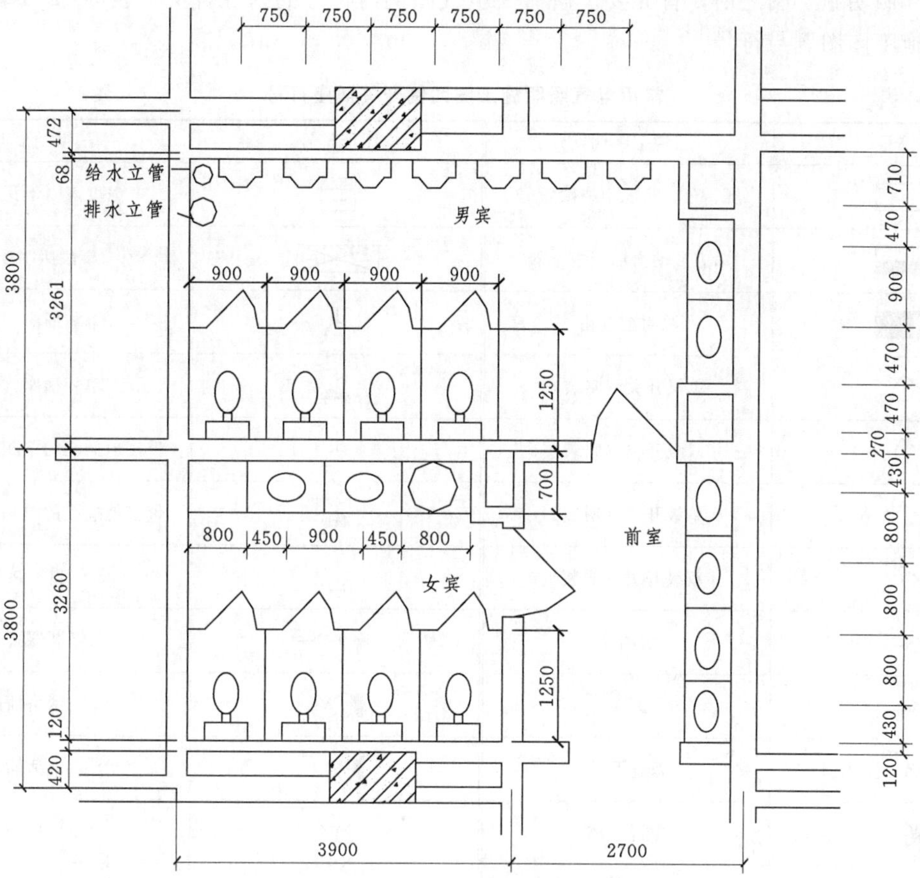

图 9-6　公共卫生间平面布置图（单位：mm）

参考作图步骤：

（1）识读建筑平面图，清楚卫生设施平面布置情况。

（2）明确任务，考虑给水管道平面布置形式。

（3）熟悉必要的图例。

（4）注写编号和说明文字等。

课题二　室内装饰设计电气施工图识读

1　学习目标

了解识读电气施工图的基本知识。

建筑室内装饰电气设备的形式、位置直接影响建筑内部的装饰效果，作为建筑装饰人员应了解这些设备的基本知识，并能够阅读简单的室内设备施工图，才有助于我们的工作。

2　学习内容

掌握电气施工图的基本内容和一般规定。电气平面图是表示电气设备、装置与线路布置的，这些都是用图例画在建筑平面图上，图上主要表明电源进户线，电路敷设，电气设备安装位置、方式，配电箱位置、线路规格及根数及导线走向等。它是电气施工的主要图纸。

电气施工图的分类，一般按用途分成两类，一为强电，即动力照明类；二为弱点，即电话，网络线和有线电视线路等。

识读电气照明施工图之前，首先要了解有关电气图例与符号的内容含义。表 9－2 和表 9－3 为常用电气照明施工图图例与符号。

表 9－2　　常用电气照明施工图图例开关插座符号

图形符号	说　明	图形符号	说　明
	屏、台、箱、柜一般符号		电度表（千瓦小时计）
	动力或动力照明配电箱		事故照明配电箱
	照明配电箱		单相插座（明装）
	单机开关（暗装）		单相插座（暗装）
	双级开关（暗装）		带接地插孔的单相插座（明装）
	单级开关（明装）		带接地插孔的单相插座（暗装）
	双级开关（明装）		重复接地
	短路器		熔断器式开关
	开关	WL	网络插座
	双连开关	TEL	电话插座
	电源插座	P	排气风扇插座
	空调插座	T	抽油烟机插座
TV	电视插座	LD	漏电开关

表 9－3　　常用电气照明施工图图例中灯具符号

图形符号	说　明	图形符号	说　明
	荧光灯一般符号		灯的一般符号
	三管荧光灯		球形灯
5	五管荧光灯		花灯
	防爆荧光灯		顶棚灯
	暗藏灯带		壁灯
	暗藏光管		吸顶灯
	发光灯盘		投光灯
	排气扇		聚光灯
	应急灯		装饰吊灯
	花式吊灯		台灯或落地灯

第二要了解基本的电路原理。电路中电气设备、元件等通过导线相连，构成的是一个闭合回路。这样是便于实际施工时对电气设备、元件和配线的安装、接线和查线用。每一个单元内部的电气设计，都会设计成几个相互并联闭合回路，如普通插座回路、照明回路、空调插座回路等，以使某一个回路出现问题后自行断开，而不会影响其他回路正常工作。

第三要了解电气平面图的布图习惯。对于相同平面，一般把电气设计分成几个不同类型的图纸进行表示。例如同一个建筑内部平面图中，就分别绘成照明平面图、插座布置平面图、弱电平面图等。电气图例与符号应用细实线绘制，不画房屋的细部内容。

要认识电气系统图和接线原理图。电气系统图是根据用电量和配电方式画的，它表示建筑内部配电系统的组成与连接的示意图。从装修的角度来看，它不属于家庭装修电气设计的范围，我们对它的认识可作为装修改造的依据。建筑装饰范围内常只要求绘制照明系统图即可。照明系统图是表示建筑物内的照明及其日用电器等配电基本情况的工程图样，表示建筑物内的配电系统和容量分配情况、配电装置、导线型号、截面、敷设方式及穿管管径、开关与熔断器的规格型号等。

室内电气系统接线原理：进户线→配电箱→干线→支线→用电设备。

3 学习情境

【例 9-4】 以 3 个功能房间为例，其开关照明的控制方式各不相同，以图示形式作其照明平面图。

这个环节的学习主要是要对简单电路图有所了解，由易到难，正规的装饰电气施工图虽然不是这么简单，但是它的线路布置原理是一致的。

房间一，以厨房为例，其照明设计最为简单，只需要一个开关控制一盏灯，图中只需画出一个单联开关和一个吸顶灯。如图 9-7 所示，一个单联开关控制一盏灯。

房间二，以主卧室为例，其照明略为复杂，为方便使用，以便于从两处的位置进行控制，常设计为两个开关控制一盏灯。图中需画出两个双联开关和一个吸顶灯。如图 9-8 所示，两个双联开关控制一盏灯。

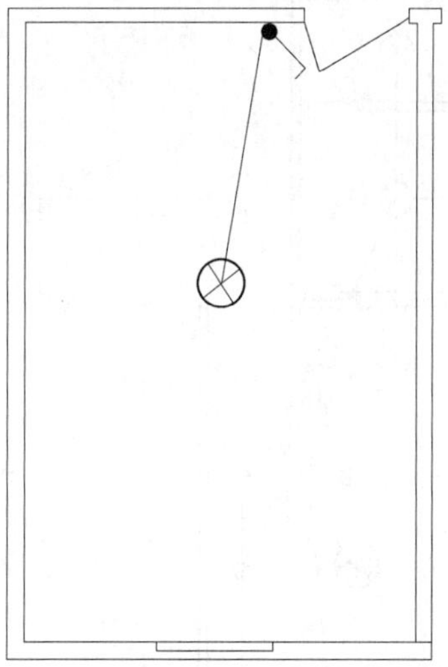

图 9-7　单联开关控制一盏灯

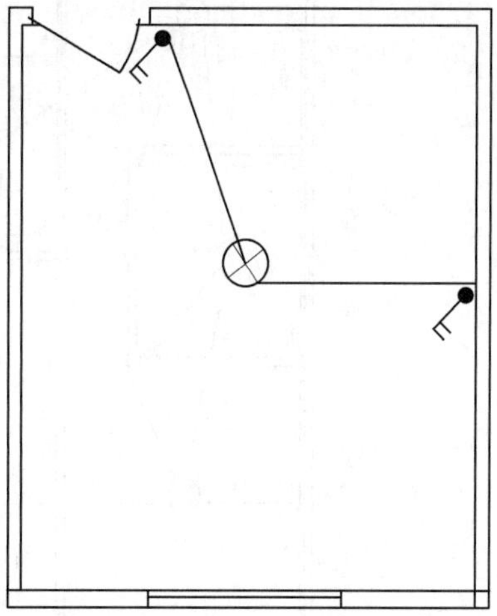

图 9-8　双联开关控制一盏灯

房间三，以客厅为例，其照明设计比较复杂，不同的行为需要不同的照度和照明类型，因此需要设置数量不同的灯具形式，这就需要由多个开关控制多盏不同类型和数量的灯，以满足不同的生活行为需要，常设计为多个开关控制多盏灯。图中需画出各个不同类型的灯具及位置，有几个控制类型就画出几个单联开关。如图 9-9 所示，由一组开关控制数盏灯。房间三的图示还可以作为装修工程中广泛应用的灯位图。在增加说明灯具的种类、规格、安装位置和安装技术要求的同时，还要详细地画出部分建筑装修结构。

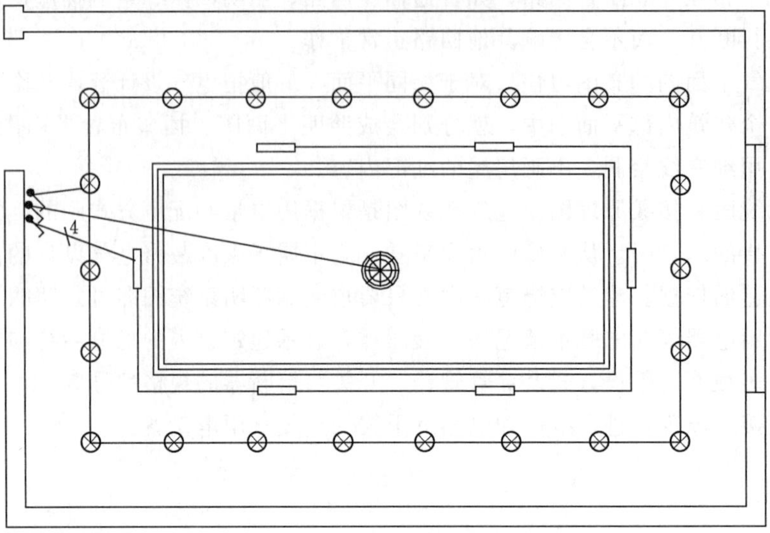

图 9－9　一组开关控制数盏灯

【例 9－5】　一张住宅室内照明布置平面图的识读。

如图 9－10 所示，这是一个较简单的照明线路图，从这个平面图上我们可以看出它实际上是一单元式套房，是有 3 室 2 厅 2 卫 1 厨的住宅。电源从分户配电箱引出后，分别向图样的左、中、右 3 个方向引出①、②、③总共 3 条供电线路，其中①、②为照明供电，③为插座供电。从图中可以看出这 3 条主要供电线路上都标有 3 条短横线，说明这 3 个方向的导线都是由 3 根导线所组成的三相四线制，从线路的走向和位置上来看，这些导线都属于暗敷设施工。

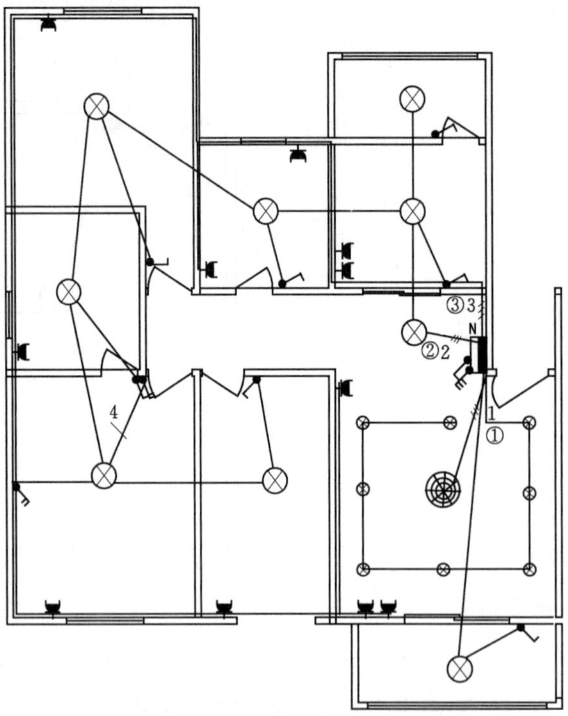

图 9－10　单元套房室内照明布置平面图

①号供电线路。①号供电线路由照明配电箱引出来，主要负责向客厅照明灯和生活阳台照明提供电源。这条供电线路包括 8 盏内嵌式安装灯具（筒灯）、一盏 8 头管吊式安装吊灯和一盏座式安装的生活阳台照明吸顶灯，灯具的悬挂高度分别是距地面 2.4m 和 2.2m。它们由一个三极开关、一个单极开关分二路控制。客厅有不同暗装插座 3 个。

②号供电线路。②号供电线路由照明配电箱引出后，分别向餐厅、厨房、次卧室、卫生间、主卧室和工作阳台的各种灯具供电。根据相关图例、数字和字母符号，我们看出各个卧室安装的是悬挂高度距地面 2.2m、40W 的吸顶灯，室内安装暗装插座各一个。厨房和工作阳台安装的是高度距地面 2.4m、25W 的吸顶灯，室内安装插座两个。卫生间安装的是一盏吸顶安装高度距地面 2.4m、25W 防水灯，室内安装插座一个。上述这些灯具均分别由单极暗装开关控制。②号供电线路总计有各种灯具 8 盏和相关配套的控制开关。

③号供电线路。这条供电线路由照明配电箱引出后，主要是为各个房间所有的 12 个暗装保护接地插座提供专用电源。

【例 9－6】 识读某一梯两户住宅楼电气施工图实例。

为了能较快地看懂电气工程图，先要了解本住宅建筑的整个工程概况。在识图之前，可查阅一下建筑电气常用图例，这样对图纸内容才会有一个基本了解。

如图 9－11、图 9－12 所示，从电气照明平面图上可以看到以下内容。

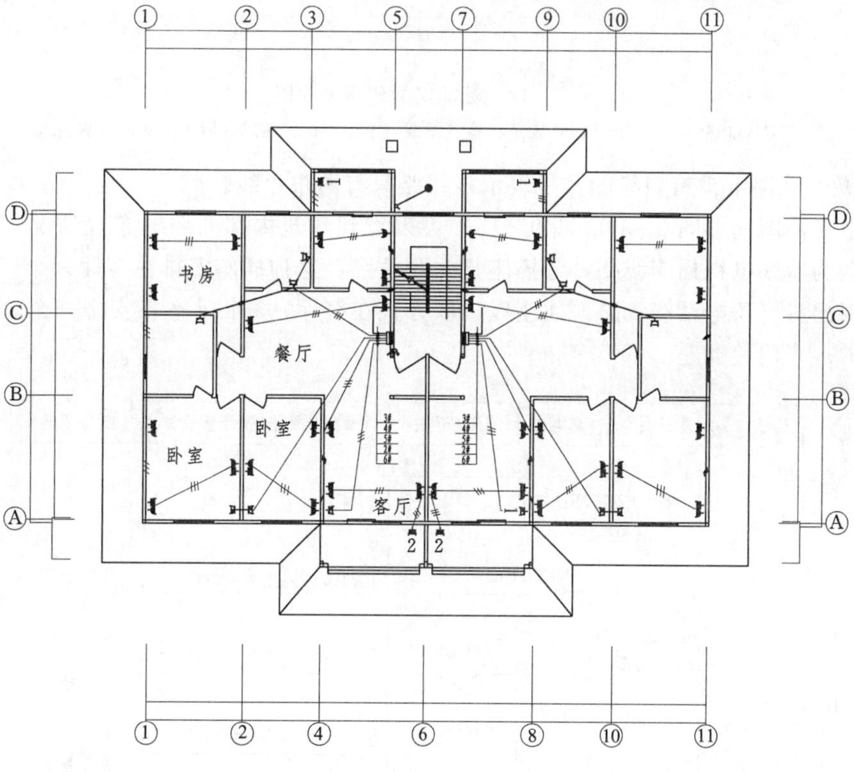

图 9－11　一层照明平面图

（1）照明线路的配线方式，敷设位置，线路的走向，导线的型号、规格及根数，导线的连接方法。从入户位置的变电箱引出 5 个回路，分别对应 5 条不同方向的进入各个房间的线路，以及它们连接的灯具和插座。照明用线有两条，其中一条提供卧室、卫生间和厨房照明用电；另一条提供客厅、餐厅照明用电，照明灯具的开关均为暗装单级开关。其他 3 条线路提供家用电器用电。

（2）建筑内部照明开关和插座布置情况，安装方式、位置、标高及控制方式。通过图例可以了解到各灯头、开关的位置和走线。图 9－11 中可见，有些线路上有 3 小斜线，表示该线路有 3 根单线。说明这 3 根导线分别是相线、零线和保护线。这些导线均用 2.5mm 的钢芯聚氯乙烯穿管径 20 的

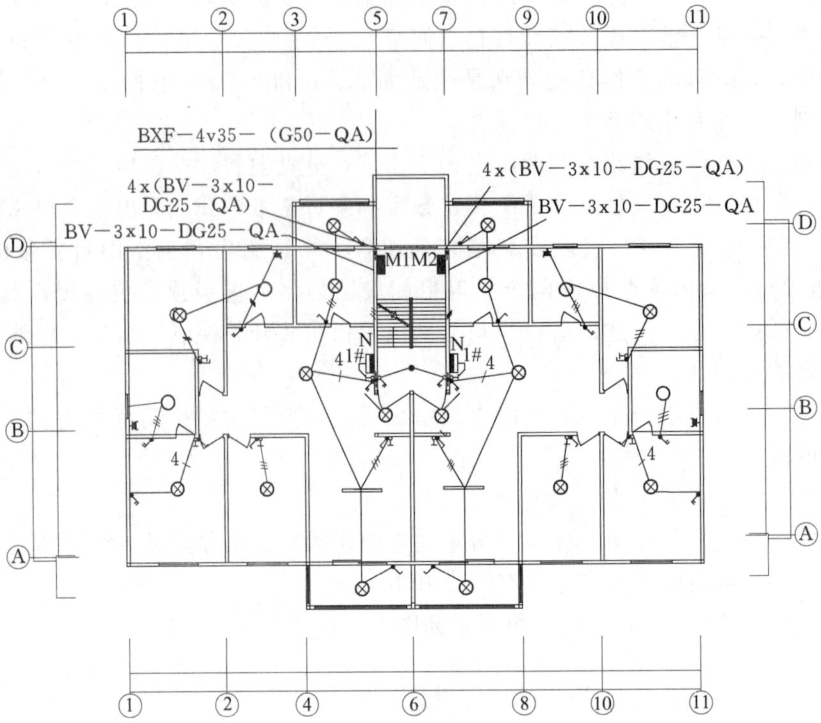

图 9－12　标准层层照明平面图

注：BXF－4x35－（G50－QA）表示：橡胶铜线，4 根 35mm² 的线用 50 的钢管暗敷引入。

PVC 管沿墙暗敷。线路上没有斜线的，是表示该线路只有两根单线。

从电气弱电平面图上（图 9－14、图 9－15）可以看到建筑内部的弱电布置情况。从入口处引入两种分线，一条为有线电视插座线路，各插座是并联关系，这种插座安排在客厅一个，卧室一个。入口处分线盒还引出另一条电话线线路，插座以串联方式在客厅，3 个卧室各安排一个。此外入口处还有从户外接入的一个门铃插座。

进线	总开关	配电箱	分支开关	导线型号规格、管径敷设方式	回路用途

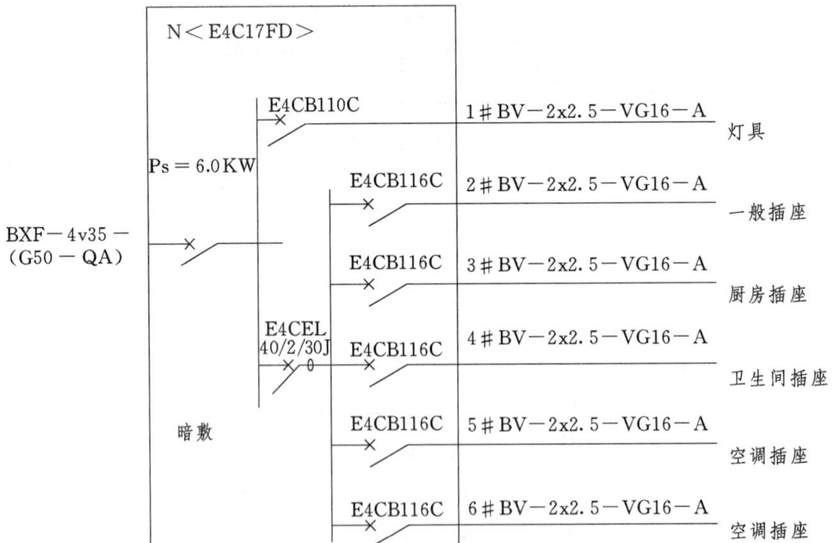

图 9－13　住宅照明配电系统图

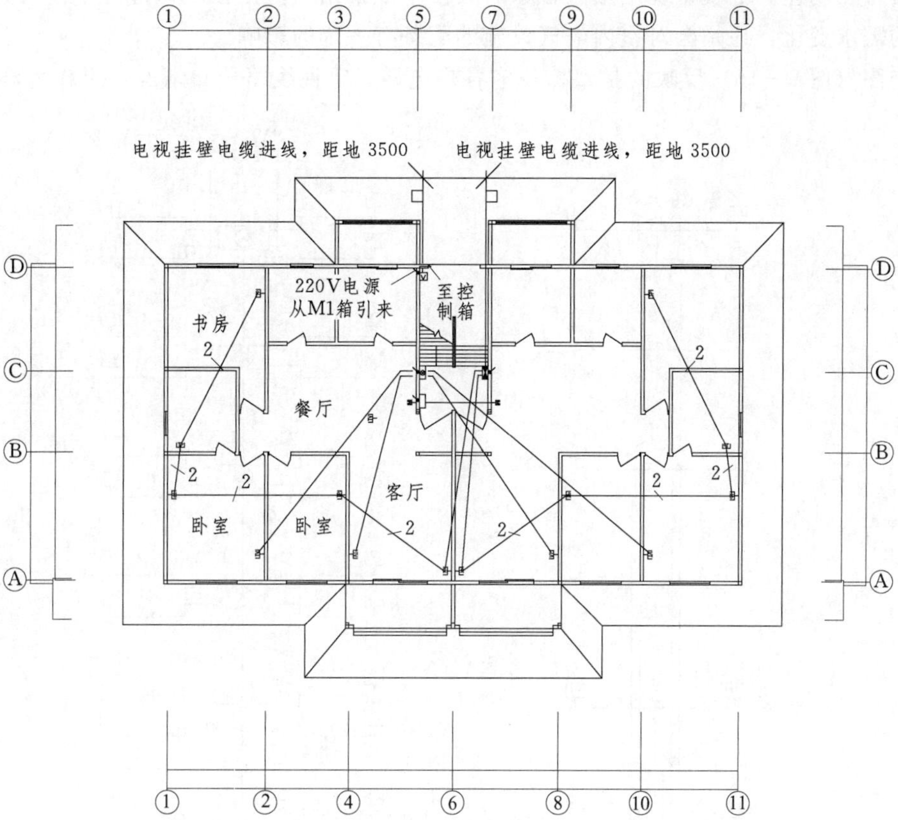

图 9-14　一层弱电平面图（单位：mm）

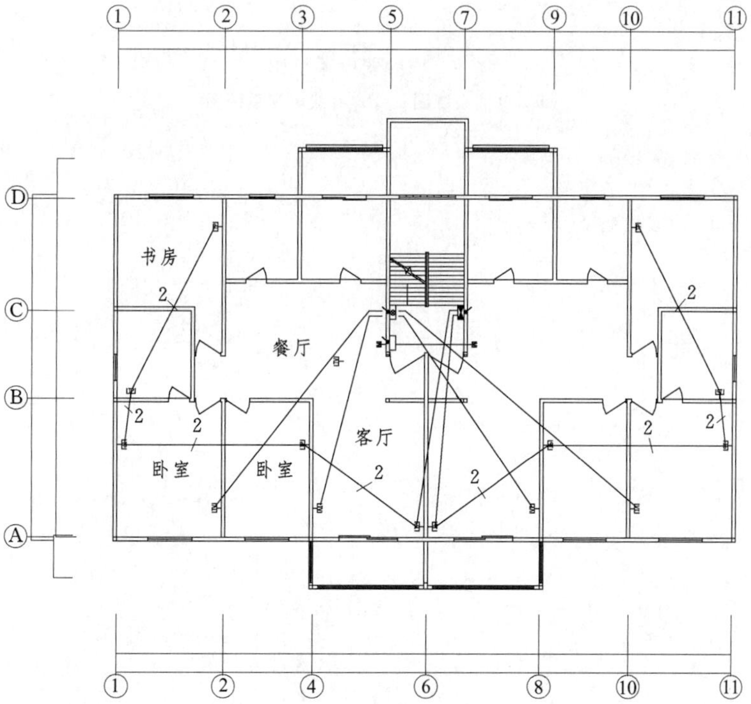

图 9-15　标准层弱电平面图

识读配电系统图（图 9-13）可以了解电源的引进位置，干线的分布情况，所用导线的型号和规格，各回路编号及用途。电气系统图虽然在家居装修中不常用，但是在装修过程中涉及到电气设备的种类、容量的需求变化，还是会对室内电气设施的配备有一定的影响。

弱电系统图（图 9-16）反映的是整栋住宅各户电话、电视线路分布情况，可作为学习的参考。

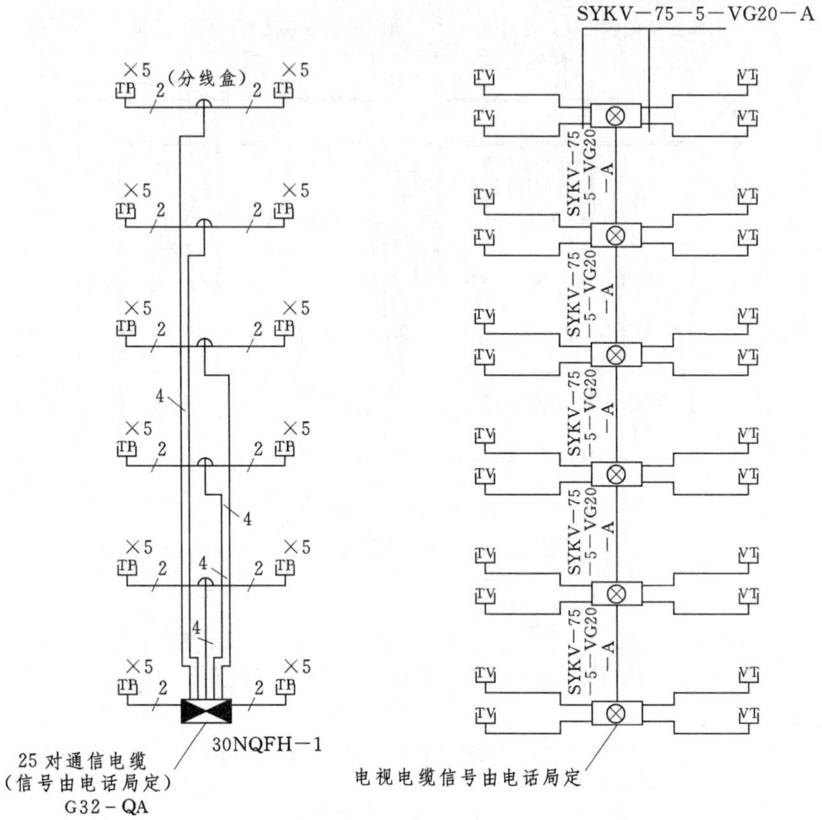

(a)　　(b)

图 9-16　弱电系统图

(a) 电话系统图；(b) 有线电视系统图

模块 10　制图与识图综合实训

1　学习目标

培养学生理论与实践相结合的应用能力，充分掌握投影知识；全面训练学生识读房屋建筑图的基本技能；拓展学生制图与简单设计结合的技能。

2　学习内容

认真阅读所给图纸（某综合楼建筑设计图）、附图（一套综合楼建筑图，图 10－1～图 10－11），通过识图对该工程内容有基本了解，能够按照识图要求（模块 6）逐一解答平面图、立面图、剖面图、详图等所示内容。

3　学习情景

3.1　制图与识图基本能力训练

在正确识读图纸之后，补充以下内容的图纸。

（1）1～5 立面图，A～F 立面图。

（2）3—3 剖面图。

（3）完成卫生间给排水平面布置图。

（4）完成一个办公室基本用电设备平面布置图。

要求：图纸规格：A2(594mm×420mm)，与原图纸有统一的图名和图号，所有字应用仿宋字整齐书写，利用工具手工绘图。

3.2　拓展训练

在原图所示内容的基础上，根据情况，结合所学装饰电气设计知识，参考相关的资料，完成综合楼中活动室的室内设计方案，内容包括：办公室平面布置图、立面布置图、天花设计图、剖面图、某位置详图。

以上所绘图样要求投影正确、图线符合制图要求、图线光顺、布图合理、字体工整、图面质量好。天花设计部分灯具线路布置合理，适当满足美观的要求。

3.3　书写实训报告

报告内容应有实训过程，实训成果和实训感想或收获。

建筑设计说明

一、本工程为××学院综合楼工程，建筑面积为 1434m²。

二、本工程的设计是依据甲方提供的设计任务书、规划部门的意见、本工程的岩土工程勘察报告及国家现行设计规范进行的。

三、本单体建筑消防等级为2级。

四、高程系统采用当地规划部门规定的绝对标高系统，±0.000相当于当地规划部门规定的绝对标高+26.600m。

五、图中尺寸以毫米为单位，标高以米为单位，除顶层屋面为结构标高外，其他均为建筑标高。

六、本工程外填充墙采用 300mm 厚石渣空心砖墙，内填充墙采用 180mm 厚石渣空心砖墙，M5 混合砂浆砌筑，120mm和60mm厚的内隔墙采用红砖，M10水泥砂浆砌筑。地下室填充墙采用红砖，M5 混合砂浆砌。

七、±0.000 以下墙体采用红砖，M5 水泥砂浆砌筑；低于室内地坪 0.100 处墙身增铺 20mm 厚1:2 防水砂浆防潮层。

八、建筑构造用料及作法。

1. 室内装饰。

地 1：a. 8～10mm 厚防滑地砖铺实拍平，水泥浆擦缝。
b. 25mm 厚 1：4 干硬性水泥砂浆，面上撒素水泥。
c. 素水泥浆结合层一遍。
d. 80mm 厚 C10 混凝土。
e. 素土夯实。

楼 1：a. 8～10mm 厚防滑地砖铺实拍平，水泥浆擦缝。
b. 25mm 厚 1：4 干硬性水泥砂浆，面上撒素水泥。
c. 素水泥浆结合层一遍。
d. 钢筋混凝土楼板。

楼 2：a. 8～10mm 厚防滑地砖铺实拍平，水泥浆擦缝。
b. 25mm 厚 1：4 干硬性水泥砂浆，面上撒素水泥。
c. 1.5mm 厚聚氨酯防水涂料，面上撒黄砂，四周沿墙上翻 150mm高。
d. 刷基层处理剂一遍。
e. 15mm 厚 1：2 水泥砂浆找平。
f. 50mm 厚C20 细石混凝土找0.5%～1%坡，最薄处不小于 20mm。
g. 钢筋混凝土楼板。

踢 1（150mm 高）：
a. 17mm 厚 1：3 水泥砂浆。
b. 3～4mm 厚 1：1 水泥砂浆加水重20%107胶镶贴。
c. 8～10mm 厚黑色面砖，水泥浆擦缝。

裙 1：a. 17mm 厚 1：3 水泥砂浆。
b. 3～4mm 厚 1：1 水泥砂浆加水重20%107 胶镶贴。
c. 4～5mm 厚面砖，水泥浆擦缝。

墙 1：a. 15mm 厚 1：3 水泥砂浆。
b. 5mm 厚 1：2 水泥砂浆。
c. 满刮腻子。
d. 刷或滚乳胶漆两遍。

顶 1：a. 钢筋混凝土板底面清理干净。
b. 7mm 厚 1：3 水泥砂浆。
c. 5mm 厚 1：2 水泥砂浆。
d. 满刮腻子。
e. 刷或滚乳胶漆两遍。

顶 2：a. 轻钢龙骨标准骨架。主龙骨中距 900～1000mm 次龙骨中距500mm 或605mm，横龙骨中距 605mm。
b. 500mm×500mm 或 600mm×600mm 厚10～13mm 石膏装饰板，自攻螺钉拧牢，孔眼用腻子填平。

注：一层卫生间吊顶高度为 3000mm，二、三层卫生间吊顶高度为 2500mm；一层餐厅、走道、厨房吊顶高度为 3400mm；二、三层走道吊顶高度为 2500mm。

2. 外墙面。

贴墙面砖：a. 20mm 厚 1：2 水泥砂浆贴 5mm厚墙面砖。
b. 20mm 厚 1：2 水泥砂浆掺 107 胶。

刷涂料：a. 刷外墙无光乳胶漆 2 遍。
b. 5mm 厚 1：1：3 水泥石灰砂浆面层。
c. 13mm 厚 1：1：5 水泥石灰砂浆打底找平。

其他室外装饰详见立面图。

3. 台阶做法

参见98ZJ901 $\left(\frac{1}{9}\right)$，面层同相邻地面做法；散水参见98ZJ901 $\left(\frac{2}{4}\right)$。

4. 屋面做法。

屋 1（上人、有保温层）：
a. 30mm 厚 250mm×250mm，C20 预制混凝土板，缝宽 3～5mm、1：1 水泥砂浆填缝。
b. 刷基层处理剂一遍。
c. 20mm 厚 1：2.5 水泥砂浆找平层。
d. 干铺 150mm 厚加气混凝土砌块。
e. 钢筋混凝土屋面板，板面清扫干净。屋 2（不上人屋面）：
a. 4mm 厚 APP 改性沥青防水i卷材，表面带页岩保护层。
b. 刷基层处理剂一遍。
c. 20mm 厚 1：2.5 水泥砂浆找平层。
d. 钢筋混凝土屋面板，板面清扫干净。

八、楼梯做法。

1. 梯面：同走廊楼面。
2. 楼梯底板：同顶棚。
3. 楼梯扶手：选用图集 98ZJ401 $\left(\frac{W}{6}\right)$，详见建筑图。
4. 栏杆地脚采用螺栓后化学固定。

九、门窗。

1. 预埋在墙或柱中的木（铁）件均应作防腐（防锈）处理。
2. 除特别标注外，所有门窗均按墙中线定位。
3. 室内门详见图集 98ZJ，木门刷底漆2遍，乳白色调和漆2遍。
4. 窗采用成品塑钢窗，选用 70mm、90mm 框料。
5. 门窗按设计要求由厂家加工，构造节点做法及安装均由厂家负责提供图纸，经甲方看样认可后方可施工。

十、防潮层：在－0.100 处作 20mm 厚1：2水泥砂浆加5%防水粉。

十一、其他：

1. 墙体每 500mm 高设 2φ6 拉筋与相邻钢筋混凝土柱（墙）拉筋接通，如墙体上有门窗时钢筋混凝土带设在门窗洞上。
2. 凡要求排水找坡的地方、找坡厚度大于 30mm 时，均用 C20 细石混凝土找坡，厚度小于 30mm 时，用 1：2 水泥砂浆找坡。
3. 所有外露铁件均应先刷防锈漆一道，再刷调合漆两道。
4. 凡入墙木构件均应涂防腐油。
5. 厕所间，沐浴间，厨房内墙面及隔墙面均贴瓷砖到顶。
6. 餐厅内卖饭窗口采用铝合金制作，镶白色玻璃，形式要求由厂家加工，经甲方认可后方可使用。
7. 一切管道穿过墙体时，在施工中预留孔洞，预埋套管并用砂浆堵严。
8. 本设计按七度抗震烈度设计，未尽事宜均严格遵守国家各项技术规程和验收规范。

十二、凡图中未注明和本说明未提及者，均按国家现行规范执行。

部位＼名称	地面	楼面	踢脚	墙裙	墙面	天棚
楼梯间	地1（红色 300mm×300mm 楼梯砖）	楼1（红色 300mm×300mm 楼梯砖）	踢1（150mm×300mm）		墙 1	顶1
教室、办公室、活动室、会议室		楼1（米色 500mm×500mm 地砖）	踢1（150mm×150mm）		墙 1	顶1
餐厅、走道	地1（红色 500mm×500mm 地砖）	楼1（红色 500mm×500mm 地砖）	踢2（150mm×150mm）	裙1（白色暗花 200mm×300mm 面砖）150mm面	墙 1	顶2
厨房	地1（红色 300mm×300mm 地砖）				裙1（白色暗花 150mm×200mm 面砖）	顶2
卫生间	地1（红色 300mm×300mm 地砖）	地2（红色 300mm×300mm 地砖）			裙1（白色暗花 150mm×200mm 面砖）	顶2
地下室	地1（米色500mm×500mm地砖）		踢1（150mm×500mm）		墙 1	顶1

建筑设计研究院				工程名称	综合楼
证书号				图 名	建筑设计说明
电 话					
单位负责人		审 核		设计编号	
技术负责人		校 对		图 号	建施—01
工程负责人		设 计		比 例	
专业负责人		描 图		日 期	
		档案号			

图 10-1 建筑设计说明

建筑设计研究院	目　录		共 2 页	第 1 页
	综合楼 （建筑图纸部分）		日期 阶段	施工图
序号	图号	名称	折算幅面	备注
1	建施—01	建筑设计说明	A2	
2	建施—02	建筑一层平面图	A2	
3	建施—03	建筑二、三层平面图	A2	
4	建施—04	建筑出屋顶楼层平面图	A2	
5	建施—05	建筑屋顶平面图	A2	
6	建施—06	建筑地下室平面图、1—1 剖面图	A2	
7	建施—07	建筑立面图	A2	
8	建施—08	建筑 2—2 剖面图	A2	
9	建施—09	厕所及老虎窗详图	A2	
10	建施—10	门窗详图及门窗表	A2	
11	建施—11	楼梯详图	A2	
	目—1	目　录	$\frac{1}{4}$A2	
		总　计	11$\frac{1}{4}$A2	
设计：		审核：	技术总负责人：	

建筑设计研究院	目　录		共 2 页	第 2 页
	综合楼 （结构图纸部分）		日期 阶段	施工图
序号	图号	名称	折算幅面	备注
1	结施—01	结构设计说明	A2	
2	结施—02	基础平面布置图	A2	
3	结施—03	J—1、J—2、J—3 详图	A2	
4	结施—04	J—4、J—8 详图	A2	
5	结施—05	地下室、一层结构平面图	A2	
6	结施—06	二层结构平面图	A2	
7	结施—07	屋面结构平面图	A2	
8	结施—08	一层楼面梁结构图	A2	
9	结施—09	二层楼面梁结构图	A2	
10	结施—10	地下、柱平面结构图	A2	
11	结施—11	屋面梁结构图	A2	
12	结施—12	一层柱平面结构图	A2	
13	结施—13	二、三层柱平面结构图	A2	
14	结施—14	出屋顶楼层柱平面结构图	A2	
15	结施—15	楼梯结构图	A2	
	目—2	目　录	$\frac{1}{4}$A2	
		总　计	18$\frac{1}{4}$A2	
设计：		审核：	技术总负责人：	

图 10－2　目录

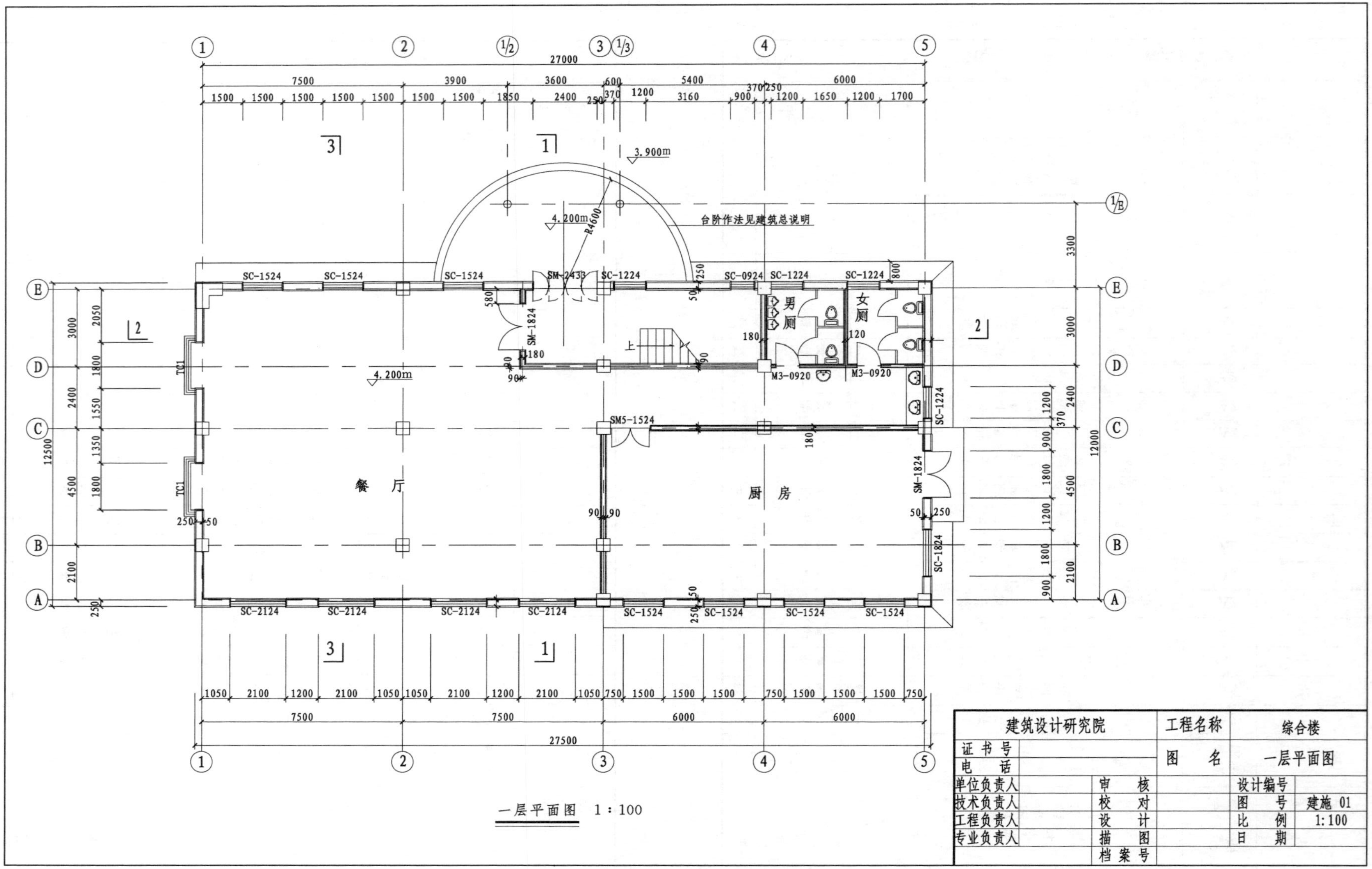

图 10-3 一层平面图(单位：mm)

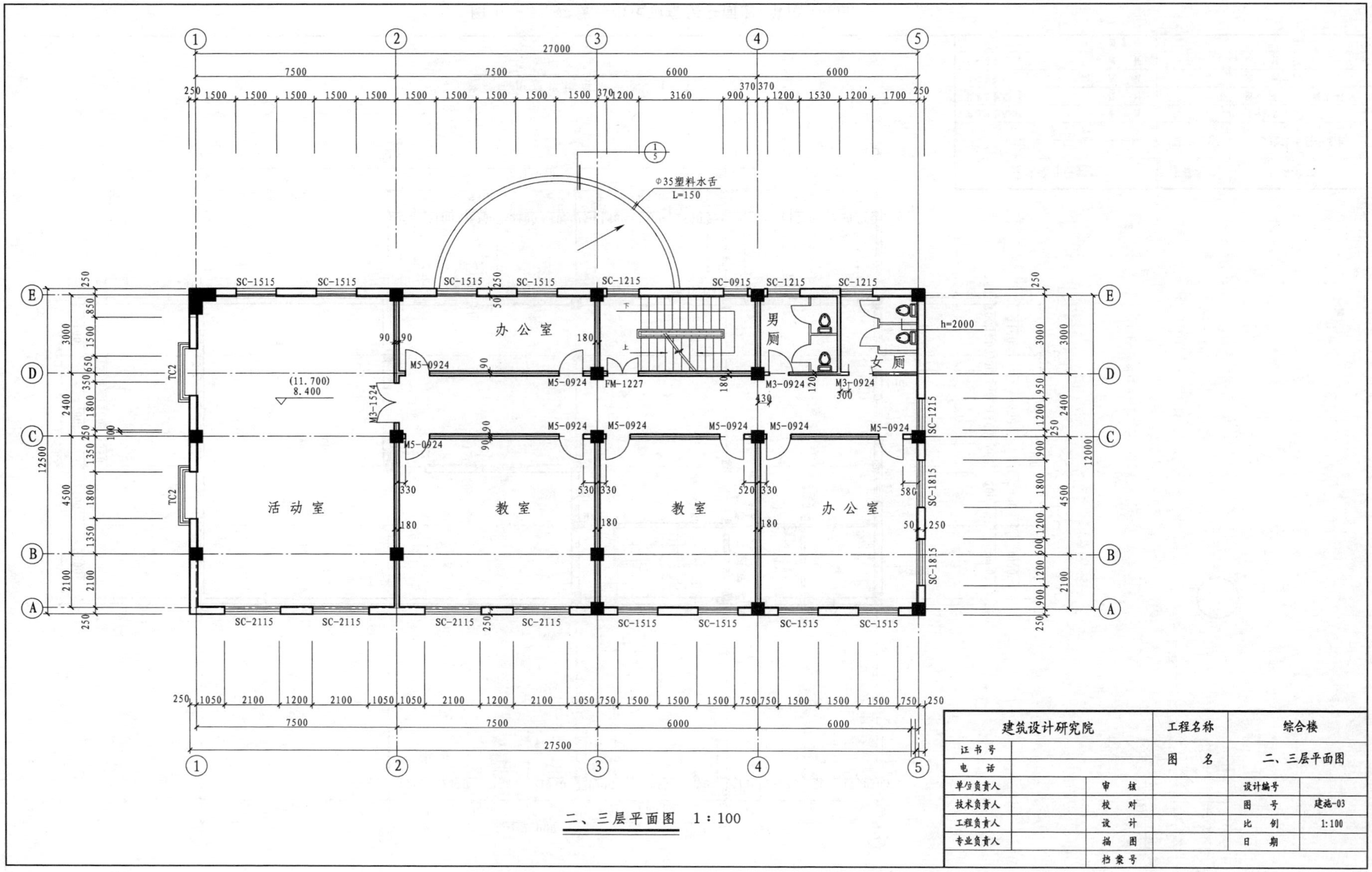

图 10-4 二、三层平面图(单位：mm)

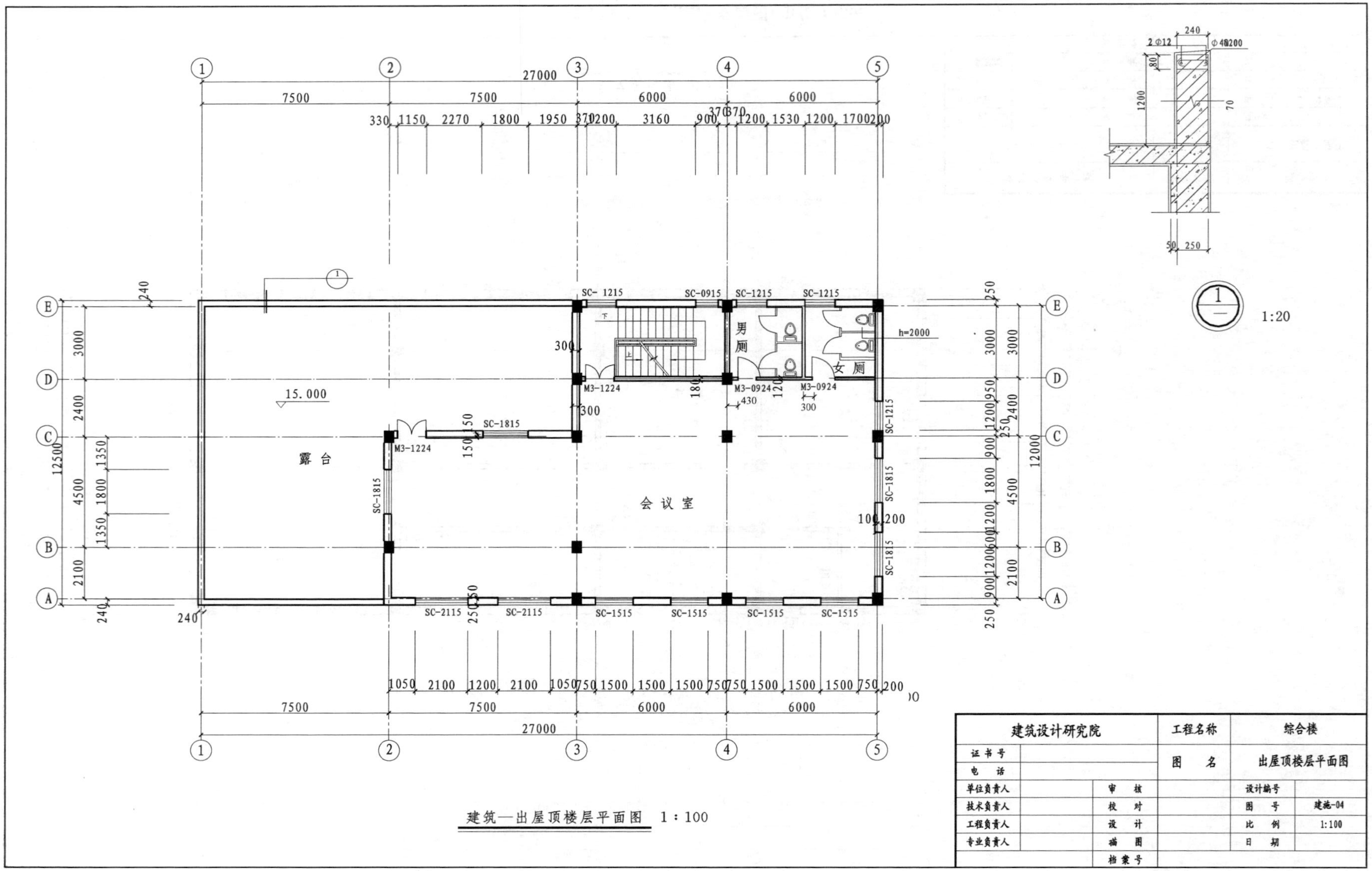

图 10-5 建筑—出屋顶楼层平面图(单位：mm)

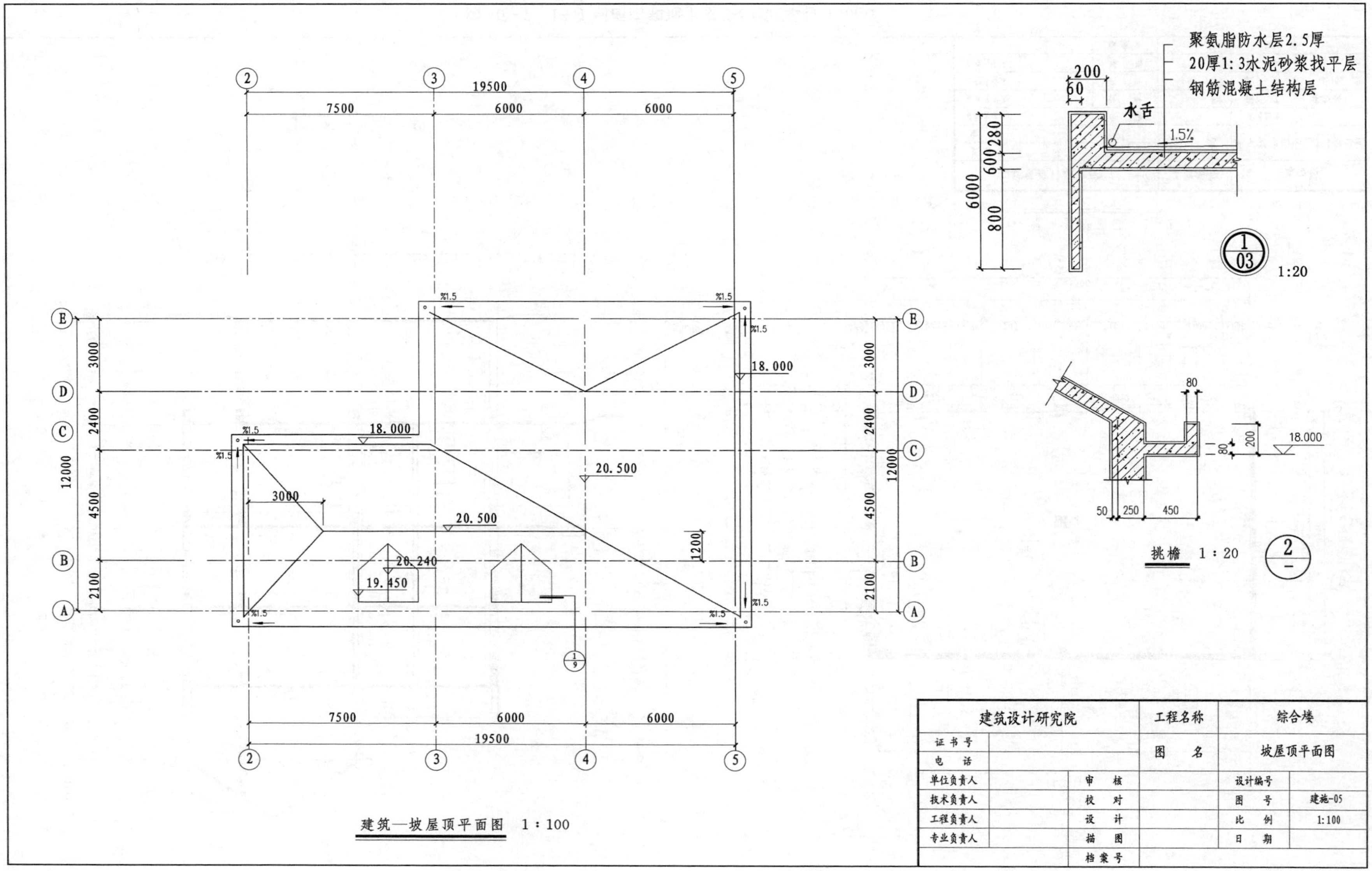

图 10－6 建筑—坡屋顶平面图(单位：mm)

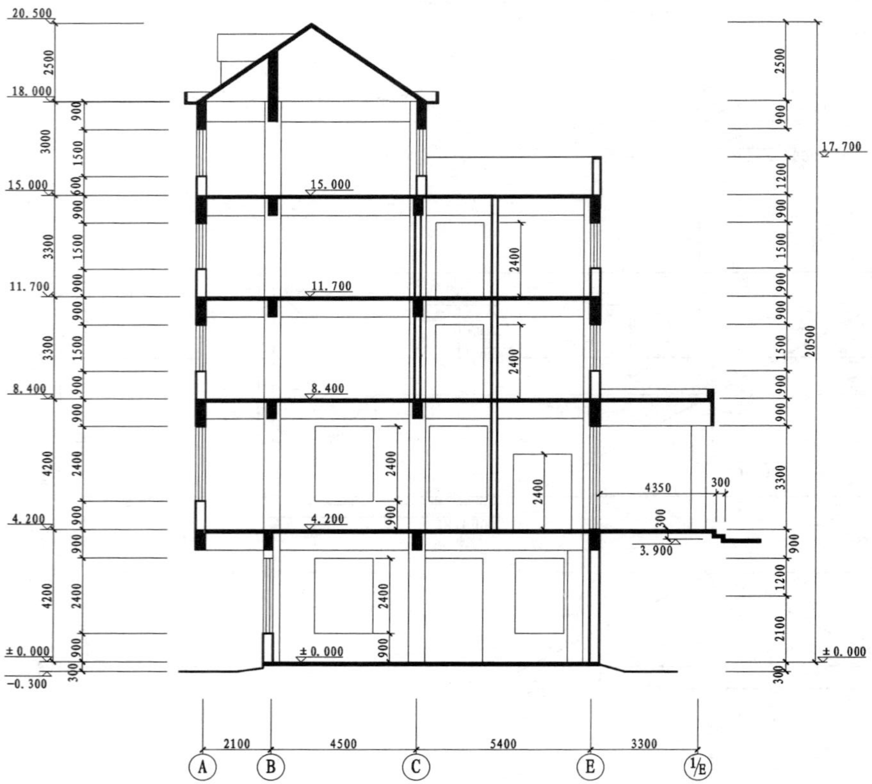

1—1 剖面图　1：100

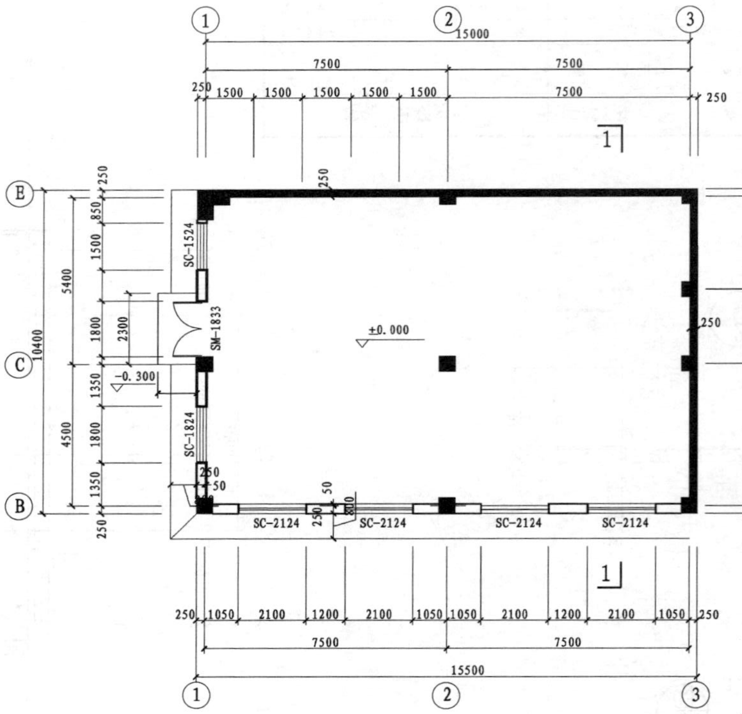

地下室平面图　1：100

建筑设计研究院				工程名称	综合楼
证书号				图　名	地下室平面图、1-1剖面图
电　话					
单位负责人		审　核		设计编号	
技术负责人		校　对		图　号	建施-06
工程负责人		设　计		比　例	1:100
专业负责人		描　图		日　期	
		档案号			

图 10－7　1—1 剖面图和地下室平面图(单位：mm)

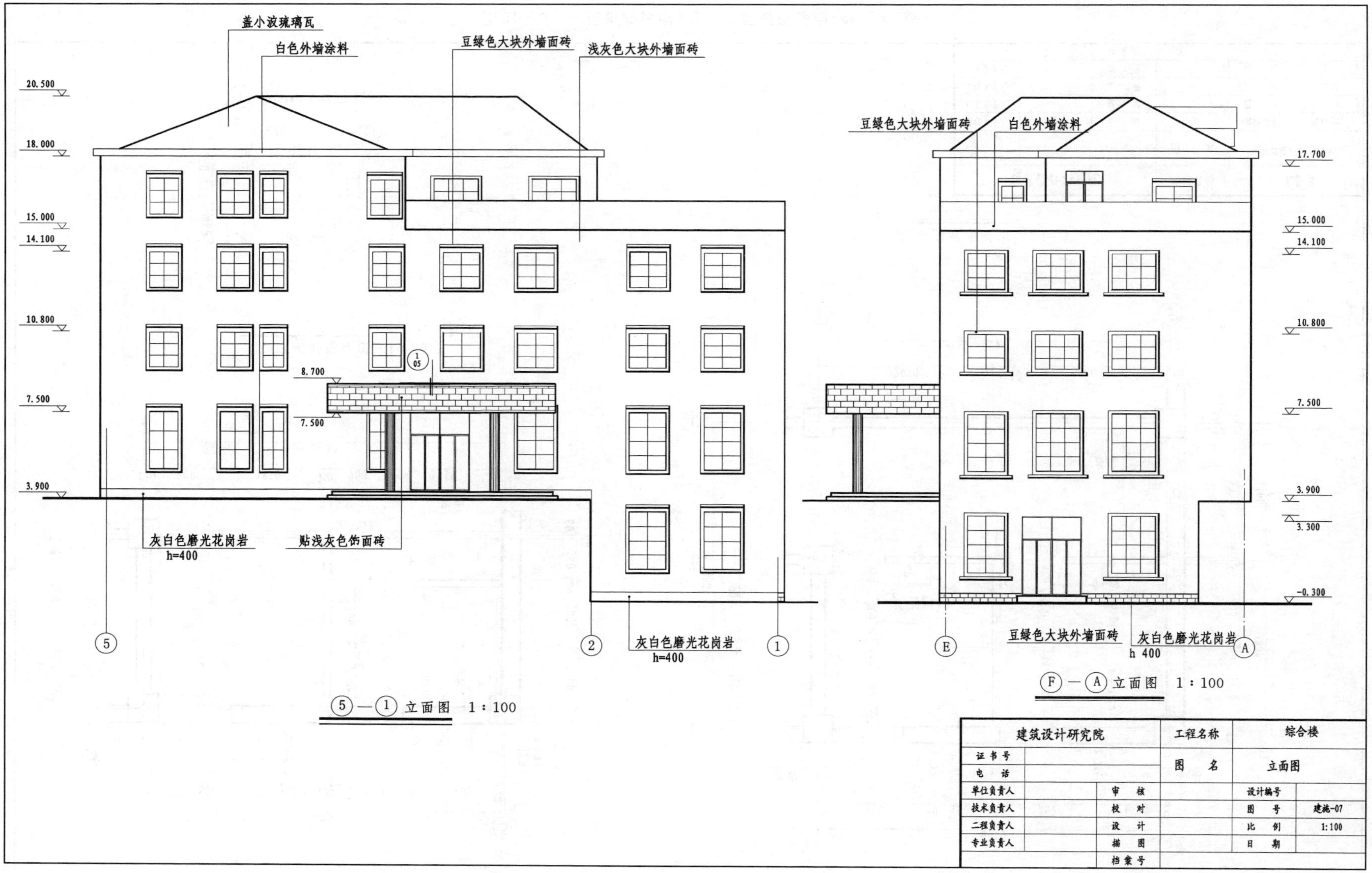

图 10-8 立面图(单位：mm)

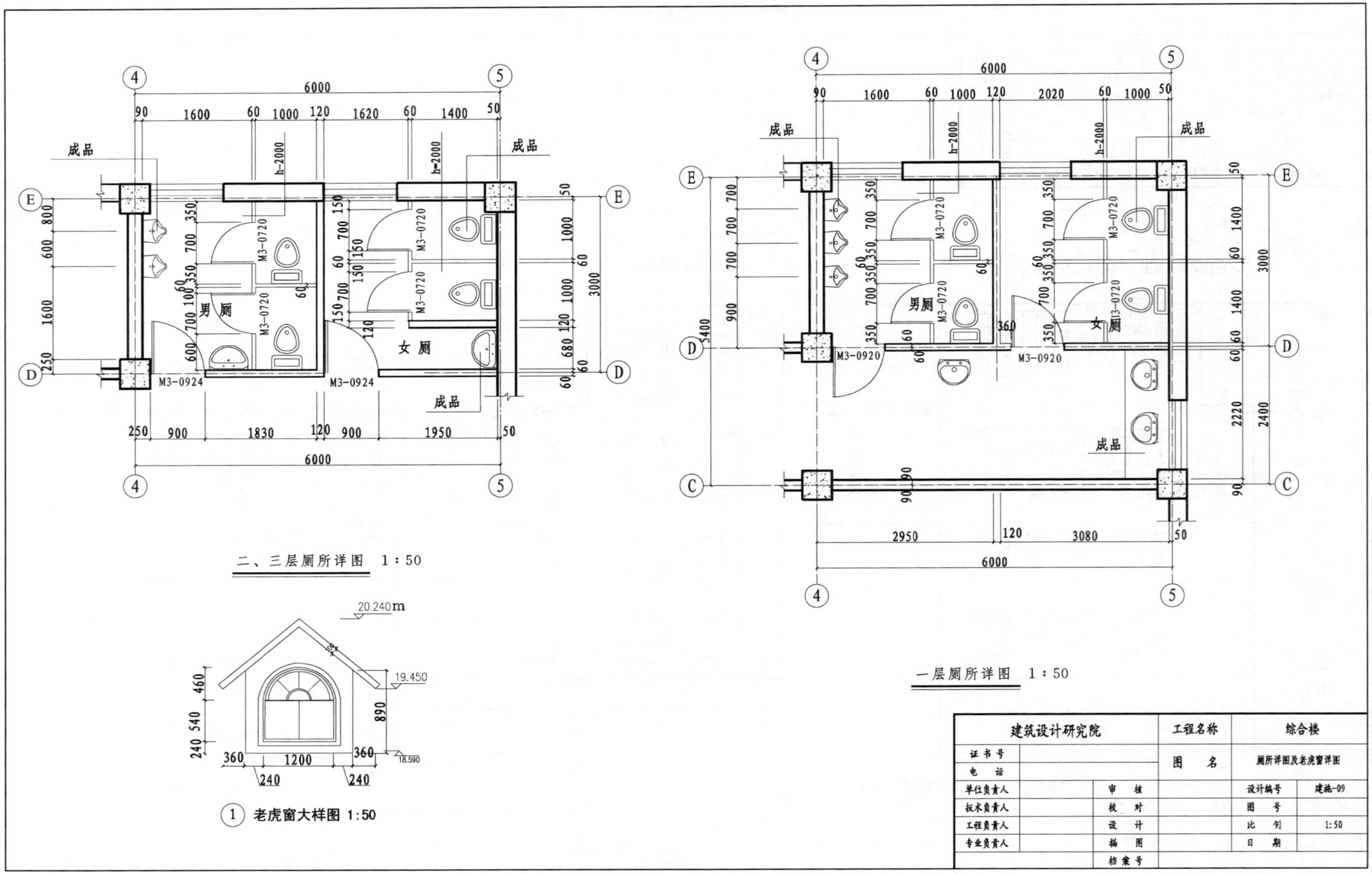

图 10－9　一层厕所详图和二、三层厕所详图(单位：mm)

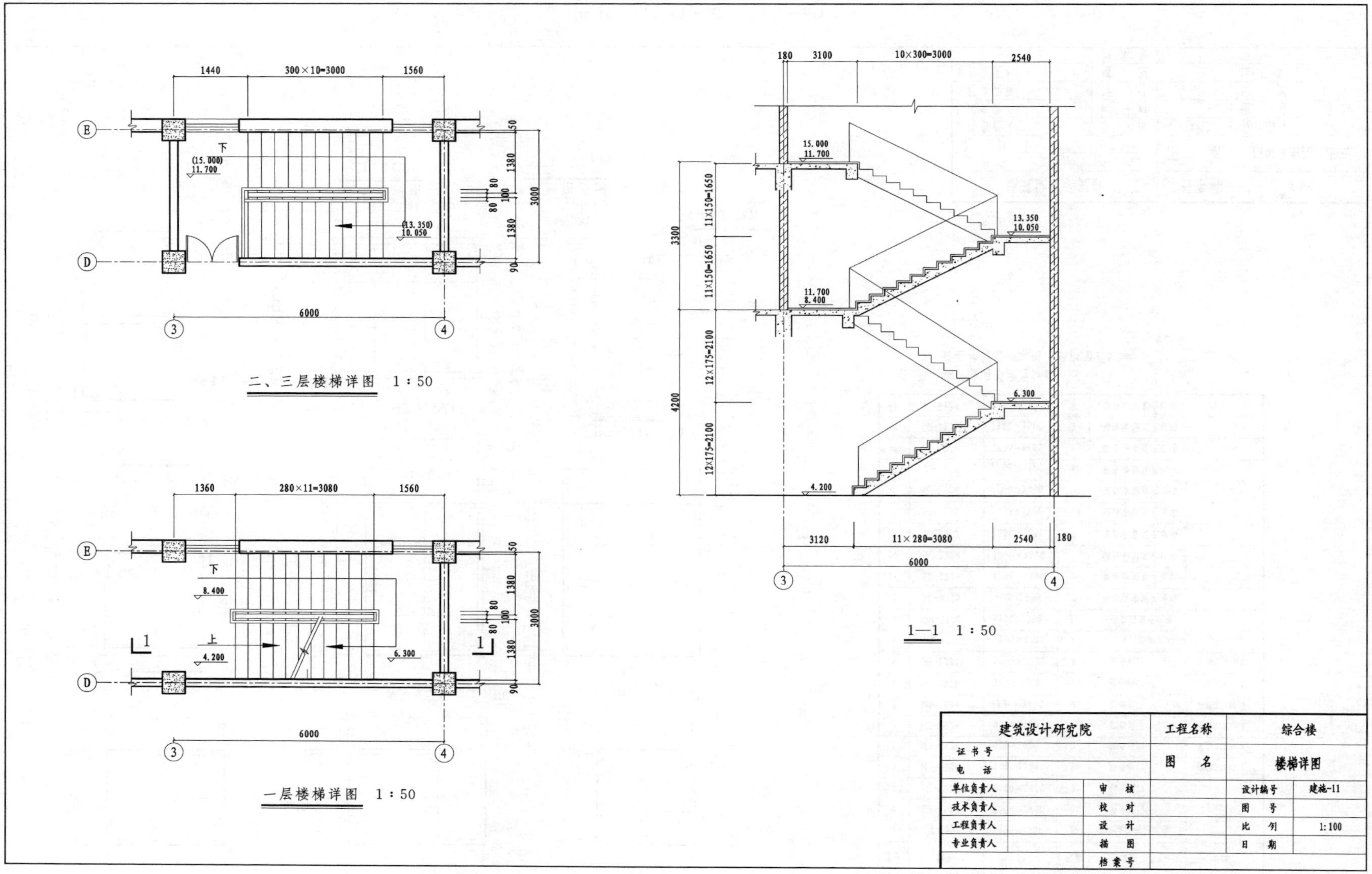

图 10-10 一层楼梯详图和二、三层楼梯详图(单位:mm)

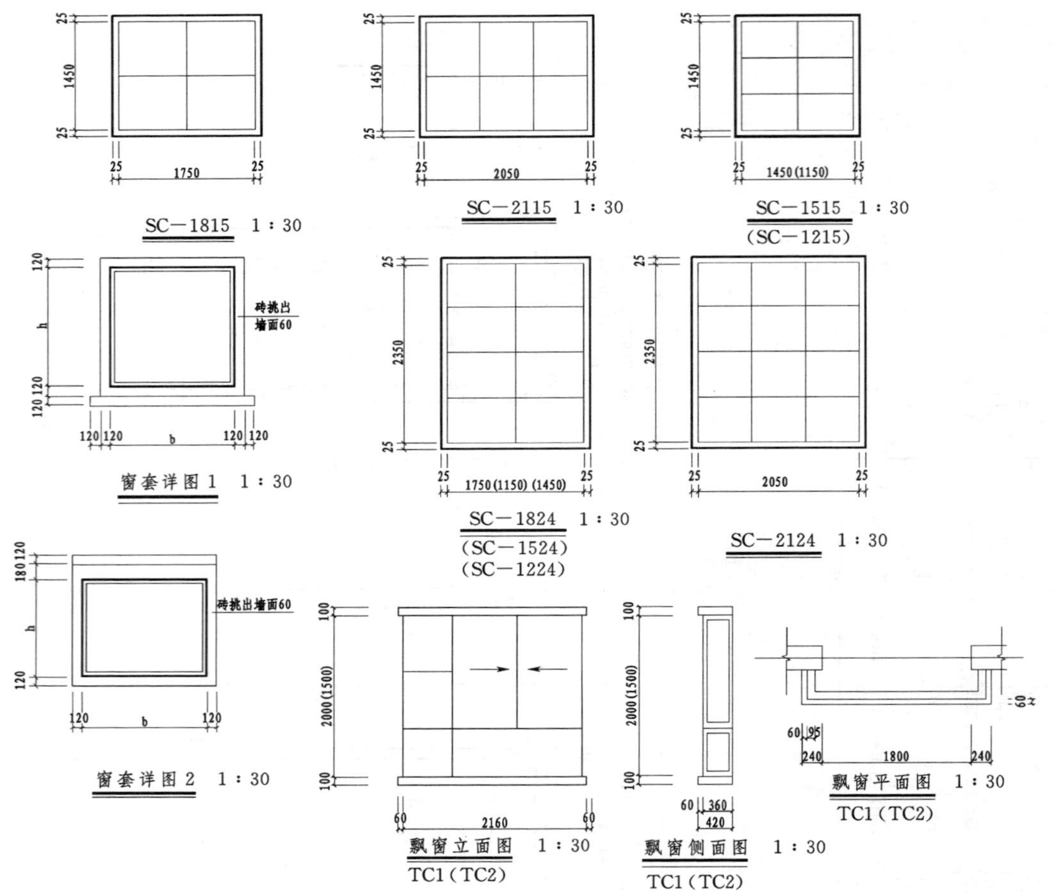

门窗表

序号	编号	洞口尺寸(mm)	数量	类型	备注
1	SM-2433	2400×3300	1	铝合金门白色玻璃	
2	SM-1524	1500×2400	1	胶合板门	
3	SM-1824	1800×2400	2	胶合板门	
4	M5-0924	900×2400	19	胶合板门	图集DJ831.1
5	M3-0920	900×2000	2	胶合板门	图集DJ831.1
6	M3-0924	900×2400	4	胶合板门	图集DJ831.1
7	M3-1524	1500×2400	2	胶合板门	图集DJ831.1
8	M3-0720	700×2000	14	胶合板门	图集DJ831.1
9	FM-1227	1200×2700	2	胶合板门	图集DJ831.1
10	SM-1	1800×3300	1	铝合金门蓝色玻璃	
11	SM 1833	1800×3300	1	铝合金门蓝色玻璃	
12	SC-0915	900×1500	2	铝合金窗蓝色玻璃	
13	SC-1215	1200×1500	8	铝合金窗蓝色玻璃	
14	SC-1224	1200×2400	5	铝合金窗蓝色玻璃	
15	SC 1512	1500×1200	2	铝合金窗蓝色玻璃	
16	SC-1515	1500×1500	18	铝合金窗蓝色玻璃	
17	SC-1524	1500×2400	9	铝合金窗蓝色玻璃	
18	SC-1815	1800×1500	6	铝合金窗蓝色玻璃	
19	SC-1824	1800×2400	4	铝合金窗蓝色玻璃	
20	SC-2115	2100×1500	8	铝合金窗蓝色玻璃	
21	SC-2124	2100×2400	8	铝合金窗蓝色玻璃	

注：1. SM-1玻璃厚度为5mm。
2. 窗套及门套均采用砖挑出墙面60mm。

建筑设计研究院				工程名称	综合楼
证书号				图　名	门窗详图及门窗表
电　话					
单位负责人		审　核		设计编号	
技术负责人		校　对		图　号	建施-10
工程负责人		设　计		比　例	1:30
专业负责人		描　图		日　期	
		档案号			

图 10-11　门窗图(单位：mm)

参考文献

［1］ 王子茹．房屋建筑识图．北京：中国建材工业出版社，2001.
［2］ 中华人民共和国建设部．GB/T 50104—2001 建筑制图标准．北京：中国计划出版社，2002.
［3］ 中华人民共和国建设部．GB/T 50001—2001 房屋建筑制图统一标准．北京：中国计划出版社，2002.
［4］ 徐长玉．装饰工程制图与识图．北京：机械工业出版社，2005.
［5］ 梁俊．设计制图．北京：中国水利水电出版社，2005.
［6］ 何斌，陈锦昌，陈炽坤．建筑制图．北京：高等教育出版社，2005.
［7］ 张小平，张志明．建筑制图与阴影透视．北京：中国建筑工业出版社，2006.
［8］ 霍维国．室内设计工程图画法．北京：中国建筑工业出版社，2006.
［9］ 褚振文．建筑识图入门．北京：化学工业出版社，2006.
［10］ 关俊良，胡家宁．室内与环境艺术设计制图．北京：机械工业出版社，2007.
［11］ 褚振文．建筑识图实例解读．北京：机械工业出版社，2008.
［12］ 教锦章，肖莉．建筑施工图表达．北京：中国建筑工业出版社，2008.
［13］ 高霞，杨波．室内装修施工图识读技法．合肥：安徽科学技术出版社，北京：机械工业出版社，2008.
［14］ 赫强，赵秋菊．建筑装饰制图与民用建筑构造．北京：中国劳动社会保障出版社，2009.
［15］ 韩立国．制图与识图．北京：中国电力出版社，2009.